Reinhard Seeling

Rechtsfragen im Baubetrieb

Leitfaden der Bauwirtschaft und des Baubetriebs

Herausgegeben von
Prof. Dipl.-Ing. K. Simons

Der „Leitfaden für Bauwirtschaft und Baubetrieb“ will das in Forschung und Lehre breit angelegte Feld, das von der Verfahrenstechnik über die Kalkulation bis zum Vertragswesen reicht, in zusammenhängenden, einheitlich konzipierten Darstellungen erschließen. Die Reihe will alle am Bau Beteiligten – von Bauleiter, Bauingenieur bis hin zu Studenten des Bauingenieurwesens – ansprechen. Auch der konstruierende Ingenieur, der schon im Entwurf das anzuwendende Bauverfahren und damit die Kosten der Herstellung bestimmt, sollte sich dieser Buchreihe methodisch bedienen.

Rechtsfragen im Baubetrieb

Von Professor Dr.-Ing. Reinhard Seeling
Lehr- und Forschungsgebiet Planungsverfahren im Baubetrieb der Rheinisch-Westfälischen Technischen Hochschule Aachen

Mit 25 Bildern und 4 Tabellen

B. G. Teubner Stuttgart 1998

Die Deutsche Bibliothek – CIP-Einheitsaufnahme

Seeling, Reinhard:
Rechtsfragen im Baubetrieb : mit 4 Tabellen / von Reinhard Seeling. – Stuttgart : Teubner, 1998
(Leitfaden der Bauwirtschaft und des Baubetriebs)
ISBN-13: 978-3-519-05073-5 e-ISBN-13: 978-3-322-84841-3
DOI: 10.1007/978-3-322-84841-3

Umschlaggestaltung: Peter Pfitz, Stuttgart

Vorwort

Es gibt kein eigenes Recht für Baubetriebe und auch keine Sonderregelungen für Baufirmen. Deshalb erhebt sich die Frage, wieso trotz der umfangreichen Rechtsliteratur zur Information über dieses Gebiet ein neues Buch vorgestellt wird. Dies hat vielfältige Gründe, vor allem den, daß den Ingenieuren und Baupraktikern die Denkweise und Terminologie der Juristen fremd sind und daß ihr Verständnis für Rechtsfragen zunächst geweckt werden muß.

Außerdem ist eine Auswahl der Gesetze und Gegenstände vorzunehmen, die für den Baubetrieb relevant sind. Die Autoren haben den Stoff als Bauingenieure, Sachverständige bzw. Unternehmensberater aufbereitet und für den Nichtjuristen verständlich gemacht. Dabei ist ihnen durchaus bewußt geworden, daß sie an vielen Stellen persönliche Wertungen vornehmen mußten. Dies geschieht stets vorsichtig abwägend aus der Sicht der Berufs- und Baupraxis der Verfasser. Derartige Stellungnahmen werden weniger für Rechtsexperten als vielmehr für den neugierigen und juristisch nur wenig vorbelasteten Bauingenieur oder Baukaufmann abgegeben. Vor allem aus didaktischen Gründen ist häufig zwischen wichtigen und weniger wichtigen Dingen zu entscheiden gewesen. Dabei wurden Akzente stets aus der Sicht der Bauwirtschaft und des Bauschaffenden gesetzt.

Die vorliegende Schrift erhebt weder Anspruch auf Vollständigkeit, noch ersetzt sie im Falle von Streitigkeiten den Juristen oder die juristische Spezialliteratur. Sie ist als ein Beitrag gedacht, die „Spielregeln des betrieblichen Alltags“ in rechtlicher Hinsicht zu verdeutlichen sowie den Blick und das Verständnis für rechtliche Sachverhalte zu schärfen, um letztendlich unnötige Streitigkeiten vermeiden zu helfen.

Insgesamt hoffen die Autoren, eine ausgewogene Auswahl zum Anfangsverständnis für die Mehrzahl der im Baubetrieb wichtigen Rechtsfragen vorzulegen, einerseits mit der erforderlichen Breite, andererseits mit dem notwendigen Tiefgang und so lebendig in der Darstellung, wie es die Materie eben gestattet. Das Buch wird als ein gut verständlicher Leitfaden sicher auch für Studierende und bei der Berufsausbildung von Nutzen sein.

Auf dem äußeren Seitenrand sind vielfach die maßgebenden Paragraphen genannt, um das Nachlesen der Texte rasch zu ermöglichen. Die ausführlichen Literaturhinweise dienen zum schnelleren Einstieg in die Teilgebiete und ihre Zusammenhänge.

Dank gebührt allen Mitarbeitern und Helfern, die insbesondere beim Zustandekommen der Reinschrift mitgewirkt haben.

Aachen, November 1997

Reinhard Seeling
Wolfgang Sinemus †

Inhaltsverzeichnis

1 Das Rechtswesen in der BRD

1.1 Gerichtsbarkeit und Gerichtsverfassung

1.1.1 Übersicht

Gerichtsbarkeit ist die Tätigkeit der Rechtsprechung und Rechtspflege, deren Organe die Gerichte sind. In der BRD hat der Staat das Rechtsprechungsmonopol. Träger der Gerichtsbarkeit sind der Bund und die Länder. Im kirchlichen Bereich nehmen die staatlichen Gerichte ihr Rechtsprechungsmonopol nicht in Anspruch. Die staatliche Gerichtsbarkeit besteht für alle Staatsangehörigen unbeschränkt. Persönliche Befreiungen gibt es nur aus völkerrechtlichen Gründen. (Exterritorialität, §§ 18-21 GVG.) Die Richter sind bei ihren Entscheidungen unabhängig und nur dem Gesetz unterworfen. Ihre Entscheidungen können allein durch das im Instanzenzug jeweils übergeordnete Gericht nach den näheren Bestimmungen der Prozeßordnung nachgeprüft werden. Die Dienstaufsichtsbehörden und auch das Parlament sind dagegen nicht befugt, richterliche Entscheidungen zu überprüfen oder gar abzuändern.

Für die im Laufe der Zeit zunehmend differenzierter gewordenen allgemeinen Lebensverhältnisse haben sich mehrere Zweige der Gerichtsbarkeit entwickelt, die jeweils für bestimmte Aufgabenkomplexe zuständig sind:

- die ordentliche Gerichtsbarkeit
- die Arbeitsgerichtsbarkeit
- die Verwaltungsgerichtsbarkeit
- die Sozialgerichtsbarkeit
- die Finanzgerichtsbarkeit
- die Verfassungsgerichtsbarkeit.

Seit 1945 gibt es keine Militärgerichte in der BRD mehr. Die Besatzungsgerichte sind seit Abschluß des Deutschland-Vertrages nur für Straftaten von Mitgliedern ihrer Streitkräfte zuständig.

1. Die *ordentlichen Gerichte* sind für bürgerliche Rechtsstreitigkeiten, Strafsachen und Angelegenheiten der freiwilligen Gerichtsbarkeit zuständig. Diese Aufgaben werden in den Ländern von den Amtsgerichten, Landgerichten und Oberlandesgerichten, für den Bund von dem Bundesgerichtshof in Karlsruhe wahrgenommen. Beispielsweise bestehen in NRW drei Oberlandesgerichte (Düsseldorf, Hamm und Köln), 19 Landgerichte und 149 Amtsgerichte.

   Die *Amtsgerichte* sind die erstinstanzlichen Gerichte für die Masse der bürgerlichen Rechtsstreitigkeiten, für die gesamte freiwillige Gerichtsbarkeit und für die kleineren und mittleren Straftaten. Sie entscheiden in bürgerlichen Rechtsstreitigkeiten durch den Einzelrichter, in Strafsachen durch den Strafrichter als Einzelrichter oder durch das Schöffengericht, das mit einem Berufsrichter und zwei Schöffen, bzw. als erweitertes Schöffengericht mit zwei Berufsrichtern und zwei Schöffen besetzt ist.

Die *Landgerichte* sind erstinstanzlich in bürgerlichen Rechtsstreitigkeiten für Zivilsachen und für schwere Straftaten zuständig. Außerdem sind sie Berufungs- und Beschwerdeinstanz gegen die Mehrzahl der Entscheidungen der Amtsgerichte. Als Spruchkörper bestehen bei ihnen

- die mit drei Berufsrichtern besetzten *Zivilkammern*,
- die mit einem Berufsrichter und zwei Handelsrichtern besetzten *Kammern für Handelssachen*,
- die mit einem Berufsrichter und zwei Schöffen besetzten *kleinen Strafkammern*, die für Berufungen gegen die Urteile des Strafrichters zu entscheiden haben, und
- die mit drei Berufsrichtern und zwei Schöffen besetzten *großen Strafkammern*, von denen jeweils einer bei jedem Landgericht die Aufgabe des Schwurgerichts obliegt.

Die *Oberlandesgerichte* sind in bürgerlichen Rechtsstreitigkeiten für Berufungen und Beschwerden gegen Entscheidungen der Landgerichte und bestimmte Entscheidungen der Amtsgerichte, in Strafsachen für Revisionen gegen Berufungsurteile der Strafkammern und für Beschwerden gegen Entscheidungen der Landgerichte zuständig. Außerdem besteht für bestimmte Oberlandesgerichte (z.B. für das Oberlandesgericht Düsseldorf) eine erstinstanzliche Zuständigkeit für Staatsschutz-Strafsachen. Als Spruchkörper werden bei den Oberlandesgerichten *Senate* gebildet, die im allgemeinen mit drei, für erstinstanzliche Strafsachen jedoch mit fünf Berufsrichtern besetzt sind.

Der *Bundesgerichtshof* ist oberste Revisionsinstanz in Zivil- und Strafsachen. Seine Senate sind mit fünf Berufsrichtern besetzt.

2. Die *Arbeitsgerichte* sind für bürgerliche Rechtsstreitigkeiten zwischen Tarifvertragsparteien, zwischen Arbeitnehmern und Arbeitgebern aus dem Arbeitsverhältnis sowie zwischen Arbeitnehmern aus gemeinsamer Arbeit und aus unerlaubten Handlungen zuständig, soweit diese mit dem Arbeitsverhältnis in Zusammenhang stehen. Die Zuständigkeit der Arbeitsgerichte erstreckt sich ferner auf eine Reihe von Fragen aus dem Betriebsverfassungsgesetz; außerdem haben sie über die Tariffähigkeit von Vereinigungen zu befinden.

   Die Arbeitsgerichtsbarkeit gliedert sich in drei Instanzen:
   die Arbeitsgerichte, die Landesarbeitsgerichte (Berufungsinstanz) und das Bundesarbeitsgericht in Kassel (Revisionsinstanz).
   So bestehen in NRW zwei Landesarbeitsgerichte (Düsseldorf und Hamm) und 29 Arbeitsgerichte.

   In der Arbeitsgerichtsbarkeit wirken ehrenamtliche Richter aus den Kreisen der Arbeitnehmer und der Arbeitgeber mit. Die *Kammern* der Arbeitsgerichte und der Landesarbeitsgerichte entscheiden in einer Besetzung mit einem Berufsrichter und je einem, in bestimmten Fällen je zwei ehrenamtlichen Richtern aus den beiden Gruppen. Die *Senate* des Bundesarbeitsgerichts sind mit drei Berufsrichtern und je einem ehrenamtlichen Richter aus den beiden Gruppen besetzt.

3. Die *Verwaltungsgerichte* sind für alle öffentlich-rechtlichen Streitigkeiten nicht verfassungsrechtlicher Art zuständig, soweit diese nicht vor die Sozialgerichte oder die Finanzgerichte gehören oder ausdrücklich den ordentlichen Gerichten zugeteilt sind. Auch die Verwaltungsgerichtsbarkeit ist in drei Instanzen gegliedert: die Verwaltungsgerichte, die Oberverwaltungsgerichte (Berufungsinstanz) und das Bundesverwaltungsgericht in Berlin (Revisionsinstanz). In NRW bestehen ein Oberverwaltungsgericht (Münster) und sieben Verwaltungsgerichte. Die Kammern der Verwaltungsgerichte sowie die Senate des Oberverwaltungsgerichts entscheiden in einer Besetzung mit drei Berufsrichtern und zwei ehrenamtlichen Richtern, die Senate des Bundesverwaltungsgerichts in einer Besetzung mit fünf Berufsrichtern.

4. Die *Sozialgerichte* sind besondere Verwaltungsgerichte für den Bereich der Sozialversicherung (einschließlich des Kassenarztrechts), der Arbeitslosenversicherung und der übrigen Aufgaben der Bundesanstalt für Arbeitsvermittlung und Arbeitslosenversicherung sowie der Kriegsopferversorgung.

   Die Sozialgerichtsbarkeit ist ebenfalls in drei Instanzen gegliedert: die Sozialgerichte, die Landessozialgerichte (Berufungsinstanz) und das Bundessozialgericht in Kassel (Revisionsinstanz). NW hat ein Landessozialgericht (Essen) und acht Sozialgerichte.

   Die *Kammern* der Sozialgerichte entscheiden in einer Besetzung mit einem Berufsrichter und zwei ehrenamtlichen Richtern; die *Senate* des Landessozialgerichts und des Bundessozialgerichts sind jeweils mit drei Berufsrichtern und zwei ehrenamtlichen Richtern besetzt.

5. *Finanzgerichte* sind besondere Verwaltungsgerichte für den Bereich der Abgabenangelegenheiten. Der Instanzenzug ist hier nur zweistufig. In erster Instanz entscheiden die in den Ländern bestehenden Finanzgerichte: ihnen ist als Revisionsinstanz der Bundesfinanzhof in München übergeordnet.

   In NRW sind zwei Finanzgerichte (Düsseldorf und Münster) tätig. Die Finanzgerichte entscheiden mit drei Berufsrichtern und zwei ehrenamtlichen Richtern, der Bundesfinanzhof mit fünf Berufsrichtern.

6. Das *Bundesverfassungsgericht* in Karlsruhe ist für die Bestimmungen des Grundgesetzes zuständig. Bei Angelegenheiten der Landesverfassungen werden die Verfassungsgerichtshöfe der Länder tätig (beispielsweise hat der Verfassungsgerichtshof für das Land NW seinen Sitz in Münster).

   Das Bundesverfassungsgericht besteht aus zwei *Senaten* zu je acht Richtern, die je zur Hälfte vom Bundestag und vom Bundesrat gewählt werden.

   Der Verfassungsgerichtshof für das Land Nordrhein-Westfalen hat sieben Mitglieder. Ihm gehören der Präsident des Oberverwaltungsgerichts Münster, die beiden lebensältesten Präsidenten der Oberlandesgerichte Nordrhein-Westfalens sowie vier weitere, vom Landtag zu wählende Mitglieder an.

1.1.2 Das Gerichtsverfassungsgesetz (GVG)

Das Gerichtsverfassungsgesetz regelt die Stellung der Rechtspflege und ihrer Organe im Staat, ihr Verhältnis zu Legislative und Exekutive sowie vor allem die Aufgaben, Organisation und Besetzung der Gerichte. Das Gerichtsverfassungsgesetz (GVG) i.d.F. vom 6.9.1965 bezieht sich ausschließlich auf die *ordentlichen* Gerichte. Eine Gliederung der ordentlichen Strafgerichte nach Instanzen und Zuständigkeiten gibt Bild 1.1, der ordentlichen Zivilgerichte Bild 1.2.

Die Zuständigkeit der Gerichte als Erstinstanz hängt vor allem vom Gewicht der zu entscheidenden Sachen, z.B. vom Streitwert in einem Zivilprozeß (bis zu 10.000 DM Amtsgericht, über 10.000 DM Landgericht) oder vom erwarteten Strafmaß in einem Strafprozeß ab.

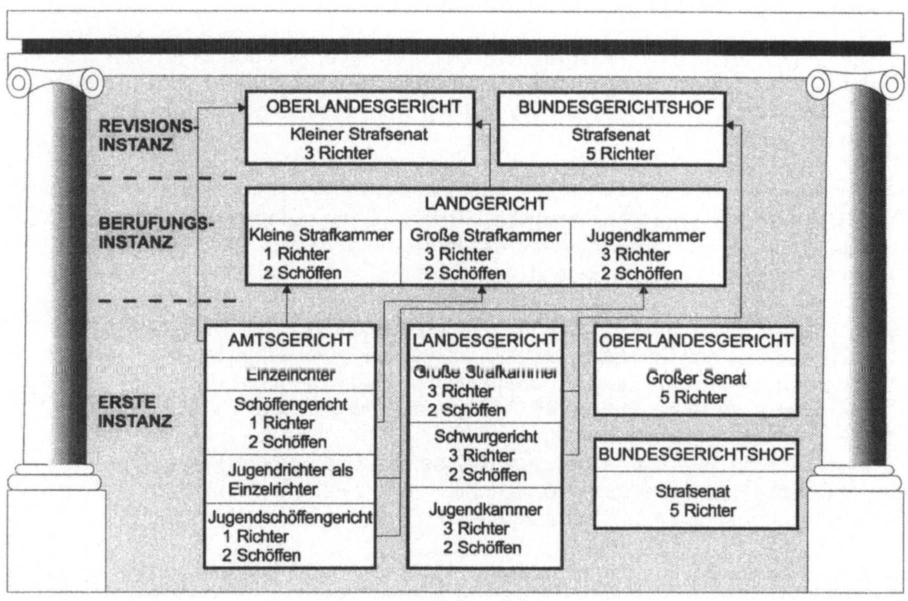

Bild 1.1 Instanzenaufbau der ordentlichen Strafgerichte

Um die Einheitlichkeit der Rechtsprechung in der BRD sicherzustellen, wird von den obersten Gerichtshöfen ein gemeinsamer Senat gebildet (lt. Gesetz v. 19.6.1968).

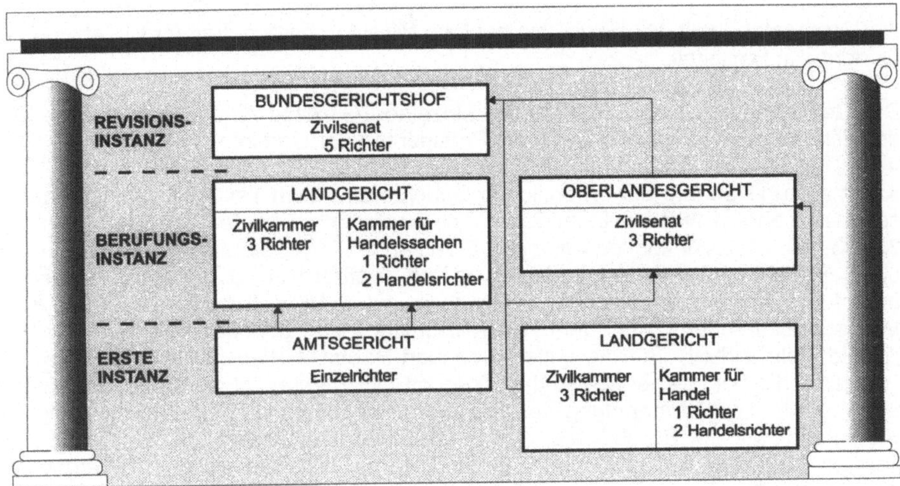

Bild 1.2 Instanzenaufbau der ordentlichen Zivilgerichte

Jedes Gericht darf nur in dem durch Gesetz festgelegten *Gerichtsbezirk* tätig werden. Ein Gericht ist normalerweise am Gerichtssitz (im Gerichtsgebäude) tätig. In Zivilsachen ist grundsätzlich jeweils das für den Wohnsitz des Beklagten zuständige Gericht (= Gerichtsstand) anzurufen, bei juristischen Personen ist ihr Sitz maßgeblich (§§ 12 - 17 ZPO).

Mit Ausnahme der obersten Instanz können gegen alle gerichtlichen Entscheidungen Rechtsmittel eingelegt werden:

Beschwerde richtet sich nicht gegen Urteile, sondern gegen Beschlüsse des Gerichts oder Verfügungen seines Vorsitzenden. Den Normalfall in Zivil- und Strafprozessen bildet die einfache Beschwerde, die ohne Beachtung einer Frist erhoben werden kann. Ausnahmsweise gibt es die besondere Beschwerde, die an eine zweiwöchige Frist gebunden ist. Im Verwaltungsprozeß gibt es dagegen nur die sofortige Beschwerde.

Berufung ist ein Rechtsmittel zur Überprüfung noch nicht rechtskräftiger Urteile in tatsächlicher oder rechtlicher Hinsicht. Die Berufungsfrist beträgt bei Zivilprozessen einen Monat, bei Strafprozessen eine Woche.

Revision ist ein Rechtsmittel zur Überprüfung der rechtlichen oder formalen Seite eines Urteils durch ein höheres Gericht ohne erneute Beweisaufnahme.

1.1.3 Die Stellung der Richter und Laienrichter

Kernstück der Gerichtsverfassung sind der Grundsatz des gesetzlichen Richters und die Unabhängigkeit der Richter (Art. 97, 101 GG, §§ 1, 16 S. 2 GVG). Die Unabhängigkeit der Richter erfordert außer Weisungsfreiheit auch die Unabsetzbarkeit und die Unversetzbarkeit. Die Exekutive hat kein Mitwirkungsrecht bei der Besetzung der Gerichte im Einzelfall.

Die Geschäftsverteilung innerhalb der einzelnen Gerichte erfolgt im Wege der gerichtlichen Selbstverwaltung durch die Präsidenten der Gerichte.

Kammern und Senate der ordentlichen Gerichte sind zum Teil mit Laienrichtern besetzt. Die ehrenamtlichen Laienrichter der Strafgerichte heißen Schöffen. Nach §§ 32, 33, 40, 42 GVG können deutsche Staatsangehörige, die älter als 25 Jahre und über ein Jahr in der Gemeinde ansässig und straffrei sind, durch einen Ausschuß, bestehend aus dem vorsitzenden Amtsrichter, einem Verwaltungsbeamten und zehn Vertrauenspersonen aus dem Gerichtsbezirk, zu Schöffen berufen werden (Zweidrittelmehrheit). Für die ausscheidenden Hauptschöffen rücken die Hilfsschöffen nach, die bei ihrer ersten Verhandlung öffentlich vereidigt werden. Die Schöffen üben in der Hauptverhandlung das Richteramt in vollem Umfang und mit gleichem Stimmrecht wie der Berufsrichter aus (§ 30 GVG). Bei Abstimmungen stimmen sie vor dem Richter (§ 197 GVG). Der Schöffe ist zum Stillschweigen über Beratung und Abstimmung verpflichtet.

Die ehrenamtlichen Laienrichter der Kammern für Handelssachen (KfH) werden auf Vorschlag der IHK für vier Jahre aus dem Kreis der ansässigen Kaufleute ernannt (§§ 105 ff GVG). Sie heißen Handelsrichter. Über Fachfragen des kaufmännischen Verkehrs und der Handelsbräuche kann die KfH ohne Sachverständigenbeweis aus eigener Sachkunde entscheiden (§ 114 GVG).

1.1.4 Gerichtsbarkeiten außerhalb des GVG

Das Arbeitsrecht ist aus dem Arbeitsvertrag zwischen Arbeitnehmer und Arbeitgeber hervorgegangen. Der wesentliche Anstoß zur Weiterentwicklung des Arbeitsrechtes kam durch die gewerkschaftlichen Zusammenschlüsse der Arbeitnehmer zustande, die mit den Partnern auf der Arbeitgeberseite Tarifverträge und günstigere Arbeitsbedingungen aushandeln konnten.

Die Entwicklung des Arbeitsrechtes ist von dem Bestreben gekennzeichnet, den wirtschaftlich schwächeren Vertragspartner, also den Arbeitnehmer, zu schützen. Der Staat erließ eine Reihe von Gesetzen zum Schutz der Kinder und Jugendlichen, später auch der Frauen. Vorschriften zum Schutz der Arbeitnehmer vor Gefahren im industrialisierten Betrieb (Betriebsschutz) sowie vor der Ausnützung der Arbeitskräfte durch übermäßig lange Arbeitszeiten kamen hinzu (Arbeitsschutzrecht). Nach dem zweiten Weltkrieg entstanden Erweiterungen durch

- das Betriebsverfassungsgesetz,
- das Mitbestimmungsgesetz und
- das Personalvertretungsgesetz für den öffentlichen Dienst.

Weitere Themen, die in der Entwicklung des Arbeitsrechtes eine wichtige Rolle spielen, sind behandelt im

- Kündigungsschutzgesetz,

- Arbeitsförderungsgesetz,
- Berufsbildungsgesetz,
- Arbeitnehmerüberlassungsgesetz und im
- Gesetz zur Bekämpfung der Schwarzarbeit.

Die Arbeitsgerichtsbarkeit in der BRD ist durch das Arbeitsgerichtsgesetz (ArbGG v. 3.9.1953) geregelt. Charakteristisch ist die Beteiligung von ehrenamtlichen Arbeitsrichtern in den Kammern und Senaten, die zu gleichen Anteilen von Arbeitnehmern und Arbeitgebern gestellt werden. Besetzung, Aufbau und Zuständigkeiten zeigt Bild 1.3:

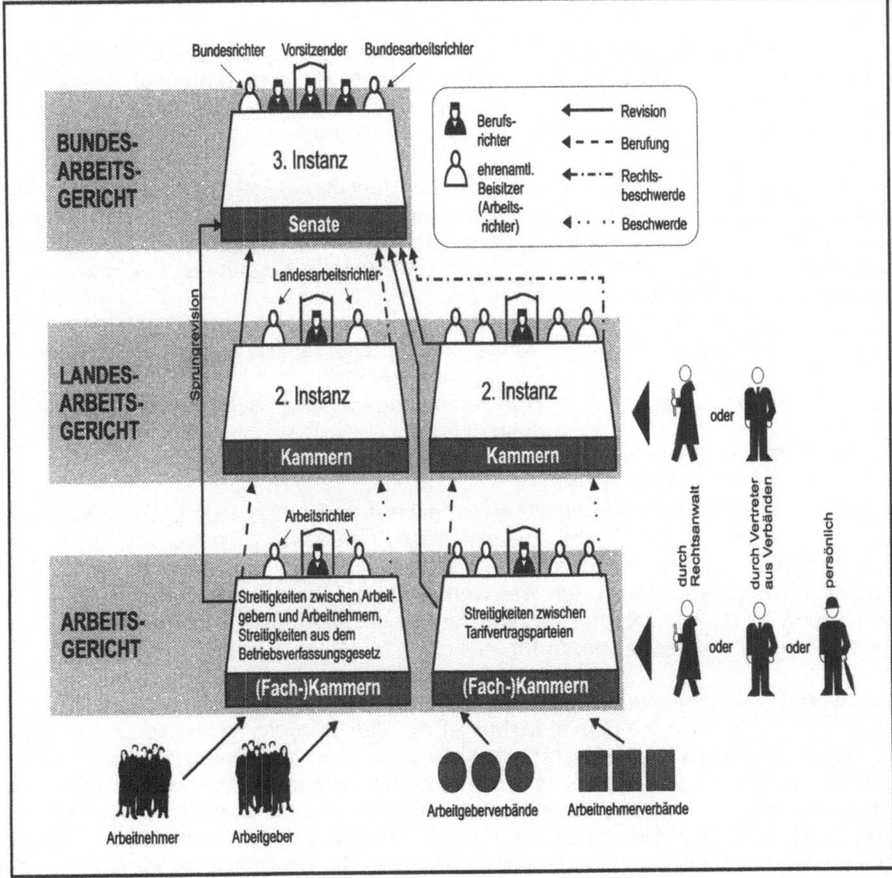

Bild 1.3 Die Instanzen der Arbeitsgerichtsbarkeit.

Das Arbeitsgericht ist zuständig für alle Streitigkeiten im Zusammenhang mit dem Arbeitsverhältnis zwischen Arbeitnehmern und Arbeitgebern sowie zwischen Arbeitnehmern untereinander. Die Parteien können den Rechtsstreit vor den Arbeitsgerichten selbst führen oder sich von Vertretern der Berufsverbände vertreten lassen.

Ein Vertretungszwang durch Rechtsanwälte besteht allerdings bei den Landesarbeitsgerichten und dem Bundesarbeitsgericht. Die Vertretung vor dem Landesarbeitsgericht kann auch durch einen Vertreter der Berufsverbände erfolgen.

Das Verfahren sieht vor, daß auf die Klage hin zunächst eine Güteverhandlung vor dem Vorsitzenden der Kammer stattfindet. Der Vorsitzende kann das persönliche Erscheinen der Parteien in jedem Stadium des Rechtsstreites anordnen. Das Verfahren ist zu beschleunigen. Deshalb sind die Einlassungs- und Ladungsfristen abgekürzt.

Gegen das Urteil des Arbeitsgerichtes kann in der Regel beim Landesarbeitsgericht und gegen dessen Urteil beim Bundesarbeitsgericht Revision eingelegt werden. Die Gerichtskosten sind verhältnismäßig niedrig; sie betragen vor dem Arbeitsgericht bei einem Streitwert von beispielsweise 300 DM nur 20 DM.

Die *Verwaltungsgerichtsbarkeit* ist nach der Verwaltungsgerichtsordnung (VwGO) dreistufig aufgebaut. Ihre Gerichte entscheiden alle öffentlich-rechtlichen Angelegenheiten, soweit diese nicht besonderen Gerichten vorbehalten sind, wie z.B. Verfassungsfragen, Steuerstreitigkeiten u.a.m.. Die Bezeichnungen der Gerichte sind in den einzelnen Bundesländern verschieden:

erste Instanz:	Verwaltungsgerichte (auch Landes- oder Bezirksverwaltungsgerichte),
zweite Instanz:	Oberverwaltungsgerichte (auch Verwaltungsgerichtshöfe),
Revisionsinstanz:	Bundesverwaltungsgericht (in Berlin).

Es gibt verschiedene Klagemöglichkeiten, etwa Anfechtungsklage (gegen einen ungünstigen Bescheid), Verpflichtungsklage (auf Erlaß eines Bescheides), oder Feststellungsklage (zur Feststellung, ob ein Rechtsverhältnis besteht oder nicht). Das Verwaltungsgericht erforscht den Sachverhalt "von Amts wegen". Entscheide, Rückverweisung an die Verwaltungsbehörde, Vergleich, Urteil oder Klagerücknahme sind die möglichen Ergebnisse des Verfahrens.

Die zweistufige *Finanzgerichtsbarkeit* beruht auf der Finanzgerichtsordnung (FGO v. 6.10.1965). Aufgabe der Finanzgerichte ist es, den Bürgern Rechtsschutz in Abgabenangelegenheiten gegen rechtswidrige Maßnahmen der Finanzbehörden zu gewähren. Die Finanzgerichte entscheiden in erster Instanz, wenn Einspruch oder Beschwerde bei der Finanzbehörde erfolglos geblieben sind. Auch hier sind Anfechtungsklage (z.B. zur Herabsetzung der im Steuerbescheid festgesetzten Steuerschuld), Verpflichtungsklage (z.B. zur Gewährung von Umsatzsteuervergütung) oder Feststellungsklage (z.B. zur Feststellung, ob ein Rechtsverhältnis besteht oder nicht) möglich. Das Verfahren beim Finanzgericht gleicht weitgehend den Verfahren vor allgemeinen Verwaltungsgerichten.

Die Rechtsmittel in Steuersachen sind in Bild 1.4 dargestellt.

1.2 Die Gerichtsverwaltung

Derjenige, der sich an ein Gericht wendet oder auf andere Weise mit einem Gericht zu tun bekommt, tritt in der Regel nicht nur mit den Spruchorganen des Gerichtes (Abteilungen, Kammern, Senate), sondern viel häufiger mit den Verwaltungsstellen in Kontakt (Kasse, Geschäftsstelle, Rechtspfleger usw.). Sie ermöglichen das ordnungsgemäße Funktionieren der Rechtsprechung und erledigen die Hilfs- und Sekundärgeschäfte, die der Rechtsprechungsbetrieb erfordert.

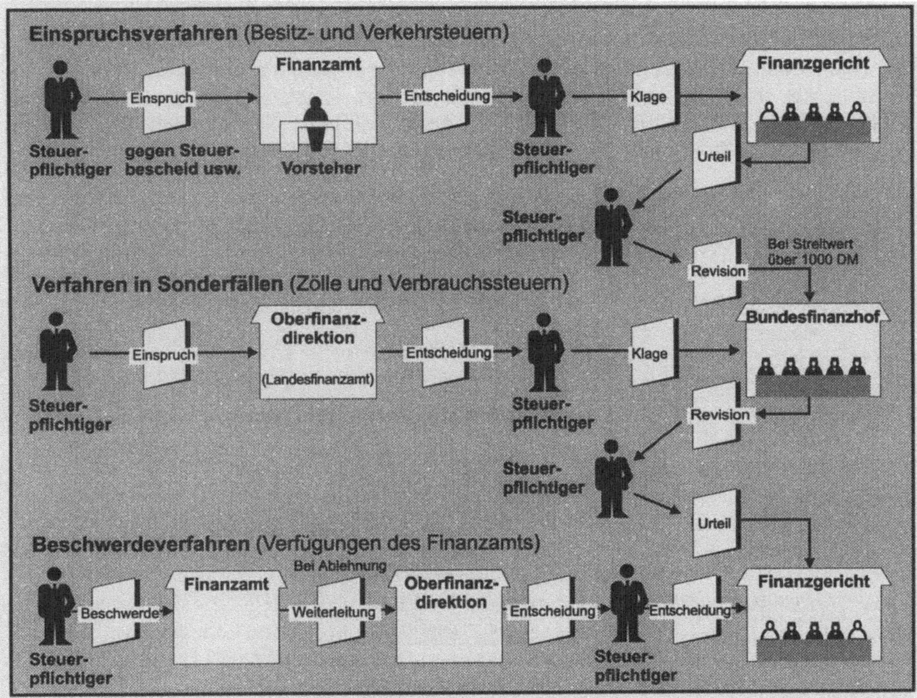

Bild 1.4 Die Instanzen der Steuergerichtsbarkeit.

Die Gerichtsverwaltung gliedert sich in die richterliche Selbstverwaltung und die Gerichtsverwaltung im engeren Sinne. Die richterliche Selbstverwaltung ist zuständig für alle Fragen, die sich aus dem GVG über die Unabhängigkeit der Richter ergeben, wie z.B. die personelle Ergänzung im Rahmen der verfügbaren Richterstellen, die Verteilung der Rechtsprechungsaufgaben (Geschäfte) unter den Spruchorganen und die Bestimmung der Mitglieder der Spruchorgane, die Regelung des Vorsitzes innerhalb der Spruchkörper u.a.m. Die Verteilung der Geschäfte innerhalb eines Kollegialgerichtes ist Aufgabe des Vorsitzenden.

Die Gerichtsverwaltung im engeren Sinne nimmt sowohl Aufgaben der Personal- wie der Selbstverwaltung wahr, wie z.B.

- Aufsicht über den Geschäftsgang bei Gericht,
- Aufsicht über die Gerichtsangehörigen,
- Erlaß von Dienstvorschriften und Weisungen,
- Einstellung, Versetzung, Beförderung und Urlaubsregelungen,
- Zuteilung von Dienstkräften,
- Ausbildung des Nachwuchses sowie
- Haushalt, Kasse, Bücherei, Beschaffung und das
- Unterkunftswesen.

In der Person des Gerichtspräsidenten ist die Spitze der richterlichen Selbstverwaltung und der staatlichen Justizverwaltung verkörpert: Er ist einerseits als Vorsitzender des Präsidiums und eines gerichtlichen Spruchorgans frei von Weisungen, andererseits als Vorstand der Gerichtsverwaltung den Anordnungen der vorgesetzten Justizbehörde unterworfen. Bei kleineren Amtsgerichten, die nicht mit einem Präsidenten besetzt sind, nimmt der "aufsichtsführende Richter" dessen Befugnisse wahr.

1.3 Der Gerichtshof der Europäischen Gemeinschaft

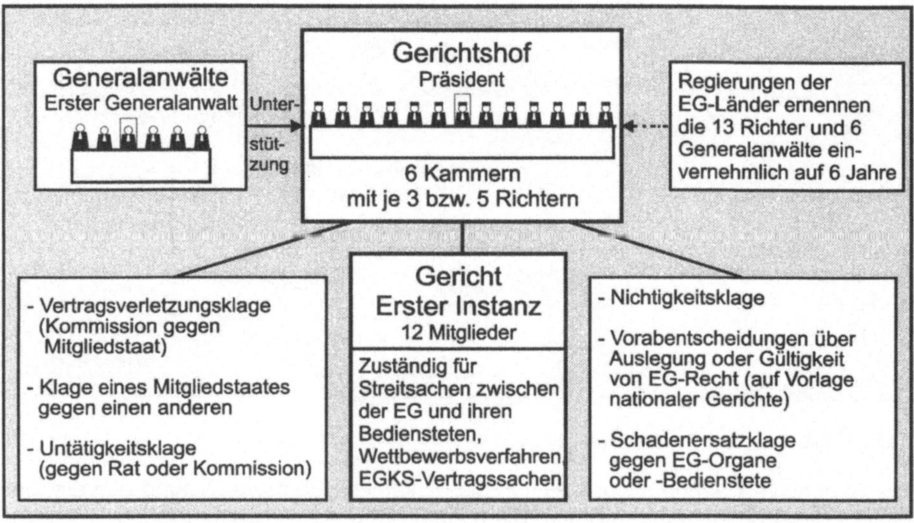

Bild 1.5 Der Gerichtshof der Europäischen Gemeinschaft

Die EG-Verträge, d.h. der Vertrag über die Montanunion 1951, der EWG- und der Euratom-Vertrag 1957 mit ihren Erweiterungen durch die Einheitliche Europäische Akte 1986, bilden die Grundlage einer eigenständigen Rechtsordnung der Europäischen Gemeinschaft. Innerhalb dieser Rechtsordnung hat der *Europäische Gerichtshof* als einziges und oberstes supranationales Rechtsprechungsorgan dafür zu sorgen, daß bei der Anwendung und Auslegung der Verträge und der aus ihnen abgeleiteten Rechtsakte einzelner EG-Organe das Recht gewahrt bleibt. Darüber hinaus hat der Gerichtshof die Aufgabe, durch Fortbildung des Gemeinschaftsrechts die oft lükkenhaften Bestimmungen der EG-Verträge zu ergänzen. Erst durch seine Rechtsprechung ist eine umfassende Gemeinschaftsordnung entstanden und - oft gegen den Widerstand einzelner Mitgliedstaaten - der Vorrang des EG-Rechts vor entsprechenden nationalen Regelungen (auch solchen mit Verfassungscharakter) durchgesetzt worden. Damit erweist sich der Gerichtshof als ein bedeutender Faktor der europäischen Integration. Ihm kommt dabei zugute, daß er nicht auf Einstimmigkeit angewiesen und von nationalen Interessen unabhängig ist.

Der Europäische Gerichtshof ist Verfassungs- und Rechtsschutzinstanz. Er kann von allen angerufen werden, die für die Anwendung des EG-Rechts verantwortlich sind (EG-Organe und Mitgliedstaaten) oder die als natürliche oder juristische Personen unmittelbar von Rechtsakten der Gemeinschaft betroffen werden. Als Verfassungsorgan handelt das Gericht z. B. bei Streitigkeiten zwischen EG-Organen und/oder Mitgliedstaaten, vor allem bei Vertragsverletzungsklagen der Kommission gegen einzelne EG-Länder. Durch die Überprüfung der Rechtmäßigkeit von Handlungen der EG-Organe wird den Betroffenen zugleich Rechtsschutz gewährt. Die einheitliche Anwendung des EG-Rechts und eine unmittelbare Wirksamkeit für alle EG-Bürger wird dadurch sichergestellt, daß einzelstaatliche Gerichte sich an den Gerichtshof wenden können, um Vorabentscheidungen zu Fragen der Auslegung oder Gültigkeit des EG-Rechts einzuholen.

Der Europäische Gerichtshof (mit Sitz in Luxemburg) besteht aus 13 Richtern, die von den Regierungen der EG-Länder in gegenseitigem Einvernehmen auf sechs Jahre ernannt werden. Ihnen stehen sechs Generalanwälte zur Seite, die am Ende jeder Verhandlung einen Vorschlag zur Lösung des Streitfalls unterbreiten. Um den Gerichtshof vor allem bei der Prüfung umfangreicher Sachverhalte zu entlasten, wurde ihm 1989 ein Gericht Erster Instanz (mit 12 Mitgliedern) vorgeschaltet, das für Rechtsangelegenheiten nach dem EGKS-Vertrag, für Wettbewerbsverfahren und für Streitigkeiten zwischen der EG und ihren Bediensteten zuständig ist.

2 Einführung in das Bürgerliche Recht

Das *öffentliche Recht* schreibt dem einzelnen Bürger vor, wie er sich innerhalb des öffentlichen Gemeinwesens zu verhalten hat. Es stehen sich ein übergeordnetes und ein oder mehrere untergeordnete Rechtssubjekte gegenüber. Wegen der großen Zahl unterschiedlicher Bereiche, die das öffentliche Recht zu ordnen hat, umfaßt dieses eine ebenso große Zahl eigenständiger, voneinander unabhängiger Einzelgesetze, wie z.B. die Steuergesetze, das Strafgesetz, die Strafprozeß- und Zivilprozeßordnung, Baugesetzbuch u.a.m.

Privatrecht ist dagegen das Recht, das die Verhältnisse der einzelnen gleichgeordneten Rechtssubjekte untereinander regelt. Dies müssen keinesfalls ausschließlich Privatpersonen oder -firmen sein, auch der Staat und seine Institutionen sind an privatrechtliche Vorschriften gebunden, wenn sie nicht hoheitliche Funktionen ausüben, sondern wie private Haushalte geschäftlich tätig sind.

Den größten Teil des Privatrechts umfaßt das *Bürgerliche Gesetzbuch* mit seinen Nebengesetzen.

Das Bürgerliche Gesetzbuch (BGB) besteht seit dem 18. Aug. 1896 und ist seit dem 1. Jan. 1900 ununterbrochen in Kraft. Im Laufe der Zeit wurde es nur partiellen Änderungen unterworfen. Die Gliederung des 2385 Paragraphen umfassenden Gesetzwerkes zeigt folgende Übersicht:

Bild 2.1 Gliederung des BGB.

2.1 Der allgemeine Teil des BGB

BGB §§ (1-240)

Der Allgemeine Teil gilt auch für alle weiteren Teile des BGB und enthält alle aus diesen ausgeklammerten gemeinsamen Regelungen. Zusätzlich werden darin wesentliche Begriffe definiert.

2.1.1 Natürliche Personen

(1-12)

Natürliche Personen sind im Personenstandsregister (Geburten-, Sterbe-, Heiratsbuch etc.) erfaßte lebende Menschen. Sie können ausnahmslos Eigentum haben. Von der Vollendung der Geburt bis zum Eintritt des Todes sind sie rechtsfähig
(Träger von Rechten und Pflichten) und damit auch deliktfähig. Allerdings können *1*
sie für ihr Handeln nur selbst zur Verantwortung gezogen werden, wenn sie volljäh- *2*
rig sind, d.h. das 18. Lebensjahr vollendet haben und nicht entmündigt sind.

2.1.2 Juristische Personen

(21-89)

Juristische Personen sind rechtlich geregelte Organisationen, die als Einheit zum Rechtssubjekt werden. Sie erlangen ihre Rechtsfähigkeit aufgrund gesetzlicher Bestimmungen oder eines Hoheitsaktes. Sie sind entweder zum selbständigen Rechtssubjekt erhobene Personenvereinigungen (Körperschaften, Vereine), mit eigener Rechtspersönlichkeit ausgestattete Vermögensmassen (Stiftungen) oder rechtsfähige Einrichtungen, die Sachmittel und persönliche Leistungen zusammenfassen (Anstalten):

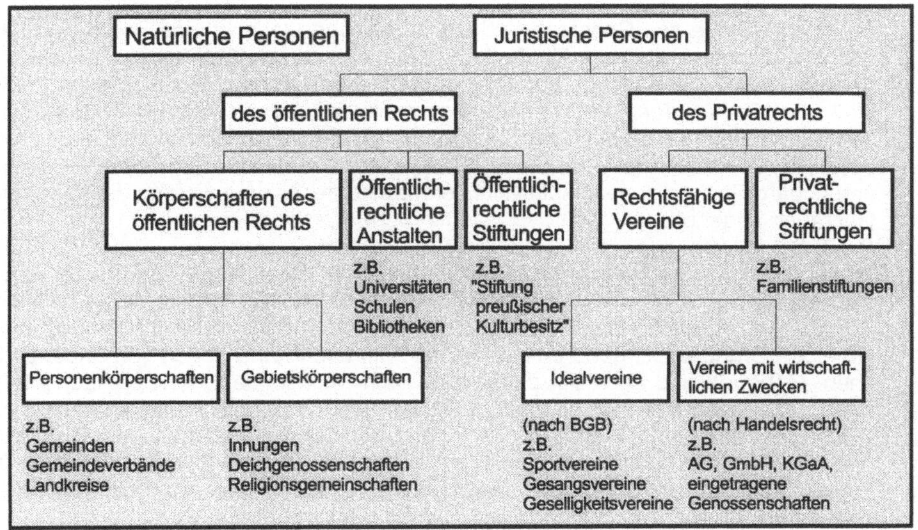

Bild 2.2 Natürliche und juristische Personen

BGB §§ Juristische Personen des öffentlichen Rechts erfüllen hoheitliche Aufgaben, während die juristischen Personen des Privatrechts stets private Zwecke verfolgen, die sowohl ideeller als auch materieller Natur sein können. Ihr Entstehen beruht auf einem privaten Rechtsgeschäft und zusätzlicher staatlicher Mithilfe.

(21-79) Der *Idealverein* bedarf zur Erlangung der Rechtsfähigkeit der Eintragung in das Ver-
21 einsregister des Amtsgerichtes. Als Voraussetzung dafür benötigt er eine Satzung
25 und Organe, durch die er handelt, mindestens den Vorstand und die Mitgliederver-
26,32 sammlung. Sofern auf die Eintragung verzichtet wird, bleibt der Verein nicht rechts-
55 ff. fähig. Mit der Eintragung übernimmt ein Verein eine Reihe von Mindestverpflichtungen in formeller Hinsicht. Ein Vorteil der Rechtsfähigkeit besteht darin, daß die Mitglieder nicht persönlich für Vereinsverbindlichkeiten zu haften haben, sondern der Verein als selbständige Rechtspersönlichkeit. Von ihrem Wesen her sind Vereine nicht an die Personen ihrer Mitglieder gebunden.

Vereine, die ausschließlich wirtschaftlichen Zwecken dienen, erlangen ihre Rechtsfähigkeit durch staatliche Verleihung und fallen unter das Handelsrecht.

Stiftungen haben spezifizierte Aufgaben, wie z.B. Wissenschaft, Lehre, Forschung, Technik oder Kunst im In- und Ausland zu fördern bzw. bildungs- oder sozialpolitische Ziele zu verfolgen. Entweder sind sie selbständig, oder sie bedürfen zu ihrer rechtlichen Existenz der Anlehnung an eine Trägerorganisation. Ihrer Natur nach ist zwischen öffentlich-rechtlichen und privatrechtlichen Stiftungen zu unterscheiden;
(80-88) letztere sind im BGB geordnet.

90-103 2.1.3 Sachen im Sinne des Gesetzes

90 *Sachen* im Sinne des Gesetzes sind nur körperliche Gegenstände. Tiere sind keine
90a Sachen, jedoch werden die für Sachen geltenden Vorschriften auf sie angewendet,
91 wenn es keine besonderen Vorschriften gibt. Bewegliche Sachen, die nach Zahl,
92 Maß oder Gewicht festgelegt werden, nennt man im Gegensatz zu Individualstücken vertretbare Sachen. Bewegliche Sachen, die für den Verbrauch (z.B. Lebensmittel) oder die Veräußerung (z.B. Geld, Wertpapiere) bestimmt sind, werden als verbrauchbare Sachen bezeichnet. Nicht verbrauchbare Sachen werden dagegen durch Gebrauch abgenutzt.

93 Wesentliche Bestandteile einer Sache können nicht Gegenstand besonderer Rechte
sein, da sie nicht von der Hauptsache abgetrennt werden können, ohne daß diese
94 I Schaden leidet oder in ihrem Wesen verändert wird. Zu den wesentlichen Bestandteilen eines Grundstücks gehören die fest mit dem Grund und Boden verbundenen Sachen, Gebäude und auch auf dem Grundstück wachsenden Pflanzen. Zur Herstel-
94 II lung eines Gebäudes fest eingefügte Sachen sind wesentliche Bestandteile dieses
95 Gebäudes. Dagegen gehören Sachen, die nur vorübergehend mit einem Grundstück
oder Gebäude verbunden sind, nicht zu deren wesentlichen Bestandteilen. Mit dem
96 Eigentum an einem Grundstück verbundene Rechte gelten als Bestandteile des Grundstücks.

Bewegliche Sachen, die zwar nicht Bestandteile einer Hauptsache sind, aber dennoch deren wirtschaftlichem Zweck dienen und in der Regel in räumlichem Zusam-

menhang mit ihr stehen, sind Zubehör (z.B. Bordwerkzeug einer Baumaschine). Zu- 97
behör eines Betriebes sind alle Maschinen und Gerätschaften. 98

2.1.4 Geschäftsfähigkeit (104-113)

Geschäftsfähigkeit ist die Fähigkeit natürlicher und juristischer Personen, Willenserklärungen abzugeben und Rechtsgeschäfte abzuschließen. Geschäftsunfähig ist,
wer das siebente Lebensjahr noch nicht vollendet hat oder wer geisteskrank ist. 104
Willenserklärungen Geschäftsunfähiger sind nichtig. Ein Minderjähriger, der älter als 105 I
sieben Jahre ist, hat beschränkte Geschäftsfähigkeit; Willenserklärungen, die ihm 106
nicht lediglich rechtliche Vorteile bringen, bedürfen der Einwilligung seines gesetzlichen Vertreters, ohne die solche Rechtsgeschäfte des Minderjährigen unwirksam 107
sind. Allerdings können sie innerhalb einer zweiwöchigen Frist nach Aufforderung 108
durch den Vertragspartner vom gesetzlichen Vertreter genehmigt werden. Bis zu
diesem Zeitpunkt hat auch der andere Teil ein Widerrufsrecht. 109

2.1.5 Willenserklärungen (116-144)

Willenserklärungen sind auf die Entstehung oder das Erlöschen von Rechtsgeschäften gerichtet (z.B. Vertragsangebot, Kündigung etc.). Willenserklärungen mit dem
(geheimen) Vorbehalt der Nichtleistung sind nichtig, wenn der Erklärungsempfänger 116
diesen Vorbehalt kennt. Ebenfalls sind Willenserklärungen nichtig, die einem anderen gegenüber mit dessen Wissen zum Schein abgegeben wurden oder denen es 117
ganz offensichtlich an Ernstlichkeit mangelt. 118

Wer bei der Abgabe einer Willenserklärung über deren Inhalt im Irrtum war oder
eine Erklärung solchen Inhalts nicht abgeben wollte, kann diese anfechten, wenn 119
anzunehmen ist, daß er sie bei besserer Kenntnis der Sachlage nicht abgegeben
haben würde. Das Gleiche gilt bei unrichtiger Übermittlung durch Dritte an den Er- 120
klärungsempfänger. In beiden Fällen hat die Anfechtung unverzüglich nach Kenntnis 121
der Gründe zu erfolgen. Der Anfechtende ist aber ggf. dem Erklärungsempfänger
gegenüber zu Schadenersatz verpflichtet. Infolge Drohung oder arglistiger Täu- 122
schung zustande gekommene Willenserklärungen sind nichtig, wenn sie binnen 123
Jahresfrist angefochten werden. 124

Ebenfalls nichtig sind Rechtsgeschäfte, bei denen die vom Gesetz vorgeschriebene
Form nicht eingehalten wurde. In einzelnen Fällen verlangt das entsprechende Gesetz die "gesetzliche Schriftform" (vorgeschriebener Inhalt), die "gewillkürte Schrift- 125
form" (von den Parteien festzulegender Inhalt), die Beurkundung durch einen Notar 126, 127
oder öffentliche Beglaubigung. Letztere kann durch die notarielle Beurkundung er- 128, 129
setzt werden.

Weitere Gründe für die Nichtigkeit von Rechtsgeschäften sind ein Verstoß gegen 134-138
Gesetze oder die guten Sitten.

(145-157) 2.1.6 Verträge

Verträge kommen zustande durch übereinstimmende Willenserklärungen zweier oder mehrerer Parteien zur Herbeiführung eines bestimmten Rechtserfolges. Der Vertragsabschluß erfolgt durch Antrag und die sofortige oder innerhalb einer gesetzten
147,148 Frist erfolgende Annahme. Dadurch sowie durch eine Ablehnung erlischt der Antrag.
146, 151 Bisweilen wird eine stillschweigende Annahme vorausgesetzt, und nur eine etwaige Ablehnung ist dem Antragenden mitzuteilen.

Allgemein gilt ein Vertrag jedoch als nicht geschlossen, solange sich die Parteien
154 nicht über alle Punkte des Vertrages geeinigt haben, über die nach der Erklärung auch nur einer Partei eine Vereinbarung getroffen werden sollte.

Wie Bild 2.3 zeigt, sind Verträge die häufigste Form von Rechtsgeschäften:

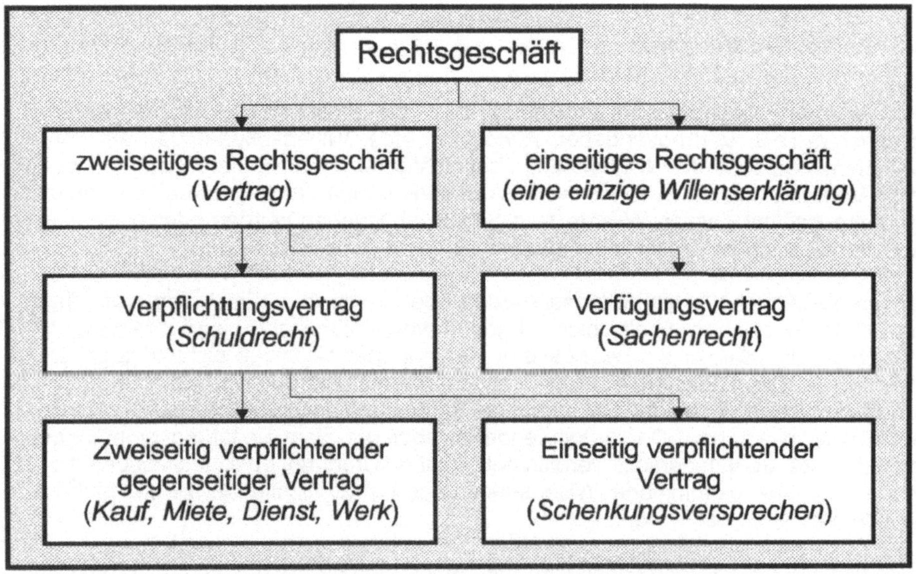

Bild 2.3 Arten von Rechtsgeschäften.

BGB §§ (164-181) 2.1.7 Vertretung und Vollmacht

164 Die Vollmacht berechtigt, Erklärungen im Namen des Vertretenen (Vollmachtgebers) mit Wirkung für und gegen diesen abzugeben. Eine Generalvollmacht berechtigt zur Vertretung in allen Geschäften, eine Spezialvollmacht ist auf ein oder mehrere Einzelgeschäfte beschränkt.

Vollmacht wird entweder formlos durch eine Erklärung gegenüber dem zu Bevoll- *167 I*
mächtigenden oder dem Dritten, dem gegenüber die Vertretung erfolgen soll, erteilt,
oder der Vertreter bekommt eine Vollmachtsurkunde ausgehändigt, die er dem Drit- *172*
ten vorlegen kann. Die Vollmacht selbst bedarf nicht der Form, die das Rechtsge- *167 II*
schäft ggf. erfordert, für das sie gegeben wurde. Sie erlischt mit ihrem Zweck und
kann daneben jederzeit widerrufen werden. Dies ist dem Dritten in der gleichen *168*
Weise anzuzeigen wie die Vollmachtserteilung; solange das nicht geschehen ist, gilt *170*
die Vollmacht als fortbestehend, eine Überprüfung kann dem Geschäftspartner nicht *171*
zugemutet werden. Wurde eine Vollmachtsurkunde ausgehändigt, so ist sie beim *175*
Erlöschen dem Aussteller zurückzugeben. Auch die öffentliche Bekanntmachung ist *176*
eine mögliche Form, das Erlöschen einer Vollmacht anzuzeigen.

Vor der rechtlichen Vertretung ohne gültige Vollmacht muß dringend gewarnt werden: wer im Namen eines anderen handelt, ohne bevollmächtigt zu sein, haftet dem 177 ff.
Vertragsgegner persönlich auf Erfüllung oder Schadenersatz.

2.2 Schuldrecht

(241-853)

Schuldrecht ist der Teil des Privatrechts, der die Schuldverhältnisse behandelt. Die ersten sechs Abschnitte enthalten allgemeine schuldrechtliche Regelungen, während der siebente auf besondere, typische Schuldverhältnisse eingeht.

2.2.1 Allgemeines Schuldrecht

Ein *Schuldverhältnis* ist ein Rechtsverhältnis, kraft dessen eine Person (Gläubiger) *241*
von einer anderen (Schuldner) eine Leistung zu fordern berechtigt ist. Es stehen sich das Recht (des Gläubigers) und die Schuld (des Schuldners) gegenüber. Entsprechend der Systematik des BGB hat der Gesetzgeber die bei den unterschiedlichen Schuldverhältnissen wiederkehrenden Probleme im allgemeinen Schuldrecht zusammengefaßt und sie den Regelungen dieser besonderen Schuldverhältnisse vorausgestellt. Ferner gilt das allgemeine Schuldrecht auch für alle Schuldverhältnisse aus den übrigen Büchern des BGB sowie für zahlreiche Gesetze außerhalb des BGB, die Schuldverhältnisse begründen (Handelsgesetzbuch, Wechsel-G etc.).

Rechte und Pflichten der Vertragspartner

Die primäre Leistungspflicht des Schuldners ergibt sich aus dem Gesetz (z.B. Schadenersatz) oder dem abgeschlossenen Rechtsgeschäft (z.B. Kauf). Zusätzlich beinhalten Rechtsgeschäfte häufig noch eine sekundäre Leistungspflicht (z.B. Ersatz für Verspätungsschaden). Darüber hinaus kann das Schuldverhältnis Nebenpflichten begründen, die in Gesetz oder Vertrag nicht ausdrücklich geregelt zu sein brauchen. Hier gilt der Grundsatz, daß die Leistung "so zu bewirken ist, wie Treu und Glauben mit Rücksicht auf die Verkehrssitte es erfordern". Sogenannte unselbständige Nebenpflichten (z.B. Fürsorge, Obhut) dienen der pflichtgemäßen Erfüllung der Hauptleistung. Dagegen verfolgen selbständige Nebenpflichten (z.B. Anzeige, Auskunft) eigene Zwecke und sind folglich auch selbständig einklagbar.

Das Forderungsrecht des Gläubigers richtet sich allein gegen den Schuldner, es ist demnach ein relatives Recht. Das Gesetz gibt dem Gläubiger die Möglichkeit, dieses Recht gegen den Schuldner mit Hilfe des Staates durchzusetzen, falls dieser seiner Verpflichtung nicht oder nicht rechtzeitig nachkommt (z.B. Mahnverfahren, Klageerhebung etc.). Wird dem Vertrag nach eine Sache geschuldet (im Gegensatz etwa zu
243 einer Dienstleistung), unterscheidet man zwischen Gattungs- oder Stückschuld in Frage. Eine Gattungsschuld liegt vor, wenn die geschuldete Leistung nur nach allgemeinen Merkmalen (Gattungsmerkmalen) bestimmt ist. Diese Merkmale richten sich nach der Parteivereinbarung. Der Schuldner ist verpflichtet, die festgelegte Stückzahl von „mittlerer Art und Güte“ aus der Gattung zu leisten (z.B. 25 t Portlandzement PZ 350). Ist dagegen die geschuldete Sache nach individuellen Merkmalen (Sondermerkmalen) konkret bestimmt, dann handelt es sich um eine Stückschuld, und der Schuldner kann allein durch Leistung dieser speziellen Sache erfüllen (z.B. das durch LV und Zeichnungen definierte Gebäude). Jedoch ist es keinesfalls zwingend, daß unvertretbare Sachen stets Stückschuld sind (z.B. der bei einer Besichtigung ausgewählte Pkw).

Begründung von Schuldverhältnissen

Ein Schuldverhältnis kann durch ein Rechtsgeschäft oder unmittelbar kraft Gesetzes entstehen:

a)

Ursache *Rechtsgeschäft*	
Vertrag: § 145 (Bsp. Kauf, Pacht, Miete... §§ 433 ff)	Einseitiges Rechtsgeschäft: § 305 (Bsp. Auslobung § 657, Vermächtnis = Testament § 1939

b)

Ursache *Gesetz*		
Unerlaubte Handlung §§ 823 ff (Bsp. Einwerfen von Fensterscheiben)	Ungerechtfertigte Bereicherung: §§ 812 ff (Bsp. Übereignung ohne gültigen Kaufvertrag, Diebstahl)	Geschäftsführung ohne Auftrag: §§ 677 ff (Bsp. Transport eines Bewußtlosen)

Mehrere Anspruchsgrundlagen können durchaus zusammentreffen, sie begründen jedoch nicht mehr als eine Schuld (Realkonkurrenz). Bis auf wenige Ausnahmen ist die inhaltliche Gestaltung von Schuldverträgen frei (Typenfreiheit), da diese Vereinbarungen in der Regel allein den Interessen der Vertragspartner dienen. Nur dort, wo die Interessen Dritter beeinträchtigt werden könnten, herrscht Typenzwang. Auch wenn die Parteien einen bestimmten Vertragstyp abschließen, haben sie das Recht, einzelne gesetzliche Regelungen abzubedingen. Allerdings wird die Freiheit der inhaltlichen Vertragsgestaltung durch Gesetze über allgemeine Geschäftsbedingungen eingeengt. Allgemeine Geschäftsbedingungen sind vorformulierte Bedingungen, die eine Partei zum Inhalt einer Vielzahl von Verträgen zu machen versucht, und zum Schutz des Vertragspartners ist nicht alles erlaubt (siehe dazu AGB-Gesetz in Kap.4.2.5).

In der Regel können Verträge formlos abgeschlossen werden (Formfreiheit). Mündliche Erklärungen sind bereits ausreichend. Bei speziellen Gelegenheiten (z.B. Auktion) genügt eine bestimmte Gebärde, um daraus eine Willenserklärung abzuleiten. Jedoch sollte wegen möglicher späterer Beweisschwierigkeiten vor dem mündlichen Vertragsschluß gewarnt werden. Aus diesem Grund kann die Formfreiheit durch Parteivereinbarung aufgehoben werden. In besonderen Fällen schreibt auch das Gesetz eine bestimmte Form des Vertragsschlusses vor. So ist bei Übertragungs- *313*
verträgen für Grundstücke die notarielle Beurkundung und bei Grundstücksmietver- *566*
trägen über ein Jahr hinaus sowie bei Bürgschaftsverträgen die Schriftform not- *766*
wendig (vgl. Kap. 2.1.5 Willenserklärung).

Störungen von Schuldverhältnissen

Störungen von Schuldverhältnissen sind Nichtleistungen oder nicht rechtzeitige Leistungen. Als Störungsursachen kommen vier verschiedene Fälle in Frage:

a) *Unmöglichkeit* (U) liegt vor, wenn der Schuldner dauernd außerstande ist, die Leistung zu erbringen. *Ursprüngliche* U besteht (im Gegensatz zur nachträglichen) bereits zum Zeitpunkt der Begründung des Schuldverhältnisses. Bei *objektiver* U ist es niemand möglich, die Leistung zu erbringen, bei *subjektiver* kann nur der Schuldner nicht erfüllen (Unvermögen). Diese Differenzierung ist auch hinsichtlich der rechtlichen Auswirkungen beizubehalten. Bei ursprünglicher subjektiver U ist der Vertrag stets gültig; der Schuldner ist dem Gläubiger zu Schadenersatz wegen Nichterfüllung verpflichtet. Dagegen ist bei ursprünglicher objektiver U der Vertrag nichtig. Kannte ein Partner die U, so hat er dem *306*
anderen den Schaden zu ersetzen, den dieser dadurch erleidet, daß er auf die Gültigkeit des Vertrages vertraute. *307 I*

Bei nachträglicher U ist es unwesentlich, ob sie subjektiv oder objektiv ist, vielmehr kommt es darauf an, ob der Schuldner die U zu vertreten hat. Er hat für Fahrlässigkeit und Vorsatz einzustehen. Dagegen wird er von der Leistungs- *276*
pflicht frei, wenn er die U nicht verschuldet hat. Ist die U von keinem der Partner *275*
zu vertreten, so entfallen Leistung und Gegenleistung; dagegen wird bei un- *323-325*
möglichen Leistungen, die der andere Teil zu vertreten hat, allein der erste von seiner Leistungspflicht frei, sein Anspruch auf Gegenleistung bleibt abzüglich der Ersparnisse infolge Leistungsbefreiung bestehen. Hat der Schuldner die U zu vertreten, so kann der Gläubiger Schadenersatz wegen Nichterfüllung verlangen oder vom Vertrag zurücktreten.

b) *Schuldnerverzug* tritt ein, wenn die Leistung von einer Partei im Rahmen eines Schuldverhältnisses fällig, aber noch nicht erbracht ist und die andere Partei *BGB §§*
durch Mahnung zur Leistung auffordert. Wird auch auf die Mahnung hin nicht *284 I*
geleistet, so gerät der Schuldner in Verzug.

Auch die Zustellung einer Klage oder eines Mahnbescheides gilt als Mahnung. Ist für die Leistung ein Kalendertermin bestimmt, so setzt der Verzug auch oh- *284 II*
ne Mahnung ein, wenn der Schuldner den vereinbarten Termin fruchtlos verstreichen lassen hat. Als Folge hat er dem Gläubiger den durch den Verzug entstehenden Schaden zu ersetzen, der Erfüllungsanspruch bleibt trotzdem *286 I*

bestehen. Ist durch den Verzug das Interesse des Gläubigers an der Leistung
286 II erloschen, so steht es ihm frei, diese abzulehnen und Schadenersatz wegen Nichterfüllung zu beanspruchen.

Bei gegenseitigen Verträgen kann der Gläubiger dem in Verzug geratenen Schuldner eine angemessene Nachfrist setzen und zugleich erklären, daß er nach Fristablauf die Leistung ablehne. Verstreicht die Frist fruchtlos, so steht
326 I dem Gläubiger Schadenersatz wegen Nichterfüllung oder das Rücktrittsrecht zu. Der Anspruch auf spätere Erfüllung erlischt.

c) *Positive Vertragsverletzung* (PV) entsteht, wenn der Schuldner durch Handeln oder Unterlassen *schuldhaft* eine vertragliche Pflicht verletzt und dem Gläubiger dadurch Schaden zufügt. PV liegt meist bei Verletzung vertraglicher Nebenpflichten (Obhut, Anzeige, Auskunft etc.) oder Schlechterfüllung einer Hauptleistungspflicht vor, sofern dadurch ein über das Erfüllungsinteresse hinausgehender zusätzlicher Schaden entstanden ist (z.B. Produktionsausfall infolge Schadens an einer gelieferten Anlage).

Eine direkte Regelung der rechtlichen Folgen kennt das BGB nicht, daher sind die vorgenannten Regeln für Unmöglichkeit und Schuldnerverzug in Verbindung mit denen über Mängelgewährleistung anzuwenden. Regelmäßig hat der Gläubiger Anspruch auf Ersatz des durch die PV entstandenen Schadens, bei gegenseitigen Verträgen darüber hinaus, wenn er infolge der PV kein Erfüllungsinteresse mehr hat oder ihm die Vertragsfortführung nicht zugemutet werden kann, Anspruch auf Schadenersatz wegen Nichterfüllung oder das Recht zum Rücktritt.

(293-304) d) *Gläubigerverzug* entsteht, wenn der Gläubiger die Leistung nicht annimmt oder
293 eine sonstige zur Erfüllung erforderliche Mitwirkungshandlung unterläßt. Weite-
294 re Voraussetzungen sind, daß die Leistung fällig sein muß, daß der Schuldner
295 zu leisten bereit und imstande ist oder wörtlich angeboten hat, es sei denn, die
296 Mitwirkungshandlung des Gläubigers war zu einem festen Kalendertermin vorzunehmen.

Erlöschen von Schuldverhältnissen

Die einzelnen Ursachen für das Erlöschen von Schuldverhältnissen unterscheiden sich in ihrer rechtlichen Wirkung dadurch, daß entweder das Schuldverhältnis mit allen Rechten und Pflichten als Ganzes (Kündigung) oder nur eine Pflicht (Erfüllung) erlischt. Auch wenn einzelne Rechte und Pflichten erlöschen, können noch Rechtsbeziehungen zwischen den Parteien bestehen bleiben (Rücktritt).

362 I a) *Erfüllung* ist das Bewirken der geschuldeten Leistung. Dabei reicht es nicht aus, daß der Schuldner seinerseits alles Erforderliche getan hat, sondern das Interesse des Gläubigers muß durch den Eintritt des Leistungserfolges verwirklicht
364 I worden sein. Gleichbedeutend mit der Erfüllung ist die *Leistung an Erfüllungs statt*, das ist das Erbringen einer anderen als der geschuldeten Leistung durch den Schuldner, wenn der Gläubiger damit einverstanden ist.

Durch beide erlischt das Schuldverhältnis, und die Beweislast geht vom
Schuldner auf den Gläubiger über. Dieser hat dann ggf. den Beweis für falsche 363
oder unvollständige Leistung anzutreten. Daneben hat er dem Schuldner auf
Verlangen eine Quittung zu erteilen, damit dieser notfalls die Erfüllung bewei- 368-370
sen kann. Auch ist der Gläubiger verpflichtet, einen etwa ausgestellten
Schuldschein über die Forderung, der das rechtliche Indiz für das Bestehen 371
der Schuld ist, an den Schuldner zurückzugeben.

b) *Aufrechnung* ist die gegenseitige Tilgung von zwei sich gegenüberstehenden (387-396)
Forderungen durch Verrechnung. Sie erfolgt auch bei Vorhandensein von auf-
rechenbaren Forderungen nicht automatisch, sondern wird durch einseitige,
empfangsbedürftige Willenserklärung gegenüber dem anderen Teil in Gang 388
gesetzt. Voraussetzungen sind, daß jeder der Beteiligten zugleich Gläubiger 387
und Schuldner des anderen ist, daß beide Forderungen dem Gegenstand nach
gleichartig sind (Gattungsschulden), nicht aber, daß beide Forderungen die
gleiche Höhe haben und in rechtlichem Zusammenhang stehen. Der Zweck ist
eine Vereinfachung in der Tilgung und die Möglichkeit der Privatvollstreckung
von Forderungen.

c) *Rücktritt* (R) bedeutet das Rückgängigmachen eines Schuldverhältnisses (346-361)
durch einseitige, empfangsbedürftige Willenserklärung, wodurch der Vertrag 349
rückwirkend aufgehoben wird. Die Parteien haben bereits erbrachte Leistungen einander zurückzugeben. Ist das nicht mehr möglich, so ist der Wert der 346
bisherigen Leistung zu vergüten. Der R ist auch möglich, wenn der Rücktritts-
berechtigte die empfangene Sache nicht mehr oder nur in wertvermindertem 350
Zustand zurückgeben kann, sofern er es nicht zu vertreten hat. Hat er dies je- 351
doch verschuldet oder den Gegenstand bereits in einen anderen umgestaltet, 352
so ist der R ausgeschlossen. Für die Rücktrittserklärung gibt es keine gesetzliche Frist, es kann jedoch eine Frist vereinbart werden. Wurde der Rücktritt erklärt, kann der andere Teil eine Frist für die Rückgewähr setzen, erfolgt diese
dann nicht rechtzeitig, wird der Rücktritt unwirksam. 354

Neben dem vertraglichen besteht auch ein gesetzliches Rücktrittsrecht bei 327
Verletzung gegenseitiger Verträge und im besonderen, wenn ein Kaufgegen-
stand Sachmängel aufweist. 467

d) *Kündigung* (K) erfolgt ebenfalls durch empfangsbedürftige Willenserklärung, löst aber i.Ggs. zum Rücktritt das Schuldverhältnis für die Zukunft auf. Bei fristloser K ist das Schuldverhältnis sofort beendet, bei befristeter K erst nach Ablauf einer bestimmten Frist. Die K tritt regelmäßig bei Dauerschuldverhältnissen an die Stelle des Rücktritts, weil hier die Rückgabe der gegenseitigen Leistungen gar nicht oder nur schwer möglich ist (Miete, Arbeitsverhältnis etc.).

Für die Kündigungsrechtsfolgen gibt es im BGB keine einheitliche Regelung, Bestimmungen für den Einzelfall finden sich unter den entsprechenden Typenverträgen (siehe Kap. 2.2.2). Die ordentliche K wird bei Verträgen auf unbestimmte Zeit, die außerordentliche bei Schuldverhältnissen über einen bestimmten Zeitraum angewandt. Für letztere muß stets ein "wichtiger Grund" vorliegen; das ist der Fall, wenn die Fortsetzung des Vertragsverhältnisses dem Kündigenden nach verständigem Ermessen nicht mehr zugemutet werden kann.

2.2.2 Besonderes Schuldrecht

BGB §§
(433 -853)
Unter dem besonderen Schuldrecht sind im wesentlichen eine Reihe von Typenverträgen zusammengestellt, die sich drei verschiedenen Bereichen zuordnen lassen, der Veräußerung von Vermögensgegenständen, der Gebrauchsüberlassung von Sachen sowie Diensten oder Arbeitserfolgen.

Kaufverträge

Der Kaufvertrag ist ein gegenseitiger Vertrag, bei dem sich der eine Partner
433 I (Verkäufer) zur Veräußerung einer Sache, eines Rechtes oder eines sonstigen verkehrsfähigen Gutes (z.B. Energie, Kundenstamm eines Ingenieurbüros) und der an-
433 II dere (Käufer) zur Zahlung einer Geldsumme verpflichtet. Wird als Gegenleistung eine Sache oder ein Recht geschuldet, liegt Tausch vor. Dagegen handelt es sich auch dann um einen Kaufvertrag, wenn der Käufer außer dem Kaufpreis noch eine Nebenleistung anderer Art zu erbringen hat. Der Kaufvertrag bedarf in der Regel keiner besonderen Form, er kann durchaus mündlich geschlossen werden, wichtigste
313 Ausnahme ist der Grundstückskaufvertrag (notarielle Beurkundung).

Pflichten des Verkäufers sind, dem Käufer das rechtliche Eigentum und den unmit-
434 I telbaren Besitz an der Kaufsache frei von Rechten Dritter zu verschaffen. Die Eigentumsübertragung erfolgt durch Einigung und Übergabe (im Sachenrecht geregelt).
929 Eventuelle Kosten gehen zu Lasten des Verkäufers. Weiterhin hat er die Pflicht, dem
448 Käufer über die rechtlichen Verhältnisse des Kaufgegenstandes Auskunft zu erteilen
444 und die zugehörigen Urkunden auszuhändigen.

Sofern ein Mangel vom Verkäufer zu vertreten ist, kann der Käufer verlangen, den
462-471 Kauf rückgängig zu machen (Wandlung) oder den Kaufpreis herabzusetzen
462,472 (Minderung). Beide Gewährleistungsansprüche treten nicht von selbst ein, sondern müssen durch formlose Erklärung (Mängelrüge) geltend gemacht werden, sie verjäh-
477 ren per Gesetz nach sechs Monaten. Anstelle von Wandlung oder Minderung kann
476a auch Nachbesserung verlangt werden, wenn die Parteien dies vereinbart haben.

Fehlt eine zugesicherte Eigenschaft nicht erst bei der Übergabe (Gefahrenübergang), sondern bereits zum Zeitpunkt des Vertragsabschlusses, so gibt das Gesetz dem Käufer das Recht auf Schadenersatz wegen Nichterfüllung. Das Gleiche gilt für
463 arglistiges Verschweigen eines Fehlers bei Vertragsabschluß durch den Verkäufer. Wählt der Käufer den Schadenersatz, ist der Erfüllungsanspruch ausgeschlossen. Der Käufer hat Anspruch auf zusätzlichen Ersatz mittelbarer Mangelfolgeschäden.

(535-610) **Gebrauchsüberlassungsverträge**

sind auf zeitweise Überlassung des Gebrauchs von Sachen, die am Ende der Vertragszeit zurückerstattet werden müssen, gerichtet.

a) *Miete* *(535-580a)*

Miete ist ein gegenseitiger Vertrag, bei dem sich die eine Partei (Vermieter) verpflichtet, der anderen Partei (Mieter) den Gebrauch einer Sache auf Zeit zu ge- *535*
währen, wofür die andere Partei den vereinbarten Mietzins zu entrichten hat. Gegenstand der Miete können nur Sachen oder Teile davon sein. Es ist nicht erforderlich, daß der Vermieter zugleich Eigentümer der Mietsache ist, er schuldet lediglich die Gebrauchsüberlassung. Der Abschluß des Mietvertrages ist nicht
formgebunden, er bedarf allein für Grundstücke und Räume der Schriftform, wenn *566*
er weiter als ein Jahr reichen soll.

Zu den Pflichten des Vermieters gehört es, den vertragsgemäßen Gebrauch der
Sache während der Mietzeit zu dulden und sie in einem vertragsgemäßen Zu- *536*
stand zu erhalten, also auch durch vertragsgemäßen Gebrauch entstandene Ab-
nutzungen und Verschlechterungen zu beseitigen. *548*

Die Pflichten des Mieters sind, darauf zu achten, daß die Mietsache nicht anders
als vertragsgemäß gebraucht und nicht ohne Einwilligung des Vermieters Dritten *549-550*
überlassen wird. Ferner hat er eine Obhuts- und Sorgfaltspflicht hinsichtlich der *553,545*
Mietsache, eine Duldungspflicht bezüglich notwendiger Maßnahmen des Vermie- *541a*
ters (z.B. Instandhaltungsarbeiten). Schließlich hat er die Mietsache nach Ablauf *556 I*
der Mietzeit an den Vermieter zurückzugeben.

Die Beendigung der Miete tritt bei zeitlich befristeten Mietverhältnissen automatisch mit Ablauf dieser Zeit ein, in allen anderen Fällen muß von einer Partei die *564 I*
Kündigung erklärt werden. Hier ist zu unterscheiden: Für Mietverhältnisse über
unbestimmte Zeit kommt die ordentliche Kündigung in Betracht, sie erfordert kei- *564 II*
nen besonderen Grund, ist aber an die Einhaltung gesetzlich vorgeschriebener *565*
Fristen gebunden. Dagegen führt die außerordentliche fristlose Kündigung zur *542-544*
sofortigen Beendigung des Mietverhältnisses; sie ist für bestimmte Fälle aus- *553,554*
drücklich vom Gesetz vorgesehen. Daneben ist sie außer bei der Raummiete
"aus wichtigem Grund" (vgl. Kap. 2.2.1 Kündigung) jederzeit möglich. Schließlich *242*
können Mietverhältnisse, die für eine bestimmte Zeit eingegangen wurden oder
bei denen eine längere als die gesetzlich vorgeschriebene Kündigungsfrist vereinbart wurde, durch außerordentliche befristete Kündigung vorzeitig beendet *564 II*
werden.

"Kauf bricht nicht Miete" ist ein wichtiger Grundsatz im Mietrecht für Grundstücke *571-579*
und Räume: bei einer Veräußerung tritt der Erwerber mit allen Rechten und
Pflichten an die Stelle des bisherigen Vermieters.

b) *Pacht* *(581-597)*

Pacht ist ein gegenseitiger Vertrag, durch den eine Partei (Verpächter) sich ver- *581 I*
pflichtet, der anderen (Pächter) den Gebrauch des gepachteten Gegenstandes zu gestatten und zusätzlich die Erträge, die dieser im Rahmen einer ordnungsgemäßen Wirtschaft abwirft, für sich zu behalten. Andererseits ist der Pächter verpflichtet, dem Verpächter den vereinbarten Pachtzins zu zahlen. Seinem Wesen nach richtet sich der Pachtvertrag primär nicht auf den Gebrauch, sondern die Fruchtziehung durch den Pächter, daher kommen als Pachtobjekte neben körperlichen

Gegenständen auch Rechte und andere verkehrsfähige Güter in Frage, die sich zwar nicht zum Gebrauch eignen, wohl aber Erträge abwerfen können. Da die
581 II Vorschriften des Mietrechtes im Wesentlichen auch für die Pacht gelten, legt dieses Rechte und Pflichten der Parteien fest.

Besonderheiten gegenüber der Miete sind, daß die außerordentliche befristete Kündigung in bestimmten Fällen ausgeschlossen ist und daß die Kündigung von
595 Pachtverträgen über Grundstücke mit einer Frist von einem halben Jahr zum Schluß des Pachtjahres auszusprechen ist, da sich die Beteiligten in der Regel auf eine längerfristige Nutzung eingestellt haben.

c) *Leasing*

Leasingverträge ähneln Miet- und Pachtverträgen stark: der Leasinggeber stellt dem Leasingnehmer meist Produktionsmittel und/oder -anlagen zum zeitlich be-
537-541 grenzten Gebrauch gegen Entgelt zur Verfügung. Allerdings ist der Leasinggeber
546 vereinbarungsgemäß von der Mängelhaftung und Lastentragung freigestellt. Der Leasingnehmer hat die Gefahr für Untergang oder Beschädigung des Leasingobjektes zu tragen sowie dem Leasinggeber die von diesem vorzunehmende Wartung und Instandhaltung der Sache zu vergüten. Häufig wird für den Leasingnehmer vertraglich das Recht vereinbart, nach einer bestimmten Zeit das Objekt käuflich zu erwerben.

598-606 d) *Leihe*

Leihe ist ein unvollkommen zweiseitiger Vertrag zur unentgeltlichen zeitlich be-
598 grenzten Gebrauchsüberlassung von Sachen. Gegenstand der Leihe können (wie bei der Miete) nur Sachen sein. Die Unentgeltlichkeit bedingt, daß der Leistung des Verleihers keine Leistung des Entleihers gegenübersteht. Daher beruht der Leihvertrag nicht auf Gegenseitigkeit. Der Sprachgebrauch des täglichen Lebens verwendet oft fälschlich den Begriff Leihe, wenn in Wirklichkeit ein entgeltlicher (Miet-)Vertrag vorliegt (z.B. "Leihwagen").

Pflicht des Verleihers ist es, dem Entleiher für die Dauer des Leihverhältnisses
598 den Gebrauch der Sache zu gestatten, nicht aber sie in einen gebrauchsfähigen Zustand zu versetzen oder während der Leihzeit instand zu halten. Auch ist seine
599, 600 Haftung auf Vorsatz und grobe Fahrlässigkeit sowie arglistig verschwiegene Sach- und Rechtsmängel beschränkt.

Die Pflichten des Entleihers entsprechen - abgesehen von der Zahlung eines Ent-
601 gelts - weitgehend denen des Mieters. Er hat die Kosten für den Erhalt der Sache
602 zu tragen, nicht aber für die Abnutzung durch vertragsmäßigen Gebrauch einzutre-
603 ten. Er darf das Leihgut nicht anders als nach Vertrag benutzen und auch nicht ohne Erlaubnis des Verleihers einem Dritten überlassen. Nach Beendigung der
604 I Leihe hat er es dem Verleiher zurückzugeben.

604 I Das Ende der Leihe tritt mit Ablauf der vereinbarten Leihzeit oder dem Ende des
604 II sich aus dem Zweck der Leihe ergebenden Gebrauchs ein; zudem hat der Verlei-
605 her ein Kündigungsrecht, falls er die Sache selbst benötigt, der Entleiher vertragswidrig gehandelt hat oder gestorben ist.

e) *Darlehen* *(607-610)*

Die Hingabe von Geld oder anderen vertretbaren Sachen zur freien Nutzung mit der Verpflichtung zur Rückerstattung nennt man Darlehen. Ihre besonderen *607*
Kennzeichen sind die Überlassung zu zeitlich begrenzter Nutzung und die Rückerstattung von Sachen gleicher Art, Güte und Menge. Der Darlehensnehmer ist nicht nur zum Gebrauch, sondern auch zum Verbrauch der Sache berechtigt. Das unentgeltliche Darlehen, von dem das Gesetz als Regelfall ausgeht, spielt in der Praxis kaum eine Rolle, dagegen hat das entgeltliche Darlehen insbesondere bei Geld erhebliche wirtschaftliche Bedeutung. Als Entgelt werden in der Regel Zin- *608*
sen vereinbart.

Einzige Pflicht des Darlehensgebers ist das Beschaffen und zeitweise Überlassen des Kapitals. Demgegenüber gehört es zu den Pflichten des Darlehensnehmers, nach Ablauf je eines Jahres bzw. bei Ablauf des Darlehensvertrages die fälligen Zinsen zu zahlen und das Darlehen zu diesem Zeitpunkt zurückzuerstatten. *608*
607

Die Beendigung des Darlehens ist entweder vorab vertraglich zu vereinbaren oder durch Kündigung von einer Partei herbeizuführen. Dabei ist je nach Höhe *609*
der Darlehenssumme eine Frist bis zu drei Monaten einzuhalten. Die Pflicht zur Kündigung entfällt bei der Rückzahlung eines unentgeltlichen Darlehens durch den Schuldner.

Dienst- und Werkvertrag *BGB §§ (611-651)*

Beide Vertragsarten sind auf die Erbringung irgendwelcher Arbeitsleistungen gegen eine im Regelfall in Geld zu zahlende Vergütung gerichtet. Beim Dienstvertrag wird eine Dienstleistung als solche, ein Tätigwerden, beim Werkvertrag dagegen ein Arbeitsergebnis, das Eintreten eines definierten Arbeitserfolges, geschuldet. In der Praxis ist diese Abgrenzung allerdings nicht immer leicht zu treffen, da auch beim Dienstvertrag die Tätigkeit nicht als Selbstzweck, sondern im Hinblick auf einen bestimmten Erfolg in Anspruch genommen wird. Der wesentliche Unterschied zwischen beiden besteht darin, daß der aus einem Werkvertrag Verpflichtete für die Verwirklichung des angestrebten Erfolges einzustehen hat, sein Entgelt hängt davon ab. Er hat folglich ein Unternehmerrisiko zu tragen.

a) Dienstvertrag *(611-630)*

Ein Dienstvertrag ist ein gegenseitiger Vertrag, in dem sich der eine Partner (Dienstverpflichteter) zur Leistung einer vereinbarten Tätigkeit und der andere (Dienstberechtigter) zur Gewährung einer vereinbarten Vergütung verpflichtet. Die Dienstleistung kann in Form von selbständiger oder abhängiger Arbeit erfolgen. Vertragsgegenstand können einmal oder auf Dauer angelegte Tätigkeiten aller Art werden. Zum Schutz der abhängigen Arbeit unterliegen abhängige Dienstverträge zusätzlich dem Arbeitsrecht (vgl. dazu Kap. 9 Einführung in das Arbeitsrecht).

613 Die Aufgabe des Dienstverpflichteten ist die höchstpersönliche Erbringung der versprochenen Dienste gemäß den Weisungen und Direktiven des Dienstberech-
613 tigten; er darf die geschuldete Tätigkeit nicht gegen den Willen des Berechtigten durch einen anderen ausführen lassen. Daneben hat er eine erhebliche Treuepflicht: er hat positiv die berechtigten Interessen des Dienstherrn nach besten Kräften zu fördern und negativ alles zu unterlassen, was dessen Interessen zuwi-
276 I derläuft. Eine Verletzung dieser Pflichten ist gegen ihn einklagbar und gibt dem
320 I Dienstberechtigten die rechtliche Möglichkeit des Lohneinbehalts sowie Anspruch
325, 326 auf Ersatz entstehenden Schadens.

611 Pflicht des Dienstberechtigten ist zunächst die Gewährung der Vergütung, in der Regel nach Ableistung der Dienste oder nach Ablauf der einzelnen Zeitabschnitte,
614 sofern sie nach Zeitabschnitten bemessen ist. Eine Vergütung gilt sogar als stillschweigend vereinbart, wenn die Dienstleistung den Umständen nach nur gegen solche zu erwarten ist. Der Berechtigte hat nicht nur einen Anspruch auf die ihm geschuldeten Dienste, er ist auch verpflichtet, die ihm angebotenen Dienste anzu-
615 nehmen. Tut er dies auch ohne sein Verschulden nicht, so steht dem Verpflichteten die vereinbarte Vergütung zu, ohne daß er die Leistung nachzuholen hat (Gläubigerverzug). Auch ist die Vergütung zu zahlen, wenn der Verpflichtete für
616, 617 eine "verhältnismäßig nicht erhebliche" Zeit aus persönlichen Gründen ohne eigenes Verschulden (z.B. Krankheiten, Behördengänge) an der Dienstausübung gehindert wird. Die Fürsorgepflicht gegenüber dem im Dienst stehenden ist unab-
619 dingbar und zwingt den Dienstherren zur Rücksichtnahme auf die berechtigten Interessen des Vertragspartners (z.B. Schaffung sicherer Arbeitsplätze, Aufbewah-
618 rung der notwendig mitgebrachten persönlichen Habe). Auch die Verletzung dieser Pflicht zieht Schadenersatzansprüche nach sich.

Die Beendigung des Dienstverhältnisses erfolgt automatisch mit Ablauf der vorge-
620 sehenen Zeit bei befristeten Verträgen, in allen anderen Fällen ist eine Kündigung
621, 622 zu erklären. Der Normalfall ist die ordentliche Kündigung, bei der bestimmte Fri-
624, 626 sten einzuhalten sind. Daneben kann von beiden Seiten "aus wichtigem Grund" außerordentlich ohne eine Frist gekündigt werden. Freie Dienstverhältnisse, die
627 nur aufgrund besonderen Vertrauens geschlossen werden (z.B. Arzt, Anwalt) sind dagegen ohne Vorliegen eines wichtigen Grundes jederzeit fristlos kündbar.

b) Werkvertrag

Im *Werkvertrag*, einem gegenseitigen Vertrag, verpflichtet sich der eine Partner
631 I (Unternehmer) zur Herstellung eines näher zu definierenden Werkes und der andere (Besteller) zur Entrichtung der vereinbarten Vergütung. Vertragsgegenstand
631 II kann die Herstellung oder Veränderung einer Sache, aber auch jeder andere durch Arbeit oder Dienstleistung herbeizuführende Erfolg sein. Für bestimmte Werkvertragsarten haben sich über die Regelungen des BGB hinaus allgemeine Geschäftsbedingungen eingebürgert; so wird beim Bauvertrag häufig die Verdingungsordnung für Bauleistungen (VOB) vertraglich vereinbart (siehe Kap. 4.2 bis 4.5).

Pflicht des Unternehmers ist die mangelfreie Herstellung des versprochenen 631 f
Werkes; dabei braucht er in der Regel nicht persönlich tätig zu werden, sondern
kann sich der Hilfe dritter Personen bedienen, für deren Verhalten er allerdings 278
ebenso einzustehen hat wie für sein eigenes. Daneben ist er nach dem Grundsatz von Treu und Glauben gehalten, eine sinnvolle Vertragsdurchführung zu ermöglichen und den Besteller vor allen vermeidbaren Schädigungen zu bewahren.
Leistet der Unternehmer nicht oder nur mangelhaft, dann hat der Besteller primär 242
Anspruch auf Erfüllung in Form einer Neuherstellung oder Nachbesserung des
Werkes. Dieser Erfüllungsanspruch bleibt auch bei Abnahme eines mangelhaften 633
Werkes unter Vorbehalt bestehen. In diesem Fall kann der Unternehmer regelmäßig nicht mehr auf Neuherstellung, sondern nur auf Beseitigung der Mängel an dem konkreten Werk in Anspruch genommen werden. Ist dieser mit der Mangelbeseitigung in Verzug, so kann der Besteller den Mangel selbst beseitigen oder beseitigen lassen und dem Unternehmer die dabei entstehenden Kosten in Rechnung stellen.

Als sekundäre Mängelrechte hat der Besteller Anspruch auf Wandlung oder Min- 634
derung oder ggf. auf Schadenersatz. Wandlung oder Minderung erfordern, daß
der Besteller dem Unternehmer eine Frist zur Mängelbeseitigung setzt und er- 634
klärt, die Beseitigung des Mangels nach deren Ablauf abzulehnen. In diesem Fall
kann er keine Nachbesserung mehr verlangen, sondern nur wandeln oder mindern. Schadenersatz wegen Nichterfüllung steht ihm jedoch nur zu, wenn der 635
Mangel eine vom Unternehmer zu vertretende Ursache hat.

Pflichten des Bestellers sind neben der Entrichtung der vereinbarten Vergütung 631
die Abnahme des mangelfreien und mit den zugesicherten Eigenschaften verse- 632
henen Werkes und - soweit erforderlich oder vertraglich vereinbart - bei der Herstellung des Werkes mitzuwirken (z.B. Bereitstellung von Zeichnungen, Arbeits- 642
räumen oder Gerätschaften, Schaffung von Absteckungen, Höhenpunkten usw.).

Bei Verstoß gegen diese Pflichten gelten die allgemeinen Regeln über Leistungsstörungen. Da die Abnahme eine Hauptpflicht des Bestellers ist, bewirkt 640 f
die Nichtabnahme nicht nur Annahme-, sondern gleichzeitig Schuldnerverzug.

Abnahme ist nicht allein die körperliche Entgegennahme, sondern darüberhinaus die Anerkennung des Werkes als vertragsgemäß, daher knüpft das Gesetz eine Reihe wichtiger Rechtsfolgen an sie:

- Fälligwerden der Vergütung bzw. der Schlußzahlung bei abschnittsweiser Ver- 641
  gütung.
- Beginn der Verjährungsfrist für Ansprüche wegen Mängeln (Gewährleistung). 638
- Übergang der Gefahrentragung vom Unternehmer auf den Besteller (ebenfalls 644
  bei Annahmeverzug des Bestellers).
- Verschiebung der Beweislast für Vertragswidrigkeiten vom Unternehmer auf den Besteller.

Als Sicherung der Forderung des Unternehmers gegen den Besteller steht ihm bis zu deren Begleichung an der hergestellten Sache ein gesetzliches Pfandrecht zu,

647 wenn diese bei der Vertragserfüllung in den Besitz des Bestellers gelangt. Der
648 I Bauunternehmer hat Anspruch auf Bestellung einer Sicherungshypothek für seine vertraglichen Forderungen.

305 Eine Beendigung des Werkvertrages kann durch Parteivereinbarung herbeigeführt werden. Daneben kann der Besteller den Vertrag bis zur Vollendung des Werkes
649 jederzeit kündigen, er hat aber die vereinbarte Vergütung abzüglich der Ersparnisse des Unternehmers infolge der Vertragsaufhebung zu zahlen. Besonderheiten
650 ergeben sich, wenn dem Vertrag ein Kostenvoranschlag zugrunde liegt und dieser erheblich überschritten wird. Der Unternehmer kann sich dagegen nur vorzeitig
643 vom Vertrag lösen, wenn der Besteller auch nach Fristsetzung mit Kündigungsandrohung eine Mitwirkungshandlung unterläßt. Sein Anspruch auf einen den geleisteten
645 Arbeiten entsprechenden Teil der Vergütung bleibt bestehen.

651 I Ein *Werklieferungsvertrag* liegt vor, wenn der Unternehmer sich verpflichtet, das Werk aus von ihm zu beschaffenden Stoffen herzustellen. Sind dies jedoch nur Zutaten oder Nebensachen, dann handelt es sich trotzdem um einen Werkvertrag. Da die vom Bauunternehmer gelieferten Baustoffe gegenüber dem i.d.R. vom Bauherrn gestellten Baugrundstück Nebensachen sind, stellt der Bauvertrag stets einen Werkvertrag dar.

651 II Wegen der besonderen Bedeutung der Lieferung neben der Herstellung des Werkes steht der Werklieferungsvertrag zwischen Kauf- und Werkvertrag. Da der Besteller nicht Eigentümer des hergestellten Werkes ist, muß der Unternehmer nach Fertigstellung das Werk übergeben und dem Besteller das Eigentum daran verschaffen.

Neben diesen "einfachen" Vertragstypen, die - soweit keine gesetzlichen Einschränkungen vorgesehen sind - von den Vertragspartnern modifiziert werden können, treten in der Praxis häufig gemischte Verträge auf. So setzt sich beispielsweise der Vertrag über ein Essen im Gasthaus aus einzelnen Verträgen über den Kauf der Speisen, die Miete des Geschirrs und die Dienstleistungen der Bedienung zusammen.

BGB §§ (854-1296)

2.3 Sachenrecht

Das Sachenrecht regelt die dinglichen Rechte, es begründet die unmittelbare Herrschaft des Rechtsinhabers über eine Sache. Diese dinglichen Rechte sind von den Forderungsrechten von in einem schuldrechtlichen Verhältnis zueinander stehenden Personen scharf zu unterscheiden: da sie die Herrschaft über eine Sache einer bestimmten Person unmittelbar zuteilen, wirken sie gegen jedermann (absolut), die Forderungsrechte hingegen nur gegen den Schuldner (relativ).

Ihrem Wesen gemäß können dingliche Rechte allein an Sachen (körperlichen Gegenständen) bestehen, nur ausnahmsweise können sie sich auf Rechte beziehen: Gewisse Berechtigungen (z.B. Bergwerkseigentum) sind hinsichtlich der an ihnen möglichen Rechte den Grundstücken gleichgestellt, und einige beschränkte dingliche Rechte wie Nießbrauch und Pfandrecht sind auch an übertragbaren Rechten aller Art (z.B. Forderungen) zulässig.

Zwei Gruppen von dinglichen Rechten sind zu unterscheiden:

a) Eigentum, der Grundtypus des dinglichen Rechtes, die umfassendste Herrschaft 903-1011
über eine Sache, und davon deutlich zu trennen: Besitz. 854- 872

b) Beschränkte dingliche Rechte, die eine begrenzte dingliche Herrschaft über eine 1018-1296
in der Regel fremde Sache gewähren, indem sie das Eigentum an dieser Sache
beschränken (Nießbrauch, Grunddienstbarkeiten, Pfandrechte).

2.3.1 Besitz 854-872

ist das rechtlich geschützte Gewaltverhältnis einer Person zu einer bestimmten Sache, die tatsächliche Herrschaft der Person über die Sache. Besitzfähig sind daher 854
auch nur Sachen. Besitz ist übertragbar und vererblich, gegen verbotene Eigen- 857
macht geschützt, bildet die Grundlage für den gutgläubigen Erwerb und begründet 858-863
bei beweglichen Sachen die Vermutung des Eigentums. Besitzdiener ist, wer für 1007
einen anderen in dessen Auftrag die tatsächliche Gewalt über eine Sache ausübt 855
(z.B. der Arbeiter am Werkzeug seines Chefs); er selbst hat an der Sache keinen
Besitz. Unmittelbarer Besitzer ist, wer eine Sache als Mieter, Pächter, Verwahrer 868-871
o.ä. in seiner Gewalt hält. Derjenige, der in dieses Recht eingeräumt hat, also z.B. 872
Vermieter, Verpächter etc. ist zwar auch Besitzer, aber nur mittelbarer Besitzer, da er keine unmittelbare Zugriffsmöglichkeit hat. Schließlich bezeichnet man als Eigenbesitzer einer Sache denjenigen, der sie tatsächlich und gleichzeitig rechtlich als Eigentümer innehat.

Teilbesitz ist der gesonderte Besitz an Teilen einer Sache, Mitbesitz dagegen der 865
gemeinschaftliche Besitz mehrerer an einer Sache; letzteren nennt man Gesamt- 866
handbesitz, wenn nur alle Mitbesitzer zusammen die selbständige Sachherrschaft haben.

Der Erwerb von Besitz erfolgt durch:

a) Erlangung der tatsächlichen Gewalt 854 I
Dies kann eine einseitige Besitzergreifung (Diebstahl, Fund, Jagd) oder die Besitzübergabe durch den bisherigen Besitzer sein (Verkauf, Schenkung). Voraussetzung für den Besitzerwerb ist neben der tatsächlichen Gewalt ein entsprechender Besitzwille.

b) Einigung 854 II
Wenn der Erwerber ohne weiteres die tatsächliche Gewalt über die Sache ausüben kann, reicht die Einigung durch ein Rechtsgeschäft (Willenserklärung) zwischen bisherigem Besitzer und Erwerber für die Begründung des neuen Besitzverhältnisses aus. Dabei muß der Übertragende die tatsächliche Herrschaft faktisch aufgeben.

c) Gesamtnachfolge 857
In allen Fällen der Gesamtnachfolge (Erbfall) geht der Besitz ohne besondere Besitzergreifung auf den Gesamtnachfolger über.

856 I Der Verlust des Besitzes folgt aus dem Verlust der tatsächlichen Gewalt, durch deren freiwillige Aufgabe oder deren unfreiwilliges Verlieren, nicht dagegen, wenn der Be-
856 II sitzer nur vorübergehend an der Ausübung der tatsächlichen Gewalt gehindert ist (Bsp.: wegen Panne stehengelassenes Auto).

BGB §§ (903-911) 2.3.2 Eigentum

Eigentum ist die unmittelbare rechtliche Herrschaft über eine Sache. Diese ist so
903 umfassend, daß der Eigentümer nach Belieben mit der Sache verfahren und andere von jeder Einwirkung auf die Sache ausschließen darf. Neben dem Recht beinhaltet der Eigentumsbegriff auch die Pflicht zur Herrschaft über die Sache. Diese Pflicht ist keine rechtliche Beschränkung, sondern eine inhaltliche Begrenzung des Eigentums. Sie erstreckt sich insbesondere beim Grundstückseigentum auf eine zweckmäßige
905-924 und gemeinnützige Verwendung (z.B. Einhaltung von Nutzungs- oder Bebauungsvorschriften, Vermeidung von Emissionen und Gefahren anderer Art).

Steht das Eigentum an einer Sache einer Person zu, dann ist diese Alleineigentümer; hingegen können mehrere Personen gemeinschaftlich nur Miteigentum haben, entweder in Form von Gesamthandeigentum, wenn die Anteile der einzelnen zugunsten der Gesamtheit gebunden und keine selbständigen Rechte sind, oder als Miteigen-
1008-1011 tum nach Bruchteilen, wenn jeder über einen bestimmten Bruchteil als selbständiges dingliches Recht verfügen kann.

Gegenüber dem zu Unrecht besitzenden Nichteigentümer hat der Eigentümer ein
985 klagbares Recht auf dingliche Herausgabe der Sache.

929-984 Der *Erwerb von Eigentum* an beweglichen Sachen kann erfolgen durch:

929 a) Erwerb vom Eigentümer aufgrund einer rechtsgeschäftlichen Einigung zwischen Veräußerer und Erwerber und der Übergabe an den Erwerber.

932 I b) Gutgläubigen Erwerb vom Nichteigentümer, sofern er aufgrund eines Rechtsgeschäftes erfolgt, es sich bei dem Eigentumsobjekt um eine Sache handelt und diese dem wirklichen Eigentümer nicht abhanden gekommen ist (Verlust, Diebstahl etc.).

937-945 c) Ersitzung, wenn eine Person eine Sache 10 Jahre lang in Besitz hatte und diese gutgläubig für seine eigene gehalten hat.

946-952 d) Verbindung, Vermischung und Verarbeitung,
wenn dabei eine neue einheitliche Hauptsache entsteht, aus der die einzelnen (Teil-)Sachen nicht mehr herausgelöst werden können, ohne die neue Sache zu zerstören, so erwirbt deren Eigentümer das Alleineigentum.

Merke: Fest in ein Bauwerk eingefügte Baustoffe oder Bauteile gehen mit dem Bauwerk als wesentliche Bestandteile des Baugrundstücks in das Ei-
946 gentum des Grundstückseigentümers (Bauherrn) über.

Entsteht jedoch als Ergebnis des Veränderungsprozesses keine neue Hauptsache, so wird Miteigentum an der neuen Sache im Verhältnis der Werte der einge- *947 I*
brachten Sachen begründet.

e) Aneignung von herrenlosen Sachen, sofern dies weder gegen das Aneignungs- *958-964*
recht eines anderen (z.B. Jagdrecht) noch gegen ein Gesetz (z.B. Bergrecht) verstößt.

f) Fund, die Besitznahme von beweglichen Sachen, die dem Besitzer zufällig ab- *965-984*
handen gekommen sind. Der Eigentumserwerb des Finders tritt ein Jahr nach
Erstattung der Fundanzeige bei der Polizeibehörde ein, falls nicht inzwischen ein *973 I*
anderer Empfangsberechtigter dort sein Recht geltend gemacht hat.

Der Erwerb von Grundeigentum geschieht mit wenigen Ausnahmen rechtsge- *925-928*
schäftlich: Nach Abschluß eines formgebundenen schuldrechtlichen Grund- *433*
stücksveräußerungsvertrages erfolgt die Übereignung. Dies ist die Auflassung, *313, 873*
eine formgebundene Einigung über den Eigentumsübergang und die Eintragung *925*
darüber im Grundbuch. Bei land- und forstwirtschaftlichen Grundstücken sowie Baugrundstücken ist dazu die Einholung einer behördlichen Genehmigung erforderlich (Grundstücksverkehrs- bzw. Baugesetzbuch).

2.3.3 Grunddienstbarkeiten *(1018-1029)*

Grunddienstbarkeiten sind Nutzungsrechte an Grundstücken zugunsten des Eigentümers eines anderen Grundstücks. Sie entstehen regelmäßig durch Einigung und
Eintragung im Grundbuch und erlöschen durch einseitige Aufgabeerklärung und *873 ff.*
Löschung im Grundbuch oder durch Untergang des Grundstücks, dagegen bleiben sie bei Veräußerung oder Teilung des Grundstücks bestehen.

Der Eigentümer des dienenden Grundstücks kann durch die Grunddienstbarkeit niemals zum positiven Handeln, sondern regelmäßig nur zu einem Dulden oder
Unterlassen verpflichtet werden. Folgende Inhalte sind üblich: *1018*

- Recht zur Benutzung des dienenden Grundstücks (Wege-, Wasser-, Weiderecht)
- Verbot bestimmter Handlungen auf dem dienenden Grundstück (z.B. Baubeschränkung)
- Ausschluß der Ausübung eines Rechtes gegenüber dem herrschenden Grundstück (z.B. Duldung bestimmter Immissionen).

Jedoch sollen Grunddienstbarkeiten stets so ausgeübt werden, daß den Interessen des Eigentümers des dienenden Grundstücks möglichst wenig zuwider gehandelt wird.

2.3.4 Vorkaufsrecht *(1094-1104)*

Ein Vorkaufsrecht ist seinem Wesen nach eine Grundstücksbelastung, die eine Person dem Eigentümer eines Grundstücks gegenüber im Fall der Grundstücksveräu-
ßerung zum Vorkauf berechtigt. Es ist nur an Grundstücken möglich und kann zu- *1094*

gunsten einer bestimmten Person oder des jeweiligen Eigentümers eines anderen
1097 Grundstücks vereinbart werden. Es gilt in der Regel nur für den ersten Fall des
Grundstücksverkaufs.

873 Das Vorkaufsrecht wird durch Einigung der Betroffenen und Eintragung im Grundbuch begründet, es erlischt durch einseitige Aufgabeerklärung und Löschung, durch Nichtausübung oder - sofern es persönlich bestellt wurde - durch den Tod des Berechtigten.

BGB §§ (1113-1190) 2.3.5 Hypothek

Die Hypothek zählt zu den Reallasten an Grundstücken. Sie verbrieft, daß an den
Berechtigten (Hypothekengläubiger) eine festgelegte Geldsumme aufgrund einer ihm
1113 I zustehenden Forderung aus dem Grundstück zu zahlen ist. Das belastete Grundstück haftet dinglich für die gesicherte Forderung, und zwar hat sein Eigentümer die
Befriedigung der gesamten Forderung einschließlich der Zinsen und der Kosten für
1118, die Beitreibung ggf. durch Zwangsversteigerung und Zwangsverwaltung des Grund-
1119 stücks zu dulden. Schuldner der Geldforderung und Grundstückseigentümer müssen
nicht identisch sein, wohl aber der Forderungsgläubiger und der Hypothekenberechtigte.

Die Hypothek entsteht durch Einigung zwischen Grundstückseigentümer und Gläubi-
1115 ger sowie anschließender Grundbucheintragung (Buchhypothek). Bei der Briefhypo-
1116, thek kommt regelmäßig die Ausstellung des Hypothekenbriefs hinzu, durch dessen
1117 Erhalt der Gläubiger die Hypothek erwirbt.

1153 Eine Übertragung der Hypothek ist nur gemeinsam mit der ihr zugrundeliegenden
Forderung möglich, bei der Buchhypothek genügt dazu die Einigung der Beteiligten
1154 und die Eintragung ins Grundbuch. Bei der Briefhypothek ist dagegen die Forderung
schriftlich abzutreten und der Brief zu übergeben.

1183 Außer durch einen Aufhebungsvertrag erlischt die H. in der Regel nur bei Befriedi-
1181 gung des Gläubigers aus dem Grundstück im Wege der Zwangsvollstreckung. Bei
1174 Tilgung der Forderung durch den Schuldner geht sie auf den Grundstückseigentümer
1163 ff. über und wird für ihn zur Eigentümergrundschuld; dies ist ein dem Eigentümer des
Grundstücks zustehendes Grundpfandrecht, dem jedoch keine Forderung zugrunde liegt. Sie soll bei Wegfall des Hypothekengläubigers das Aufrücken der nachfolgenden Berechtigung verhindern und dem Eigentümer die Ausnutzung der freigewordenen Rangstelle ermöglichen.

Wie bei allen dinglichen Rechten an Grundstücken ergibt sich auch der Rang von Hypotheken aus der Reihenfolge ihrer Eintragung in das Grundbuch. Im Falle der Zwangsversteigerung werden die Hypothekengläubiger in der Reihenfolge der Ränge ihrer Hypotheken befriedigt. Daher bedeutet die Gewährung einer erstrangigen Hypothek für eine Bank ein geringeres Risiko als die einer nachrangigen. Dies wirkt sich auf dem Geldmarkt auf die Hypothekenkonditionen aus, da die Geldgeber einen ihrem Risiko entsprechenden Zinssatz verlangen. Das Freiwerden einer vorderen Rangstelle eröffnet dem Grundstückseigentümer die Möglichkeit einer günstigen Kreditaufnahme trotz noch vorhandener weiterer Belastungen des Grundstücks.

2.3.6 Grundstücke und Grundbuch

Fast alle Grundstücke sind registriert. Das Register heißt Grundbuch und wird bei den Amtsgerichten geführt. In einem Grundbuchbezirk, der für jede Gemeinde besteht, gibt es durchnumerierte Grundbuchblätter. Sie werden für jedes Grundstück oder für mehrere Grundstücke eines Eigentümers angelegt. Neben oder anstelle der gebundenen Bücher existiert das Grundbuch in Loseblattform. Für jeden der fünf Abschnitte des Grundbuches enthält es wenigstens eine Seite:

- Aufschrift (graues Papier)
- Bestandsverzeichnis (weißes Papier)
- Abteilung I (rosa Papier)
- Abteilung II (gelbes Papier)
- Abteilung III (grünes Papier).

Die Aufschrift verzeichnet das Amtsgericht, den Grundbuchbezirk und die Grundbuchblattnummer. Im Bestandverzeichnis führt man die Lage, die Nutzungsart und die Größe des Grundstücks auf, so wie es nach den Angaben des Katasters (Liegenschaftsbuches) beschrieben ist. Abteilung I enthält den oder die Eigentümer und den Rechtsgrund seines Eigentumserwerbes (z.B. Kauf, Erbfolge, Erwerb in der Zwangsversteigerung). In Abteilung II stehen mit Ausnahme der Grundpfandrechte alle eintragungsfähigen Lasten und Beschränkungen des Eigentums (Auflassungsvormerkung, Reallasten, Mißbrauch). Die Abteilung III dient der Eintragung von Grundpfandrechten (Hypotheken, Grund- und Rentenschulden).

Aus der zeitlichen Reihenfolge der Eintragung im Grundbuch ergibt sich der „Rang“ des Rechts, der die Verteilung des Verkaufserlöses im Falle einer Zwangsversteigerung beeinflußt. Der Versteigerungserlös wird der Rangfolge nach verteilt.

3 Einführung in das Wirtschafts- und Handelsrecht

Staat und Gesellschaft haben ein elementares Interesse, daß sich das Wirtschaften der Unternehmen nach allgemein gültigen Regeln vollzieht. Aus diesem Grunde wurde parallel zum BGB das Handelsgesetzbuch (HGB) geschaffen und ebenfalls am 1.1.1900 in Kraft gesetzt. Das HGB ist in vier Bücher gegliedert, die die folgenden Überschriften tragen:

- Handelsstand
- Handelsgesellschaft u. stille Gesellschaft
- Handelsgeschäfte
- Seehandel.

Im Bereich des *Gesellschaftsrechtes* sind neben dem HGB im Laufe der Zeit zahlreiche Sondergesetze entstanden, die einzelne Gebiete des HGB speziell regeln. Besonders hervorzuheben sind hier vor allem das Aktiengesetz (AktG) und das "Gesetz betreffend die Gesellschaften mit beschränkter Haftung" (GmbHG), die infolge der Bestrebungen, innerhalb der EWG Vereinheitlichungen im Wirtschafts- und Handelsrecht herbeizuführen, z.T. in jüngster Zeit novelliert worden sind (vgl. Kap. 3.1).

Von besonderer Bedeutung für das Wirtschaften sind der *Geld- und Zahlungsverkehr*. Durch die Führung eines Gewerbe- oder Handelsunternehmens entstehen ständig neue Schuldverhältnisse als Forderungen oder Verbindlichkeiten. Insbesondere der bargeldlose Zahlungsverkehr erfordert zu seinem Funktionieren Reglementierungen und besondere Formvorschriften.
Das Scheck- und Wechselrecht schafft hierfür die Voraussetzungen (vgl. Kap. 3.2).

Nicht jedes Unternehmen löst sich durch Gesellschafterbeschluß ordnungsgemäß wieder auf, sondern häufig führt ein Vergleich oder Konkurs, ausgelöst durch mangelnde Liquidität, falsche Markteinschätzung oder andere Managementfehler zu einer Zwangsbeendigung des Firmenlebens. Daher werden in Kap. 3.3 die Grundzüge des *Konkursrechtes* dargestellt.

Besonderes Gewicht besitzt in unserer liberalen und auf Pluralismus bedachten Wirtschaftsordnung das „Gesetz gegen Wettbewerbsbeschränkungen“ vom 27.7.1957, das insbesondere die Zusammenarbeit und den Zusammenschluß von selbständigen Unternehmen der gleichen Produktionsstufe regelt und jegliche Monopolbildung zu verhindern sucht. Das *Kartellrecht* wird im Rahmen von Kap. 6.6 näher dargestellt.

Bekanntlich hat auch das *Steuerrecht* einen nicht zu unterschätzenden Einfluß auf das Wirtschaftsleben. Der Staat benutzt Steuern, Abgaben, Investitionsanreize sowie Arbeitsförderungsmaßnahmen zur Durchsetzung wirtschaftspolitischer Ziele, so daß dieses Gebiet ständig Änderungen unterliegt. Da jeder Betrieb heute ohnehin von Steuerberatern oder Wirtschaftsprüfern betreut wird, sei dieses Gebiet hier nur der Vollständigkeit halber erwähnt, aber nicht weiter behandelt.

3.1 Gesellschaftsrecht

Die Vorschriften der §§ 705-740 BGB regeln die Verhältnisse der Gesellschaft des bürgerlichen Rechts; ihr Zweck ist jedoch recht allgemein gehalten, er muß nicht unbedingt Vermögensinteressen beinhalten, sondern kann ebenso ideeller Natur sein. Für die Führung eines Erwerbsgeschäftes sind folglich zusätzlich Regelungen hinsichtlich Leitung, Haftung und Risiko, Gewinnverwendung, Kapitalbeschaffungsmöglichkeiten, Steuerbelastung und Informationspflichten nach außen erforderlich. Diese zusätzlichen Vorschriften gibt das Gesellschaftsrecht, in ihm wird eine Abstimmung der Unternehmensinteressen und der Ansprüche, die die Öffentlichkeit an die Unternehmung stellt, zu erreichen versucht.

Abhängig von der gewählten Rechtsform (siehe Bild 3.1) unterliegen Unternehmungen dem Handelsgesetz (HGB), dem Genossenschaftsgesetz (GenG), dem Aktiengesetz (AktG) oder dem GmbH-Gesetz (GmbHG).

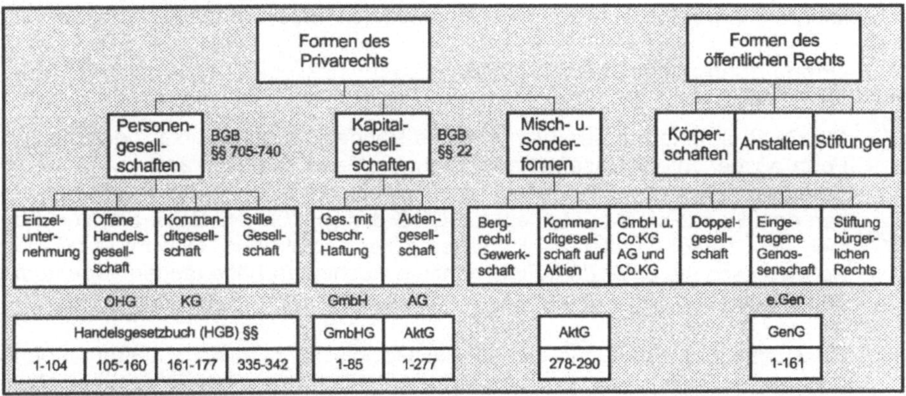

Bild 3.1 Rechtsformen von Gesellschaften.

Bei der Betrachtung der einzelnen Unternehmensformen ist insbesondere die Unterscheidung von Personen- und Kapitalgesellschaften von Bedeutung:

3.1.1 Arten der Personengesellschaft

Personengesellschaften fußen auf dem allgemeinen Gesellschaftsrecht des BGB und stellen das Gesellschaftsverhältnis erheblich auf persönliche Verbundenheit und Mitarbeit der Gesellschafter im Unternehmen ab. Daher ist in der Regel die freie Übertragbarkeit der Mitgliedschaft ausgeschlossen und - begünstigt durch die meist geringe Mitgliederzahl - ist die Berücksichtigung von Sonderinteressen einzelner Gesellschafter möglich. Die rechtlichen Regelungen sind im HGB enthalten.

HGB §§ **Einzelunternehmung**
(1-104)

Eine Unternehmung, die von einer Einzelperson rechtlich repräsentiert wird, bezeichnet man als Einzelunternehmung, dabei vereinigen sich in der Regel Leitung,
1-7 also Geschäftsführung und Vertretung nach außen, Haftung und Gewinnverwendungsentscheidung in der Person des Einzelkaufmanns. Da nur sein Privatvermögen als Haftungsmasse zur Verfügung steht, sind die Möglichkeiten der Kapitalbeschaffung begrenzt, folglich findet sich diese Rechtsform zumeist bei kleineren Unternehmen.

Die Firmengründung wird durch die Eintragung in das bei den Amtsgerichten auflie-
18 gende Handelsregister vollzogen. Dadurch wird der Kaufmann (nicht die Firma) Trä-
17 ger von Rechten und Pflichten, wenn er auch unter dem Namen seiner Firma klagen
38 und verklagt werden kann. Er ist zur Buchführung verpflichtet und hat bei der Fir-
39 mengründung sowie nach Ablauf eines jeden Geschäftsjahres für sein Geschäfts-
48-58 vermögen ein Inventar und als Rechnungsabschluß eine Bilanz aufzustellen. Prokura
59-92 kann erteilt werden, Handlungsgehilfen und -lehrlinge dürfen beschäftigt werden.

Offene Handelsgesellschaft (OHG)

(105-160)
105 Die OHG ist eine auf den Betrieb eines Handelsgewerbes unter gemeinschaftlicher Form ausgerichtete Gesellschaft, deren Mitglieder unbeschränkt mit ihrem privaten Vermögen gegenüber den Gesellschaftsgläubigern zur Haftung verpflichtet sind; neben dem Handelsrecht unterliegt die OHG den §§ 705-740 BGB. Sie ist mit den Na-
106 men aller Gesellschafter ins Handelsregister einzutragen. Obwohl keine juristische Person, kann sie unter dem Firmennamen Rechtsgeschäfte tätigen, Eigentum erwerben, klagen und verklagt werden.

114-117 Geschäftsführungsbefugnis haben alle Gesellschafter gleichermaßen, wenn nichts
anderes bestimmt wird, Prokura kann erteilt werden. Vom Jahresüberschuß steht
120 jedem Gesellschafter ein Vorausgewinnanteil von 4% seines Kapitaleinsatzes zu,
121 darüber hinausgehender Gewinn oder Verlust wird nach Köpfen verteilt. Durch Be-
131-144 schluß der Gesellschafter, Konkurs, Tod oder Kündigung eines Gesellschafters löst
109 sich die Gesellschaft auf. Einzelne dieser Regelungen können durch Gesellschaftsvertrag anders bestimmt werden.

Kommanditgesellschaft (KG)

(161-177)
Die KG unterscheidet sich von der OHG im wesentlichen durch die Haftungsvor-
161 I schriften: mindestens ein Gesellschafter (Komplementär) haftet ohne Beschränkung,
und die restlichen (Kommanditisten) sind in ihrer Haftung gegenüber Gesellschafts-
171-173 gläubigern auf die Höhe ihrer Beteiligung (Kommanditeinlage) beschränkt. Soweit
161 II nicht anders geregelt, finden auch für die KG die für die OHG geltenden gesetzlichen
162 Vorschriften Anwendung. So ist auch die Eintragung ins Handelsregister unter Angabe der Höhe der Kommanditeinlage zwingend. Der Firmenname muß den Namen des Komplementärs enthalten.

Sofern im Gesellschaftsvertrag nicht anders festgelegt, sind die Kommanditisten von 164
der Geschäftsführungsbefugnis ausgeschlossen; bei außergewöhnlichen Geschäften haben sie allerdings Widerspruchsrecht, im Normalfall steht ihnen lediglich ein 166
persönliches Kontrollrecht zu (z.B. Einsicht in Bücher und Bilanzen). Die Kapitalanteile der Kommanditisten bilden die Grundlage für die Gewinnbeteiligung, der Vertei- 168 I
lungsmodus ist im Regelfall Gegenstand des Gesellschaftsvertrages; eine Verteilung nach Köpfen wird den unterschiedlichen Risiken und Arbeitsleistungen der verschiedenen Gesellschaftertypen nicht gerecht, daher sieht das Gesetz eine Verteilung des 4% der Höhe der Einlagen überschreitenden Gewinnes "in angemessenem
Verhältnis" vor. 168 II

Beim Tod eines Kommanditisten treten die Erben an seine Stelle. Hat der einzige Kommanditist einer KG keinen Rechtsnachfolger, dann wird die KG zur OHG, sofern sie mehrere Komplementäre hatte. Stirbt dagegen der einzige Komplementär einer KG, dann löst sich diese auf.

Stille Gesellschaft HGB §§ (335-342)

Die stille Gesellschaft (stille Beteiligung) entsteht, wenn sich jemand an dem Han-
delsgeschäft eines anderen in der Weise beteiligt, daß seine Vermögenseinlage
gegen eine Gewinnbeteiligung in das Vermögen des anderen eingeht. Dem Ge- 335
schäftsinhaber gehört das Geschäftsvermögen, und er allein ist aus den geschlossenen Geschäften berechtigt und verpflichtet. Nach außen wird die stille Beteiligung
folglich nicht sichtbar.

Mit jedem einzelnen stillen Gesellschafter ist ein gesonderter Gesellschaftsvertrag
abzuschließen, in dem unter anderem die Verlustbeteiligung ausgeschlossen wer- 336 II
den kann; er nimmt am Verlust maximal bis zur Höhe seiner Einlage teil. Jedoch hat 337 II
er ein erhebliches Kontrollrecht: er ist zur Einsicht und Prüfung von Geschäftsbü- 338 I
chern und Bilanzen berechtigt. Auch während des laufenden Geschäftsjahres kann
er die Vorlage der Geschäftsunterlagen bei Vorliegen von wichtigen Gründen ge- 338 III
richtlich beantragen.

Eine stille Beteiligung ist sowohl an Einzelunternehmungen als auch an bestimmten
Personen- (KG, OHG) und Kapitalgesellschaften (AG, GmbH) möglich. Kündigung
des Gesellschaftsvertrages, Tod oder Konkurs des Geschäftsinhabers führen zur 339-342
Auflösung der Gesellschaft; hingegen treten beim Tode des stillen Gesellschafters
die Erben an seine Stelle.

3.1.2 Arten der Kapitalgesellschaft

Kapitalgesellschaften sind von den die Personengesellschaften prägenden persönlichen Mitgliedschaftsbindungen völlig gelöst und begründen dafür das Gesellschaftsverhältnis auf wirtschaftlichen Mitgliedsbeziehungen, der Kapitalbeteiligung. Daher beruht diese Gesellschaftsform auf dem allgemeinen Vereinsrecht des BGB (§ 22 BGB: Wirtschaftlicher Verein). Anstelle der persönlichen Haftung der Mitglieder dient das Gesellschaftsvermögen, für das gesetzlich ein Mindestwert festgelegt ist, als Garantie für Forderungen von Gesellschaftsgläubigern. Handelsrechtliche Spezialgesetze, das Aktien- und das GmbH-Gesetz stecken den juristischen Rahmen für Unternehmungen dieser Rechtsform ab.

AktG §§ **Aktiengesellschaft (AG)**
(1-277)
1 I Die AG ist als Gesellschaft mit eigener Rechtspersönlichkeit (juristische Person) definiert, für deren Verbindlichkeiten den Gläubigern das Gesellschaftskapital haftet.
6 Dieses Grundkapital in Höhe von mindestens 100.000 DM ist in Aktien (Anteile) mit
7 einem Mindestnennbetrag von 50 DM zerlegt. Die Gesellschafter selbst haften folg-
8 lich nur mit ihrem Anteil am Grundkapital, ihren Aktien. Dies sind Inhaberpapiere, die an der Börse öffentlich gehandelt werden, so daß infolge des Eigentumsüberganges von Teilen des Grundkapitals ein ständiger Mitgliederwechsel stattfindet, der den Bestand der Gesellschaft jedoch nicht berührt.

23-53 Für die Gründung einer AG gibt es zahlreiche gesetzliche Vorschriften. Mindestens
23 fünf Gründer müssen den Gesellschaftsvertrag verabschieden und gerichtlich oder notariell beurkunden lassen.

23 II Die Satzung muß enthalten:

- Namen und Sitz der Gesellschaft
- Gegenstand des Unternehmens
- Höhe des Grundkapitals
- Nennbetrag und Zahl der Aktien.

29 Durch Übernahme sämtlicher Aktien seitens der Gründer ist die AG errichtet, und der
30 erste Aufsichtsrat wird bestellt, der seinerseits den ersten Vorstand einsetzt. Alle diese Vorgänge sind ebenfalls gerichtlich oder notariell zu beurkunden. Mindestens 25% des Grundkapitals zuzüglich Agio sind bar oder per Gutschrift an den
32 "Gründerverein zu Händen des Vorstandes" einzuzahlen. Die Gründer verfassen ei-
33-35 nen schriftlichen Gründungsbericht, der von Vorstand und Aufsichtsrat geprüft wer-
36 den muß. Daraufhin kann die Gesellschaft zum Handelsregister angemeldet werden.
38 Nach der Überprüfung der ordnungsmäßigen Errichtung und Anmeldung findet die
39 Eintragung ins Handelsregister statt, und die AG gilt als entstanden.

Werden statt Bargeld von den Gründern Sacheinlagen (Immobilien, Anlagen, Ma-
27 schinen) erbracht, dann handelt es sich um eine Sachgründung.

76-94 Der *Vorstand* leitet die Gesellschaft unter eigener Verantwortung. Seine ab einem Aktienkapital von 3 Mio. DM wenigstens zwei Mitglieder werden vom Aufsichtsrat für
76 längstens fünf Jahre bestellt. Der Vorstand führt die Geschäfte, hat spätestens vier-
77 teljährlich dem Aufsichtsrat über den Geschäftsgang und in größeren Zeitabständen
90 über Rentabilität, Liquidität und die beabsichtigte Geschäftspolitik zu berichten. Er
91-93 hat für Buchführung und Bilanz zu sorgen und ist zur Wahrung äußerster Sorgfalt bei der Geschäftsführung verpflichtet.

95-116 Der *Aufsichtsrat* (AR) besteht aus mindestens drei Mitgliedern, die nicht dem Vor-
95,105 stand angehören dürfen. Nach dem BetrVG bzw. dem MitbestG muß eine unter

schiedlich große Anzahl von AR-Mitgliedern aus Arbeitnehmern bestehen (vgl. Kap. 96
9.2). Die Wahl bzw. Entsendung in den Aufsichtsrat gilt für längstens vier Jahre, die 102
Zahl der AR-Mandate je Person ist auf zehn begrenzt. Der AR wählt aus seiner Mitte 100
einen Vorsitzenden und mindestens einen Stellvertreter. 107

Der AR hat die Geschäftsführung zu überwachen, darf die Geschäftsbücher prüfen 111 I
oder prüfen lassen. Die Satzung kann verlangen, daß einzelne Geschäfte seiner 111 II
Zustimmung bedürfen. Er vertritt die Gesellschaft gerichtlich und außergerichtlich 111 IV
gegenüber Vorstandsmitgliedern. Er überprüft Jahresabschluß und Geschäftsbe- 112
richt, beruft die Hauptversammlung ein, berichtet ihr über das Prüfungsergebnis und 170,171
bringt einen Gewinnverwendungsvorschlag ein. Bei der Wahrnehmung seiner Aufgaben ist er auch gesetzlich zur Sorgfalt verpflichtet.

Die *Hauptversammlung* ist das Vertretungsorgan der Aktionäre, die dort ihre Inter- 118-147
essen durch Ausübung ihres Stimmrechtes nach Aktiennennbetrag wahrnehmen. 118,134
Aufgaben der alljährlich einmal einberufenen ordentlichen Hauptversammlung sind, 121

- den Aufsichtsrat zu wählen, sowie ihn und den Vorstand zu entlasten, 119 I
- über die Verwendung des festgestellten Bilanzgewinnes zu beschließen,
- Abschlußprüfer zu bestellen,
- Satzungsänderungen, Maßnahmen der Kapitalbeschaffung oder -herabsetzung und ggf. die Auflösung der Gesellschaft zu beschließen.

Im Regelfall ist die absolute Mehrheit ausreichend, bei besonders wichtigen Be- 133 I
schlüssen (z.B. Satzungsänderungen) ist die Zustimmung von 75% des anwesen- 179 II
den Grundkapitals erforderlich. Das Stimmrecht braucht nicht persönlich ausgeübt
zu werden, die Beauftragung eines Bevollmächtigten (z.B. einer Bank) ist möglich. 135

Die Rechnungslegung der AG unterliegt zum Schutz der Gläubiger und der Aktionä- 148-178
re strengen gesetzlichen Vorschriften. Die Bilanz ist detailliert zu gliedern, zusam- 149
men mit dem Bericht über die entscheidenden Geschäftsvorfälle nach einer Über- 151,157,160
prüfung durch neutrale Abschlußprüfer dem Aufsichtsrat vorzulegen und nach Fest- 162-169
stellung durch Aufsichtsrat und Hauptversammlung zu publizieren. 170-173
175,177,178

Die Bildung einer gesetzlichen Rücklage ist vom Gesetz her vorgeschrieben: darin 150 I
sind solange 5% des Jahresüberschusses einzustellen, bis ein Mindestbetrag von
10% des Grundkapitals erreicht ist. Die Rücklage darf nur streng gesetzlich vorge- 150 II
schriebenen Zwecken zugeführt werden. Aufgrund ihrer detaillierten rechtlichen Re- 150 III,IV
gelungen eignet sich die Aktiengesellschaft besonders als Rechtsform für Großunternehmen.

Gesellschaft mit beschränkter Haftung (GmbH) GmbHG §§
(1-85)

13
Auch die Gesellschaft mit beschränkter Haftung ist eine juristische Person, die zu 1
jedem gesetzlich zulässigen Zweck gegründet werden kann. Der schriftlich abzufas- 2
sende Gesellschaftsvertrag umfaßt mindestens zwei Gründer und ist notariell zu 3
beurkunden. Er muß enthalten:

- Namen und Sitz der Gesellschaft,
- Gegenstand des Unternehmens,
- Betrag des Stammkapitals,
- Beträge der von den einzelnen Gesellschaftern zu leistenden Einlagen (Stammeinlagen).

5 I Für das Stammkapital ist ein Mindestbetrag von 50.000 DM und für den einzelnen
Anteil eine Mindestsumme von 500 DM vorgeschrieben. Die Stammeinlage kann
5 IV auch als Sacheinlage erbracht werden. Die Anmeldung und Eintragung ins Handels-
7-11 register ist obligatorisch.

13 Die Gesellschafter haften gegenüber Gläubigern nur mit ihren Stammeinlagen. Die
14 einzelnen Geschäftsanteile bestimmen sich nach dem Verhältnis der Beträge der
15-18 Stammeinlagen, sie sind veräußerlich und vererblich.

6 Die Gesellschaft muß einen oder mehrere *Geschäftsführer* haben, durch die sie gerichtlich und außergerichtlich vertreten wird. Die Geschäftsführung wird durch einfachen Mehrheitsbeschluß der Gesellschaftsversammlung oder durch den Gesell-
6 schaftsvertrag bestellt. Neben der Führung der Geschäfte hat sie die Aufgabe, für
41,42 ordnungsgemäße Buchführung und Bilanzierung zu sorgen und die Gesellschafter-
49 versammlung einzuberufen.

52 Ein *Aufsichtsrat* muß nur bestellt werden, wenn die Satzung dies vorsieht oder wenn die GmbH mehr als 500 Arbeitnehmer hat (Betriebsverfassungsgesetz). In diesen Fällen überwacht der Aufsichtsrat die Geschäftsführung, prüft den Jahresabschlußvorschlag und kann jederzeit die Einberufung einer Gesellschafterversammlung verlangen, wenn das Wohl der Gesellschaft es erfordert (AktG § 95).

48-51 In der *Gesellschafterversammlung* vertreten die Anteilseigner ihre Interessen; hier
47 II wird im Verhältnis der Kapitalanteile abgestimmt, jeweils 100 DM eines Geschäftsanteils gewähren eine Stimme. Außer in Fragen der Gesellschaftsauflösung (75%-
47 I Mehrheit) genügt für alle Beschlüsse einfache Mehrheit. Weiterhin bestellt, überwacht und entlastet die Gesellschafterversammlung die Geschäftsführung sowie ggf.
46 auch den Aufsichtsrat und verfügt über die Gewinnverteilung. Falls im Gesellschaftsvertrag nicht anders geregelt, wird der volle Reingewinn gemäß den Geschäftsantei-
29 len aufgeteilt. Die Bildung einer Rücklage ist gesetzlich nicht vorgeschrieben.

Gegenüber dem seit 1892 geltenden GmbHG hat die Neufassung vom 1.1.1981 eine Reihe von Änderungen gebracht:

- Gesellschafter-Darlehen, die bisher als Ersatz für Eigenkapital von der Haftung ausgenommen waren, werden künftig bei Konkurs wie haftendes Kapital behandelt.
- Minderheitsgesellschafter können auf Kosten der Gesellschaft eine Gesellschafterversammlung einberufen lassen, was bisher nur bei mehr als 10% Geschäftsanteil möglich war.
- Die Ein-Mann-Gründung ist gesetzlich erlaubt, allerdings unter genau definierten Bedingungen (Volleinzahlung oder Teileinzahlung des halben Kapitals mit Bestellung einer Sicherheit für den Rest).

- Der Erwerb eigener Geschäftsanteile durch die GmbH ist (im Gegensatz zum durch das AktG verbotenen Erwerb eigener Aktien) zugelassen, soweit diese voll eingezahlt sind. Die Gesellschaft kann aber keine Gesellschafterrechte aus eige- *33*
nen Geschäftsanteilen ausüben.
- Bei der GmbH & Co. KG (vgl. dazu Kap. 3.1.3.3) muß in Zukunft der Name der Komplementär-GmbH in den Namen der KG aufgenommen werden, um die Haftungsbeschränkung nach außen sichtbar zu machen.

Die Reform des GmbH-Rechtes ist damit noch nicht abgeschlossen. Unter dem Druck des EWG-Ministerrates zur Vereinheitlichung des Gesellschaftsrechts muß mit umfangreichen Publizitäts- und Rechnungslegungsvorschriften für die GmbH gerechnet werden, die nach der Größe der Gesellschaften gestaffelte Auflagen beinhalten. Da die GmbH mit etwa 200.000 Firmen die bedeutendste Rechtsform des gewerblichen Mittelstandes ist, bringt eine Verschärfung des Bilanz- und Rechnungswesens auch eine Kostensteigerung durch erhöhte Inanspruchnahme von Wirtschaftsprüfern und damit geringere Flexibilität. Es ist zu hoffen, daß hier ein geeigneter Mittelweg der entgegengesetzten Interessen gefunden werden kann.

3.1.3 Misch- und Sonderformen

von rechtlichen Unternehmensorganisationen existieren in großer Zahl. Dies sind Kombinationen von Personen- und Kapitalgesellschaften, die darauf ausgelegt sind, die Vorteile beider Rechtsformen zu vereinen. An dieser Stelle können nur die gängigsten Rechtsformen behandelt werden.

Genossenschaft *GenG §§ (1-161)*

heißt eine Gesellschaft ohne geschlossene Mitgliederzahl, die mit Hilfe eines gemeinschaftlichen Geschäftsbetriebes ihre Mitglieder wirtschaftlich unterstützen soll.
Die Zahl der Genossen kann sich ändern, ohne daß dadurch der Bestand der Ge- *1*
sellschaft berührt wird. Wirtschaftliche Bedeutung hat allein die eingetragene Genossenschaft mit beschränkten Haftung (eGmbH), bei der die Haftungssumme des *2*
einzelnen Genossen, mit der er ausschließlich im Konkursfall für die Verbindlichkeiten der Gesellschaft einzutreten hat, auf seine Pflichteinlage beschränkt ist. Die
eGmbH ist eine juristische Person, deren Verhältnisse in einem eigenen Gesetz, *17*
dem Genossenschaftsgesetz (GenG), geregelt sind.

Zu ihrer Errichtung ist es notwendig, daß wenigstens sieben Mitglieder schriftlich *1-6*
eine Satzung feststellen, die später nur noch mit 75% der Stimmen der Genossen- *4,5*
schaft geändert werden darf. Aus dem Kreis der Gründer werden Vorstand und Auf- *9*
sichtsrat bestellt; nach Anmeldung und gerichtlicher Prüfung erfolgt die Eintragung
in das beim Amtsgericht aufliegende Genossenschaftsregister. Als Gründungseinla- *10-12*
ge ist mindestens ein Zehntel des Geschäftsanteils zu erbringen. *7*

24-28 Als Organ gibt es den *Vorstand* zur Führung der Geschäfte und Vertretung der Ge-
36-41 sellschaft nach außen, den *Aufsichtsrat* zur Kontrolle des Vorstandes und zur Prüfung des Jahresergebnisses sowie die *Generalversammlung* als Interessenvertre-
43-61 tung der Genossen; hier hat jeder Genosse unabhängig von der Höhe seines Geschäftsanteils nur eine Stimme. Statt der Generalversammlung ist für große Genos-
43 a senschaften (mehr als 3000 Genossen) eine *Vertreterversammlung* vorgesehen.
48-51 Aufgabe dieser Gremien sind die Beschlußfassung über Jahresabschluß, Geschäfts-
bericht und Geschäftspolitik sowie die Wahl und Entlastung von Vorstand und Auf-
15 sichtsrat. Durch Beitrittserklärung wird die Mitgliedschaft in der Genossenschaft er-
65-77 langt, durch Kündigung oder Tod des Genossen erlischt sie.

AKTG §§ **Kommanditgesellschaft auf Aktien (KGaA)**

278 ist eine Kommanditgesellschaft, bei der das Kommanditkapital in Aktien zerlegt ist
und die gleiche Stelle einnimmt wie das Grundkapital einer AG. Daneben haftet mindestens ein Gesellschafter unbeschränkt für die Verbindlichkeiten der KGaA. Im Gegensatz zur reinen KG ist hier das Gesellschaftsvermögen körperschaftlich organisiert, so daß eine eigene Rechtspersönlichkeit (juristische Person) entsteht. Soweit
die Rechtsvorschriften für die KGaA von denen der AG abweichen, sind sie ebenfalls
im Aktiengesetz geregelt. Die Komplementäre haben aufgrund ihrer unbeschränkten
283 Haftungsverpflichtung Geschäftsführungsbefugnis. Daneben gibt es einen *Aufsichts-*
287,285 *rat* und eine *Hauptversammlung*, in beiden Gremien sind ausschließlich Komman-
ditaktionäre vertreten. Persönlich haftende Gesellschafter können durch den Erwerb
von Kommanditaktien ebenfalls Mitglied der Hauptversammlung werden. Aufgabe
dieses Organs ist die Feststellung des Jahresabschlusses und die Beschlußfassung
über die Gewinnverwendung. Beschlüsse der Hauptversammlung über Dinge, die
auch bei einer KG das Einverständnis der Komplementäre erfordern, bedürfen bei
der KGaA der Zustimmung der persönlich haftenden Gesellschafter.

GmbH & Co. KG

bedeutet, daß an einer Personengesellschaft (KG) eine Kapitalgesellschaft (GmbH) als einziger Komplementär beteiligt ist. Folglich braucht auch für den nach außen unbeschränkt haftpflichtigen Komplementäranteil nur im Rahmen der Gesellschafteinlage der GmbH gehaftet zu werden. Häufig sind die Kommanditisten der KG und die GmbH-Gesellschafter die gleichen Personen.

Die GmbH & Co. KG fußt darauf, daß sich juristische Personen als Gesellschafter an Personengesellschaften beteiligen dürfen, sie vereinigt die Haftungsvorteile der Kapitalgesellschaft mit der günstigeren Besteuerung der Personengesellschaften. Sie ist die bei mittelständischen Bauunternehmungen am meisten verbreitete Gesellschaftsform.

Gesonderte Rechtsvorschriften für die GmbH & Co. KG gibt es nicht, vielmehr gelten sowohl die Bestimmungen des HGB über die KG als auch die Regelungen des GmbH-Gesetzes. Da es sich im Grunde um zwei rechtlich eigenständige Unternehmen handelt, ist eine getrennte Rechnungslegung beider Organisationen nach den jeweils geltenden rechtlichen Bestimmungen durchzuführen.

3.2 Bargeldloser Zahlungsverkehr

3.2.1 Überweisung

Überweisung ist die Umbuchung eines Geldbetrages von einem Konto auf ein anderes durch Vermittlung eines Geldinstitutes. Der Normalfall "Konto an Konto" erfordert je ein Girokonto des Schuldners und des Gläubigers bei der Post oder einem an den Giroverkehr (giro = ital. Kreis) angeschlossenen Kreditinstitut. Von einem Barauszahlungsauftrag spricht man, wenn Geld dem Empfänger nicht auf seinem Konto gutgeschrieben, sondern bar ausgezahlt wird (Konto an Kasse), von Zahlscheinüberweisung, wenn ein Nichtkontoinhaber den Betrag zur Gutschrift oder Überweisung auf ein Konto einzahlt (Kasse an Konto). Ein Überweisungsauftrag ist juristisch ein Geschäftsbesorgungsvertrag zwischen dem Kontoinhaber (hier Schuldner) und dem Kreditinstitut. Es erfolgt Gutschrift des Betrages auf dem Konto des Gläubigers, wodurch eine Forderung des Gläubigers an sein Kreditinstitut entsteht. Wer seine Kontonummer auf dem Briefpapier angibt, erklärt sich mit der Erfüllung seiner Forderungen auf dem Überweisungswege einverstanden.

3.2.2 Scheckverkehr

ScheckG Art. (1-66)

Der Scheck ist die unbedingte Anweisung des Ausstellers an ein Geldinstitut, bei Vorlage eine bestimmte Geldsumme aus dem Guthaben des Ausstellers an den berechtigten Inhaber zu zahlen (Scheck = Orderpapier).

Rechtsgrundlage für den Scheckverkehr bildet das im HGB enthaltene Scheckgesetz (ScheckG) vom 14.8.1933.
Es sieht drei Arten von Schecks vor, von denen im innerdeutschen Verkehr nur vom "Überbringer-" oder "Inhaberscheck" Gebrauch gemacht wird. Das "bezogene Geldinstitut" ist berechtigt, an den Überbringer Zahlung zu leisten, ohne seine Legitimation zu prüfen und ohne daß er auf dem Scheck namentlich als Berechtigter ausgewiesen zu sein braucht. Die beiden anderen Scheckformen, der "Order-" und der "Rektascheck" spielen nur eine untergeordnete Rolle.

Die Bezeichnungen "Barscheck" und "Verrechnungsscheck" sind keine Scheckarten im Sinne des Gesetzes, sondern beziehen sich auf banktechnische Vorgänge.

Art. 1 des Scheckgesetzes schreibt für jeden Scheck die folgenden Bestandteile als *1*
bindend vor:

- Bezeichnung als „Scheck“ im Text der Urkunde,
- Unbedingte Anweisung auf eine bestimmte Geldsumme,
- Name des Bezogenen (Geldinstitut),
- Zahlungsort (Sitz des Geldinstituts),
- Tag und Ort der Ausstellung,
- Unterschrift des Ausstellers.

Enthält der Scheck nur diese gesetzlichen Bestandteile, so ist der Inhaber berechtigt, vom Bezogenen Barauszahlung zu verlangen (Barscheck). Der zusätzliche Vermerk "Nur zur Verrechnung" schränkt diese Berechtigung ein: der Inhaber hat nur ein Anrecht auf Gutschrift des Betrages auf seinem Konto (Verrechnungsscheck). Dadurch
39 wird die unbefugte Verwertung von Schecks erschwert. Jeder Barscheck kann vom jeweiligen Inhaber in einen Verrechnungsscheck umgewandelt werden. Der umgekehrte Vorgang ist jedoch nicht möglich.

Da bei der Kontoeröffnung die Personalien des Kontoinhabers (potentiellen Scheckausstellers) festgehalten werden, ist eine allgemeine Sicherung gegen Mißbrauch gegeben. Weiß der Aussteller bei der Aushändigung des Schecks, daß bis zur Vorlage beim Kreditinstitut dort kein ausreichendes Guthaben vorhanden ist, dann kann u.U. strafbarer Scheckbetrug vorliegen.

29 Die Vorlegungsfrist für Schecks beträgt sechs Tage, beginnend mit dem Ausstellungsdatum. Ein Widerruf ist erst nach Ablauf der Vorlegungsfrist möglich. Abhanden gekommene Schecks können gesperrt werden.

14-24 Zum Zwecke der Übertragung der Rechte aus einem Scheck wird der Scheck dem zukünftigen Inhaber vom bisherigen ausgehändigt, wenn sich beide darüber einig sind, daß die Forderung aus dem Scheck auf den neuen Inhaber übergehen soll. Beim Überbringerscheck bedarf dieser Vorgang keiner besonderen Form. Aktive Scheckfähigkeit ist die Berechtigung, als geschäftsfähige natürliche oder juristische Person rechtswirksam einen Scheck als Aussteller oder "Indossant" zu unterschrei-
60 ben. Passive Scheckfähigkeit, Scheckbezogener zu sein, besitzen nur Kreditinstitute
61 und Postscheckämter.

Mit dem Scheck hat sein Inhaber kein Recht gegen das bezogene Geldinstitut. Gelangt der Gläubiger nicht in den Besitz des auf dem Scheck ausgewiesenen Geldbetrages, so kann er auf die ursprüngliche Forderung zurückgreifen. Diese für den Geschäftsverkehr bestehenden Nachteile beseitigt die Scheckkarte. Diese Ausweiskarte garantiert dem Schecknehmer, daß der mit ihr zusammen vorgelegte Scheck unter den folgenden Voraussetzungen vom bezogenen Kreditinstitut eingelöst wird:

- Unterschrift und Kontrollnummer auf Scheck und Scheckkarte müssen übereinstimmen.
- Die Scheckkartennummer muß auf der Rückseite des Schecks vermerkt sein.
- Das Ausstellungsdatum des Schecks muß innerhalb der Gültigkeitsdauer der Scheckkarte liegen.
- Der Scheck muß im Inland binnen acht und im Ausland binnen 20 Tagen ab Ausstellungsdatum vorgelegt werden.
- Höchstbetrag je Einzelscheck: DM 300,-.

Mit Entgegennahme eines Scheckkartenschecks erlischt das bestehende Schuldverhältnis, da der Gläubiger eine einklagbare Forderung gegen ein Kreditinstitut erhält.

Eine Ausweitung des deutschen Scheckkartenverfahrens auf das europäische Ausland stellt der eurocheque-Verkehr dar. Durch Absprache der Spitzenverbände des Kreditgewerbes von 20 am eurocheque-Verkehr teilnehmenden europäischen Ländern wurde ermöglicht, daß deutsche Reisende in diesen Ländern Scheckkartenschecks bis zur Höhe von DM 300,- in die Währung des Aufenthaltslandes eintauschen können. In die internationale Vereinbarung ist eine Zahlung mit Scheckkartenscheck gegenüber Schecknehmern, die nicht Kreditinstitut sind, einbezogen.

3.2.3 Wechselverkehr *WG Art. (1-98)*

Die Rechtsgrundlage für den Wechselverkehr bildet das im HGB enthaltene Wechselgesetz (WG) vom 21.6.1933 in der Fassung vom 5.7.1934.

Arten von Wechseln sind entweder der gezogene Wechsel, eine unbedingte Anwei- *1-74*
sung an eine bestimmte Person, den "Bezogenen", oder der Solawechsel, ein un- *75-78*
bedingtes Versprechen einer Person, an den berechtigten Inhaber des Wechsels bei Fälligkeit eine bestimmte Geldsumme zu zahlen. Im Zahlungsverkehr werden üblicherweise gezogene Wechsel verwendet, daher beziehen sich die folgenden Ausführungen stets auf diese.

Ursprünglich als Zahlungsmittel entwickelt, spielt der Wechsel heute die Rolle eines Kreditmittels: durch Akzeptierung des Wechsels ist die Schuld zunächst bezahlt. Der Wechsel ist folglich ein bargeldloses Zahlungsmittel, das nicht sofort bei Vorlage, sondern erst zu einem bestimmten Termin fällig wird. Bis zu diesem Zeitpunkt genießt der Schuldner Kredit, d.h. der Wechsel stellt ein Kreditmittel dar.

Schließlich kann der Inhaber den Wechsel dazu benutzen, eigene Verbindlichkeiten zu begleichen; er kann ihn aber auch seinem Kreditinstitut zum Kauf, zum „Diskont" anbieten. Unter der Voraussetzung, daß die Wechselverpflichteten Gewähr für die Einlösung bei Fälligkeit bieten (die Unterschriften also „gut" sind), wird die Wechselsumme nach Abzug des Diskonts (Zinsen und Spesen) dem Konto des Inhabers gutgeschrieben. Unter Beachtung bestimmter Formvorschriften erfüllt der Wechsel die Funktion von Bargeld, ist folglich auch ein Umlaufmittel.

Die strengen Formvorschriften des WG verhelfen dem Inhaber des Wechsels zu einer schnellen und wirksamen Durchsetzung seines Rechtsanspruchs. Für die Ausfertigung des Wechsels schreibt das WG genormte Vordrucke vor, die die rechtlich erforderlichen Bestandteile enthalten: *1*

- das Wort "Wechsel" in der Urkunde,
- die Wechselsumme,
- den Namen dessen, der zahlen soll (Bezogener),
- die Angabe der Verfallzeit,
- die Angabe des Zahlungsortes,
- den Namen dessen, an den oder dessen Order gezahlt werden soll,
- die Angabe von Tag und Ort der Ausstellung,
- die Unterschrift des Ausstellers,
- die Unterschrift des Bezogenen.

Verbesserungen, Streichungen und Rasuren sind unzulässig.

21-29 Als Akzept bezeichnet man die Annahmeerklärung des Bezogenen, der Akzeptant
steht auf der linken Seite des Formulars unter der Querkante (Querschreiben).

Mit dem Akzept beurkundet der Bezogene seine Bereitschaft zur Einlösung der
Wechselschuld. Die Übertragung der Rechte aus einem Wechsel, das Indossament,
11-20 hat durch förmliche schriftliche Erklärung (Unterschrift) des Remittenten
(Indossanten) auf der Rückseite der Urkunde zu geschehen. Durch diese Unterschrift übernimmt der Übertragende ebenfalls die Garantie für die Wechselsumme. Er ist allen weiteren Indossanten (Nachmännern) zur Einlösung verpflichtet, falls der Bezogene ihn nicht einlöst. Der jeweilige Wechselübernehmer (Indossatar) kann auf jeden seiner Vormänner zurückgreifen. Aus diesem Grund gilt ein Wechsel als um so sicherer, je mehr Indossamente er aufweist.

Wechsel unterliegen der Wechselsteuer, die in Form von Wechselsteuermarken in Höhe von DM 0,15 je angefangene DM 100,-- Wechselsumme entrichtet werden muß (Wechselsteuergesetz vom 24.7.1959).

Eine Wechselprolongation ist notwendig, wenn ein fälliger Wechsel nicht oder nicht in voller Höhe eingelöst werden kann. Dabei handelt es sich um eine Wechselverlängerung mit Zustimmung des Ausstellers. Dazu wird ein neues Formular über den verbleibenden Betrag ausgefüllt und anstelle des alten in Umlauf gesetzt. Die Prolongation ist die Ausnahme und muß vor dem Verfalltag des Wechsels geregelt sein.

Die Wechselschuld wird durch Wechselinkasso (Einreichung zum Einzug bei einem
Kreditinstitut seitens des Inhabers) und durch Wechseleinlösung (Zahlung der
38-42 Wechselsumme seitens des Bezogenen) getilgt. Am zweckmäßigsten werden beide
Vorgänge Kreditinstituten übertragen.

Wird ein Wechsel bei Fälligkeit nicht eingelöst und wurde er vorher nicht prolongiert,
43-54 so geht er "zu Protest". Zur Wahrung des wechselrechtlichen Rückgriffs auf den
79-90 Aussteller und den oder die Indossanten muß der Inhaber bis spätestens 2 Tage
nach Fälligkeit durch Notar, Gerichts- oder Postbeamten Protest mangels Zahlung erheben lassen. Dies ist Voraussetzung für den Wechselprozeß. Er wird ausschließlich in Urkundenbeweisen und ohne Zeugenvernehmung geführt, so daß er besonders rasch abläuft. Die Verurteilung zur Zahlung führt üblicherweise zur Zwangsversteigerung. Nach der Protesterhebung hat jeder Indossant seinen Vormann innerhalb von 2 Werktagen von der Nichteinlösung zu benachrichtigen (Notifikation). Der Wechselinhaber kann die Wechselsumme zuzüglich Zinsen und Verfahrenskosten von einem seiner Vormänner (nach eigener Wahl) verlangen. Jedoch haften für den Wechsel grundsätzlich alle Indossanten.

Abgrenzung: Scheck - Wechsel

Scheck: In der Regel Inhaberpapier, das stets auf ein Kreditinstitut ausgestellt ist, hat die Funktion eines Zahlungsmittels, formlose Übertragung möglich.

Wechsel: In der Regel Namenspapier, das auf jede rechtsfähige natürliche oder juristische Person ausgestellt werden kann, hat die Funktion eines Zahlungs- und Kreditmittels, förmliche Übertragung durch Indossament vorgeschrieben.

3.2.4 Lastschriftverkehr

Der Schuldner, der ein Konto bei einem Kreditinstitut unterhält, erklärt sich schriftlich damit einverstanden, daß ein Gläubiger bestimmte Zahlungen (ggf. bis zu einem festgelegten Höchstbetrag) bei Fälligkeit zu Lasten dieses Kontos einzieht. Der Anstoß zu diesem Verfahren des Zahlungsverkehrs geht vom Zahlungsempfänger aus, da es sich beim Lastschriftverkehr um eine auf bestimmte Zahlungen beschränkte Verfügungsvollmacht handelt, die dem Gläubiger eingeräumt wurde.

Nach Art dieser Vollmacht ist zu unterscheiden in:

a) *Dauerabbuchungsverfahren*, widerruflicher schriftlicher Dauerauftrag an das Geldinstitut des Schuldners zur regelmäßigen Einlösung und Abbuchung der Lastschriften eines näher bezeichneten Gläubigers.
b) *Einzugsermächtigungsverfahren*, widerrufliche schriftliche Ermächtigung des Gläubigers, selbst bestimmte Zahlungen zu Lasten des Kontos des Schuldners einziehen zu lassen.

Für den Lastschriftverkehr eignen sich häufig oder regelmäßig wiederkehrende sofort fällige Forderungen (z.B. Gebühren, Steuern, Rechnungen von Versorgungsunternehmen etc.). Der Lastschriftverkehr ist zwar ein einfaches Verfahren, sollte aber zum Schutz gegen Mißbrauch auf vertrauenswürdige Geschäftspartner beschränkt werden.

3.2.5 Zahlungsziel und Skonto

Die Interessen von Gläubiger und Schuldner sind entgegengesetzt: Der eine will so schnell wie möglich über das Geld verfügen, der andere möchte den Zahlungszeitpunkt so weit wie möglich hinausschieben. Die Zahlungsfrist (im Handelsrecht: Zahlungsziel) hängt von den beiderseitigen Vereinbarungen ab. Ist nichts festgelegt, so gilt: Leistung und Gegenleistung Zug um Zug, ggf. sind auch Vorleistungen üblich (Mietvertrag, Werkvertrag). Falls der Schuldner bei Fälligkeit nicht zahlen kann, aber begründete Aussicht besteht, daß sich seine wirtschaftlichen Verhältnisse in Kürze bessern, kann der Gläubiger ein neues Zahlungsziel bewilligen (ggf. mit Entschädigung für Zinsverlust).

Um für den Schuldner einen Anreiz zur Zahlung zu schaffen, gewähren viele Gläubiger einen prozentualen Nachlaß auf den Rechnungsbetrag (Skonto) bei Zahlung vor Ziel. Häufig werden gestaffelte Skonti eingeräumt, die bei Zahlung bei Lieferung oder Rechnungseingang am höchsten sind und die nach Ablauf von vereinbarten Fristen jeweils stufenweise abnehmen.

Wird das Zahlungsziel überschritten, so kann der Gläubiger mit Setzung eines neuen Zahlungsziels mahnen. Verstreicht dieses ohne weitere Reaktionen des Schuldners, so kann das offizielle Mahnverfahren nach ZPO eingeleitet werden mit dem Ziel der Zwangsbeitreibung des geschuldeten Geldbetrages (vgl. Kap. 3.3.3).

3.3 Sicherung und Durchsetzung von Geldforderungen

BGB §§ 3.3.1 Sicherung von Bauforderungen durch eine Sicherungshypothek

Bauwerke sind mit dem Grund und Boden fest verbundene Sachen und damit wesentliche Bestandteile des Grundstücks. Folglich gehen entsprechend dem Baufort-
94 schritt alle fest eingefügten Bauteile und Baustoffe in das Eigentum des Grundstückeigentümers über. Der Auftragnehmer (AN) selbst hat keinerlei unmittelbare Rechte an der von ihm erbrachten Leistung mehr. Als einzige Sicherung kann er die Eintra-
648 gung einer Sicherungshypothek im Grundbuch auf das Baugrundstück verlangen.

Anspruchsberechtigt ist in erster Linie der Bauunternehmer in Höhe der von ihm erbrachten Bauleistung, aber auch der Architekt, sofern der Bau nach seinen Plänen bereits begonnen worden ist, sowie der Statiker. Voraussetzung ist stets, daß der Auftraggeber zugleich Grundstückseigentümer ist und mit Unternehmer oder Planer einen unmittelbaren Vertrag abgeschlossen hat. Der Anspruch besteht auch, wenn die Forderung noch nicht fällig ist, und zwar unabhängig davon, ob ein VOB- oder BGB-Vertrag besteht.

Wenn der AN mit dem Bauherrn keine Einigung über die Eintragung einer Sicherungshypothek erzielen kann, weil dieser das Grundstück als Sicherheit für die Hypothekenbank zur Finanzierung des Bauvorhabens benötigt, hat er die Möglichkeit, einseitig bei Gericht eine einstweilige Verfügung auf Eintragung der Vormerkung einer Sicherungshypothek zu erwirken. Hierfür muß lediglich der Leistungsumfang und die darauf entfallende Vergütung ermittelt und durch eine eidesstattliche Versicherung glaubhaft gemacht werden.

Offiziell wird der Auftraggeber (AG) und Grundstückseigentümer erst nach der Eintragung durch das Gericht informiert. Legt er dagegen Widerspruch ein, muß der AN in der folgenden mündlichen Verhandlung seinen Anspruch beweisen (durch Vertragsdokumente, Zeugen, Sachverständige usw.). Natürlich hat der AG für seine Einwendungen oder ggf. Aufrechnungs- und Schadenersatzansprüche ebenfalls Beweis anzutreten.

Die Eintragung der Sicherungshypothek kann zu jedem beliebigen Zeitpunkt, also auch vor der Vollendung des Werkes, erfolgen. Sie kann entweder mit Zustimmung des Grundstückseigentümers (d.h. auf seinen Antrag hin) oder aufgrund eines Gerichtsurteils im Grundbuch vorgenommen werden. Bauunternehmer, die ihren Auftrag nicht vom Grundstückseigentümer erhalten haben, sowie alle Nachunternehmer können keine Sicherungshypothek bzw. keine Vormerkung dafür erwirken.

Naturgemäß ist der Wert einer Sicherungshypothek und damit die Sicherheit des Gläubigers von den bereits eingetragenen Hypotheken und Eigentümergrundschulden abhängig. Selbst wenn diese noch nicht valutiert sind, verbleibt nur eine nachrangige Absicherung der Bauleistung, die im Falle der Zwangsversteigerung ggf. wertlos sein kann.

Mitunter wird von Seiten der Bauherren der § 648 BGB abbedungen, so daß die Eintragung einer Sicherungshypothek später nicht durchgesetzt werden kann. Ein Ausschluß des § 648 BGB kann jedoch bei nachträglicher wesentlicher Vermögensverschlechterung des AG unwirksam werden (OLG Köln BauR 282). Mitunter wird auch in den Vorbemerkungen des LV festgelegt, daß die Vormerkung auf Eintragung einer Sicherungshypothek gegen Bankbürgschaft gelöscht werden können.

3.3.2 Das neue Bauhandwerkersicherungsgesetz

Der Besteller des Werkes ist nach § 641 Abs. 1 BGB verpflichtet, die Vergütung bei der Abnahme zu entrichten. Falls keine anderen Zahlungsvereinbarungen bestehen, muß also der Bauhandwerker oder Bauunternehmer in der Regel die Bauleistung vollständig erbringen, bevor seine Forderung auf Bezahlung rechtskräftig besteht. Diese Vorleistungspflicht bürdet dem Auftragnehmer beachtliche Risiken auf bzw. begünstigt den Mißbrauch des Gesetzes durch unseriöse Auftraggeber, denn:

- der AN trägt das volle Konkurs- oder Vergleichsrisiko der Auftraggeberseite,
- der AN ist durch das Werkvertragsrecht nicht geschützt, wenn der AG zwar zahlen kann, aber nicht zahlen will.

Insbesondere wenn einzelne Punkte eines Bauvertrages streitig werden oder keine Einigung über einen Nachtrag zustande kommt, wächst die Bereitschaft mancher AG, die Zahlung ganz einzustellen oder unangemessen stark zu kürzen, um Druck aufzubauen. Zwar besagt § 16.3 (2) VOB/B, daß stets der unbestrittene Teil der Rechnung als Abschlagszahlung sofort zu zahlen ist; aber ein AG, der einem AN das Leben schwer machen will, wird dazu Wege finden.

Die Eintragung einer Sicherungshypothek nach § 648 BGB ist nicht immer möglich und erfordert ebenfalls eine Teilfertigstellung zum Stichtag der Eintragung (prüfbare Abrechnung ist erforderlich). Bei einer Zwangsversteigerung hat diese Hypothek nur den letzten Rang und geht daher u.U. leer aus.
Zur Linderung dieses Notstandes der Baufirmen und Bauschaffenden wurde das „Gesetz zur Sicherung von Bauforderungen“ (GSB) geschaffen, das als § 648a in das BGB eingegliedert wurde und seit 1. Mai 1993 in Kraft ist.

Inhaltlich bezieht sich das GSB nicht auf das Baugrundstück, sondern nimmt die Höhe des Auftragswertes als Grundlage. Der AN kann jederzeit, also auch nach Baubeginn, vom Besteller Sicherheit (z.B. als Bankbürgschaft) bis zur Höhe der voraussichtlichen Vergütung verlangen. Die üblichen Kosten bis maximal 2% trägt der Veranlasser, also der AN.

Bringt jedoch der Besteller die verlangte Sicherheit innerhalb angemessener Frist nicht bei, so kann der AN seine Arbeiten sofort einstellen. Nach Verstreichen einer entsprechenden Nachfrist kann der AN sogar den Vertrag kündigen. Die Rechte aus diesem Gesetz können nicht aufgehoben werden.

Das BSG gilt jedoch nicht

- bei öffentlichen Bauaufträgen sowie
- bei Bau oder Instandsetzung von Einfamilienhäusern ohne professionellen Baubetreuer mit Verfügung über die Finanzierungsmittel des Bauherrn.

„Besteller" bezieht sich auf die Vergabe von Bauaufträgen oder Bauplanungen. Also genießen auch Architektur- oder Statikbüros den Schutz des GSB, ebenso die unmittelbaren Baustofflieferanten. Wenn ein GU als Besteller auftritt, so ist er die Adresse der Sicherheitsanforderung, der er sich auch dann nicht entziehen kann, wenn er seinerseits von öffentlichen AG beauftragt wurde, d.h. staatl. Ämtern, Gemeinden, Innungen sowie Bistümern oder Landeskirchen.

Die Sicherheit soll nur die Vorleistung der AN abdecken. Deshalb ist der volle Auftragswert nur dann mit dem Sicherungsanspruch identisch, wenn keine Voraus- oder Abschlagszahlungen vorgesehen sind, die den Sicherungsanspruch mindern.

Das GSB ist für alle Stufen des Bauprozesses bzw. für alle Baugeldempfänger vorgesehen, die ihrerseits Bauforderungen ausgesetzt sind. Der Bauherr beschafft über seine Baufinanzierung das Baugeld und verwendet es zur Bezahlung aller direkten und indirekten Bauforderungen. Empfänger sind alle Planungs- und Ingenieurbüros (als Endstufe) sowie der GU, alle Nachunternehmer, deren Subunternehmer usw. Bei den Arbeitnehmern, den Stadtwerken, dem Finanzamt usw. endet die Kette des GSB. Weil diese keine „Bauforderungen", sondern nur anteilige Lohnforderungen, Stromrechnungen oder Steuerforderungen haben, gilt das GSB nicht.

3.3.3 Verjährung von Werklohnansprüchen

196 / 1 Vergütungsansprüche verjähren innerhalb von zwei Jahren. Der Werklohnanspruch entsteht nicht mit dem Abschluß eines Werkvertrages, sondern erst mit der Abnahme der Werkleistungen. Die Verjährung beginnt nicht unmittelbar mit der Abnahme, mit der die Vergütung fällig wird. Vielmehr kommt es darauf an, wann der Werklohnanspruch beziffert werden kann. Dieses ist unabhängig von der genauen Höhe notfalls durch eine Feststellungsklage dem Grunde nach unmittelbar nach der Abnahme möglich.

Handelt es sich um einen Bauvertrag nach BGB, so beginnt die Verjährung des Werk- oder Restwerklohnanspruches von Baufirmen und Bauhandwerkern mit dem Schluß des Jahres, in dem die Abnahme erfolgt ist (vgl. BGH VII ZR 41/80), und zwar unabhängig vom Datum der Rechnung oder Schlußrechung. Die Rechtsprechung unterscheidet also zwischen der durch die Abnahme entstehenden Fälligkeit und dem Beginn der Verjährung, der nicht mit dem Zeitpunkt der Rechnungsstellung übereinstimmen muß.

VOB/B §§ Anders dagegen die Regelung in VOB-Verträgen; hier werden durch VOB/B detaillierte Vereinbarungen zwischen den Vertragspartnern über die Aufstellung und die Wirksamkeit von Schlußrechnungen getroffen:

- Die Schlußrechnung muß 12 Werktage nach Fertigstellung eingereicht werden, wenn eine Bauzeit von bis zu drei Monaten vereinbart war. Diese Frist wird für je drei weitere Monate Bauzeit um sechs Werktage verlängert (sofern keine anderen Festlegungen getroffen worden sind). *14.3*
- Reicht der AN auch nach Festsetzung einer angemessenen Nachfrist keine prüfbare Rechnung (Schlußrechnung) ein, so kann sie der AG auf Kosten des AN selbst aufstellen oder aufstellen lassen.

Damit hat der AG in manchen Fällen die Möglichkeit, den Zeitpunkt des Verjährungsbeginns zu bestimmen oder zu beeinflussen.

Während in BGB-Verträgen auch nach Eingang der Schlußzahlung noch Nachforderungen geltend gemacht werden können, ist dies in VOB-Verträgen befristet: Innerhalb von 12 Werktagen muß ein Vorbehalt bezüglich der Endgültigkeit der Schlußzahlung erklärt und innerhalb von weiteren 24 Werktagen muß eine prüfbare Rechnung über die vorbehaltenen Forderungen vorgelegt werden. *VOB §§ 16.3*

Es ist ratsam, zunächst alle unstrittigen Forderungen in Rechnung zu stellen und die übrigen Forderungen erst nach Eingang der Schlußzahlung geltend zu machen, weil zu beobachten ist, daß im anderen Falle alle Zahlungen zurückbehalten und die Rechtsabteilungen mit zeitraubenden Recherchen eingeschaltet werden. Dadurch kann außerdem der vielleicht entstehende Streitwert niedrig gehalten werden.

Wie ein Beispiel zeigt, kann sich ein Unternehmer, der für die öffentliche Hand baut, nicht darauf verlassen, daß die erhaltene Schlußzahlung auch endgültig ist und zumindest nach Verstreichen der Verjährungsfrist von zwei Jahren nicht mehr strittig werden kann: 25 Monate nach der Schlußzahlung hatte der Rechnungshof eine Schlußrechnung nochmals geprüft und Überzahlungen in Höhe von 72.000 DM festgestellt. Die Baufirma war der Auffassung, daß der Prüfvermerk durch das Bauamt "Lieferung und Leistung richtig - Preis angemessen" ein Anerkenntnis bedeute, und daß Rückforderungen ausgeschlossen seien.

Der BGH (VII ZR 35/78) vertrat dagegen die Ansicht, daß der für die öffentliche Hand tätige Bauunternehmer wissen müsse, daß die Behörden durch die Rechnungsprüfung überwacht werden. Die Dienststellen dürfen mit ihren Zahlungen keine Vergleiche oder Schuldanerkenntnisse aussprechen. überzahlte Beträge könnten zurückgefordert und verantwortliche Sachbearbeiter Regreßansprüchen ausgesetzt werden. Der Rückforderungsanspruch des Staates sei nicht verwirkt und müsse von unabhängigen Sachverständigen wegen der Höhe begutachtet werden.

3.3.4 Gerichtliches Mahnverfahren *ZPO §§*

Werden fällige Geldforderungen nicht durch Zahlung beglichen, dann hat der Gläubiger die Möglichkeit, sie auf dem Wege des gerichtlichen Mahnverfahrens einzutreiben. Der Mahnbescheid kann von jeder natürlichen oder juristischen Person auf einem im Schreibwarenhandel erhältlichen Formular bei Gericht beantragt werden. *688-703*

Antragstellung

Im Antrag auf Eröffnung eines Mahnverfahrens wird der Anspruch auf Zahlung einer
688 bestimmten Geldsumme in inländischer Währung geltend gemacht, wie z.B.:

- der Preis für einen Warenkauf gem. Rechnung/Kontoauszug vom ...
- das Entgelt für eine Dienstleistung oder der Werklohn gem. Rechnung vom ...
- Miete/Pacht für Wohnräume/Geschäftsräume in der Zeit vom ... bis ...

Der Antrag ist bei dem Gericht zu stellen, bei dem der Antragsteller seinen allgemei-
690 nen Gerichtsstand hat; er muß zwingend die folgenden Angaben enthalten:

- Bezeichnung der Parteien, ihrer gesetzlichen Vertreter sowie ggf. der Prozeßbevollmächtigten.
- Bezeichnung des Gerichtes, bei dem der Antrag gestellt wird.
- Bezeichnung des Anspruches mit genauer Begründung.
- Erklärung, daß der Anspruch nicht von einer Gegenleistung abhängig ist oder daß die Gegenleistung nicht erbracht ist.
- Bezeichnung des Gerichtes, das für ein streitiges Verfahren sachlich zuständig ist und bei dem der Antragsgegner seinen allgemeinen Gerichtsstand hat.

691 Ist eine dieser Voraussetzungen nicht erfüllt, so wird der Antrag zurück gewiesen.

Das Amtsgericht (bzw. der Rechtspfleger) prüft nicht, ob der vom Antragsteller erhobene Anspruch zu Recht besteht und schlüssig vorgetragen wurde, vielmehr ist im Mahnbescheid ausdrücklich vermerkt, daß das Gericht nicht geprüft hat, ob dem Antragsteller der geltend gemachte Anspruch zusteht.

Erlaß des Mahnbescheides

Wenn der Mahnbescheid nicht zurückgewiesen bzw. fristgerecht ein verbesserter Antrag gestellt worden ist, muß das Gericht dem Schuldner den Mahnbescheid zustellen. Der Mahnbescheid enthält folgende Punkte:

692 - die Aufforderung an den Schuldner, innerhalb von zwei Wochen ab Zustellung des Mahnbescheides zu zahlen oder dem Gericht mitzuteilen, in welchem Umfang dem Anspruch des Gläubigers widersprochen wird,
- den Hinweis, daß das Gericht den Anspruch nicht überprüft hat,
- den Hinweis, daß ein dem Mahnbescheid entsprechender Vollstreckungsbescheid ergehen kann.

Widerspricht der Schuldner nicht, so kann der Antragsteller frühestens zwei Wochen,
699.1 spätestens 6 Monate nach Zustellung des Mahnbescheides den Vollstreckungsbe-
700.1 scheid beantragen, sonst verfällt die Wirkung des Mahnbescheides. Im Antrag auf
Vollstreckungsbescheid ist aufzuführen, ob und in welchem Umfang Zahlungen auf
den Mahnbescheid eingegangen sind.

Gegen den Vollstreckungsbescheid kann wiederum mit einer Frist von zwei Wochen Einspruch eingelegt werden. Danach ist dieser rechtskräftig und kann ggf. durch Zwangsvollstreckung vollzogen werden.

Übergang in das streitige Verfahren 694.1

Wird vom Antragsgegner rechtzeitig Widerspruch gegen den Mahnbescheid erhoben, so gibt das Amtsgericht des Antragstellers das Verfahren von Amtswegen an das Amts- oder Landgericht ab, bei dem der Schuldner seinen allgemeinen Gerichtsstand hat. Dort wird das Streitverfahren durchgeführt, sofern eine der Parteien 700.3
es beantragt.

Die Geschäftsstelle des zuständigen Gerichtes setzt dem Antragsteller eine Frist von zwei Wochen zur Anspruchsbegründung. Nach deren Eingang bestimmt das Gericht den Termin zur mündlichen Verhandlung. Der Antragsgegner kann seinen Widerspruch bis zum Beginn der mündlichen Verhandlung zurücknehmen.

Die Durchführung des Streitverfahrens ist je nach der Rechtslage entweder eine reine Formsache und geht sehr rasch vor sich, bei unsicheren Fakten kann daraus jedoch ein langwieriger Prozeß mit unsicherem Ausgang entstehen.

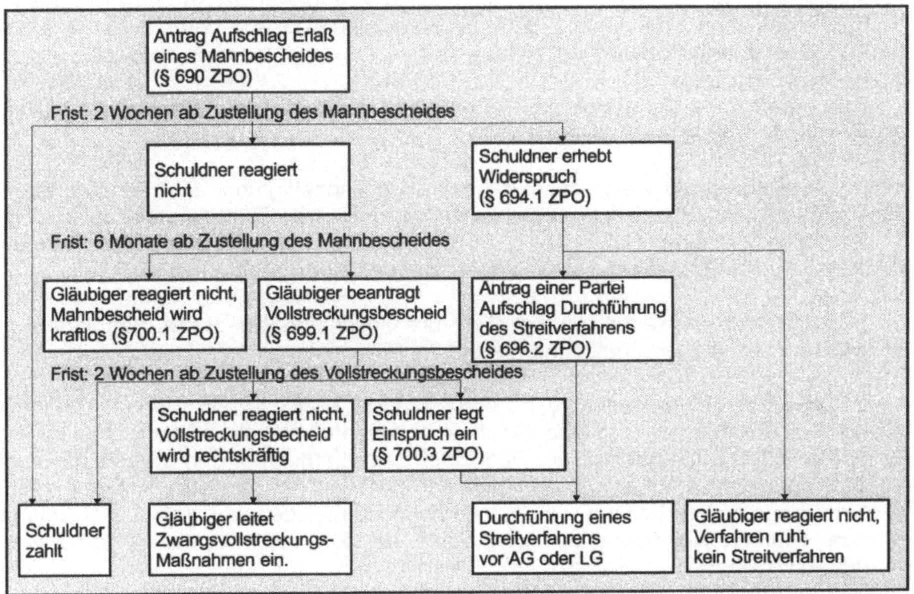

Bild 3.2 Übersicht über das Mahnverfahren und seine rechtlichen Folgen.

BGB §§ 3.4 Liquidation, Vergleich und Konkurs

Eine bestehende Gesellschaft kann entweder freiwillig durch Liquidation oder zwangsweise durch Konkurs aufgelöst werden.

3.4.1 Liquidation

47 Unter Liquidation versteht man die Auflösung einer Unternehmung durch Verkauf aller Vermögenswerte. Dazu gehört ferner der Einzug aller Forderungen und die Erfüllung aller Verpflichtungen.

48 ff. Häufig wird ein Liquidator eingesetzt, der für seine Geschäftsführung persönlich haftet. Die Liquidationsbilanz gibt Auskunft über die Vermögensstände. Die Differenz zwischen dem Buchwert und dem Liquidationswert (tatsächlicher Verkaufserlös) kann einen Liquidationsgewinn oder -verlust ergeben.

3.4.2 Vergleich zur Abwendung des Konkurses

Zwischen einem Schuldner und seinen Gläubigern kann auf Antrag des Schuldners ein Vergleich geschlossen werden, wenn ein Unternehmen in akute Zahlungsschwierigkeiten geraten ist, aber noch soviel Vermögensmasse übrig ist, daß innerhalb eines Jahres mindestens 35% der Forderungen bzw. innerhalb von 18 Monaten mindestens 40% bezahlt werden können.

Das gerichtliche Verfahren des Vergleiches ist in der Vergleichsordnung (VerglO)
Vergl O §§ vom 26.2.1935 speziell geregelt.

Bei Ablehnung des Vergleichsantrages muß gleichzeitig über die Eröffnung des Kon-
19 kurses (Anschlußkonkurs) entschieden werden. Der Eröffnungsbeschluß für das
Vergleichsverfahren beinhaltet auch die Wahl des Vergleichsverwalters und den
20-22 Termin zur Verhandlung der Gläubiger über den Antrag (Vergleichstermin).

Der Vergleichsverwalter soll vor allem die Geschäftstätigkeit des Schuldners über-
39 wachen, d.h. die Geschäftsführung und die Privatentnahmen prüfen.

In der Gläubigerversammlung, zu der Schuldner und Vergleichsverwalter persönlich
67 erscheinen müssen, wird das Gläubigerverzeichnis mit allen Forderungsanmeldun-
70 gen erörtert. Dazu hat sich der Schuldner zu äußern. Über den Vergleichsvorschlag
wird abgestimmt. Er ist nur angenommen, wenn er die einfache Kopfmehrheit und
eine Summenmehrheit von 75-80% (je nach Vergleichsquote) erhält. Bei Ablehnung
oder späterer Aufhebung des Vergleiches ist stets der Anschlußkonkurs zwingend
96-101 vorgeschrieben.

3.4.3 Konkurs

Der Konkurs beendet die Existenz eines Unternehmens. Er kann auf Grund der Zahlungsunfähigkeit oder wegen Überschuldung eintreten. Das anschließende Konkursverfahren dient der gemeinschaftlichen, gleichmäßigen Befriedigung aller Gläubiger aus dem gesamten Vermögen.

Das Verfahren ist in der Konkursordnung (K0) vom 20.5.1898 geregelt. *KO §§*

Danach wird das Konkursverfahren auf Antrag des Schuldners oder eines Gläubi- *103*
gers durch das Amtsgericht eröffnet, bei dem der Schuldner seine gewerbliche Niederlassung oder seinen allgemeinen Gerichtsstand hat. Deckt die vorhandene Ver- *71*
mögensmasse die Verfahrenskosten nicht, so wird der Konkurs mangels Masse abgelehnt.

Die Verwaltung der Konkursmasse obliegt einem Konkursverwalter, der von der *110*
Gläubigerversammlung bzw. einem Gläubigerausschuß unterstützt und überwacht wird. Die Konkursgläubiger haben ihre Forderungen binnen einer vom Gericht festgesetzten Frist unter Angabe des Grundes und des Betrages anzumelden. Zwischen dem Schuldner und den nicht bevorrechtigten Gläubigern (vorrangig sind z.B. fällige Löhne und Gehälter, rückständige öffentliche Abgaben usw.) wird nach der Konkurseröffnung ein Zwangsvergleich geschlossen, dem wie beim Vergleich die Mehrheit der Gläubiger zustimmen muß. Der Zwangsvergleich bedarf der Bestätigung des Konkursgerichtes und wird auch für die Konkursgläubiger bindend, die dagegen
gestimmt haben oder nicht anwesend waren. *173-201*

Das Gericht kann bereits vor Eröffnung des Verfahrens Sicherungsmaßnahmen an- *106*
ordnen, um zu verhindern, daß der Schuldner oder einzelne Gläubiger die Konkursmasse schmälern. Mit der Konkurseröffnung ist das gesamte pfändbare Vermögen des Schuldners beschlagnahmt. Die Verwaltungs- und Verfügungsbefugnis geht *1*
auf den Konkursverwalter über. Er erhält für die Geschäftsführung eine Vergütung, die sich nach der "Verordnung über die Vergütung von Konkursverwalter, Vergleichsverwalter, Mitgliedern des Gläubigerausschusses und des Gläubigerbeirates vom 25. Mai 1960" bemißt.

3.4.4 Die neue Insolvenzordnung (InsO) v. 5.10.1994

Die Vergleichsordnung hatte seit Jahren für die Durchführung konkursabwendender Vergleichsverfahren kaum noch praktische Bedeutung: 1994 wurden über 20 000 Konkursverfahren beantragt und davon etwa 25%, d.h. rund 5 000 durchgeführt. Dem stehen aber nur 67 durchgeführte Vergleichsverfahren gegenüber. Also konnte nur in etwa jedem 80ten Fall der Konkurs durch Vergleich abgewendet werden. Eine Reform des alten Insolvenzrechtes wurde immer dringender. Bereits 1975 begannen die Beratungen; aber es sollte rund 20 Jahre dauern, bevor das neue Insolvenzrecht, das die alte Vergleichs- und die Konkursordnung zusammenfaßt, verabschiedet werden konnte. Wegen der langen Übergangsfristen tritt das neue Gesetz erst am 1.1.99 in Kraft, so daß die heutigen Regelungen für alte Insolvenzfälle vor diesem Stichtag gelten und folglich noch lange nach dem Stichtag anzuwenden sein werden. Die Notwendigkeit für Reformen erklärt sich daraus, daß rund 75% aller Anträge zur Eröffnung des Konkursverfahrens mangels Masse abgelehnt werden mußten. Das Vermögen des Schuldners war mit Aus- und Absonderungsrechten Dritter derart hoch belastet, daß nur eine geringe Teilungsmasse übrig blieb. Weiterhin wurde diese Teilungsmasse häufig durch bevorrechtigte Massegläubiger ausgezehrt, so daß im Durchschnitt nur eine Befriedigungsquote von etwa 5% der Forderungen für die Gläubiger übrig blieb. Ein wahrlich unbefriedigender Zustand.

Das Hauptziel der Insolvenzrechtsreform sollten Maßnahmen gegen die o.a. Massenarmut sein, damit möglichst viele Verfahren eröffnet und geordnet abgewickelt werden können, ferner klare Abgrenzungen von Liquidation und Sanierung. Die Neufassung des Insolvenzrechtes hat folgende Gliederung:

Einheitlichkeit des Verfahrens.
Das Nebeneinander von Konkurs- und Vergleichsverfahren wird beseitigt. Das Verfahren dient dazu, das Vermögen des Schuldners zur Verteilung an die Gläubiger zu verwerten oder einen Insolvenzplan zum Erhalt des Unternehmens aufzustellen (§ 1 InsO).

Förderung der außergerichtlichen Sanierung.
Die Reform bringt verschiedene Maßnahmen, damit es gar nicht erst zur Insolvenz kommen soll.

Maßnahmen gegen Massenarmut.
Insolvenzverfahren sollen früher, leichter und häufiger eröffnet werden, damit eine höhere Verteilungsmasse zur Verfügung steht. Neuer Eröffnungsgrund ist daher die drohende Zahlungsunfähigkeit (§ 18 InsO), wenn zum Zahlungszeitpunkt die Zahlungspflichten nicht mehr erfüllt werden können. Diesen Insolvenzantrag kann nur der Schuldner stellen; Mißbrauch durch Gläubiger wird damit ausgeschlossen. Die Verfahrenskosten selbst sind abgesenkt und vorrangige Ansprüche der alten KO abgeschafft worden. Die besonders abgesicherten Gläubiger und alle sonstigen Ansprüche und Rechte werden in das Insolvenzverfahren einbezogen. Das Gesetz ist auch bestrebt, konkrete Marktpreise für Vermögensgegenstände zu sichern und schreibt hierbei die Zustimmung der Gläubigerversammlung vor. Löhne und Gehälter der AN sind - abweichend von der jetzigen KO - vor der Verfahrenseröffnung keine Masseschulden mehr, sondern werden in den letzten drei Monaten als Konkursausfallgeld von einem Fond der Wirtschaft getragen.

Stärkung der Gläubigerautonomie.
Hierfür werden die Gläubiger wie folgt unterschieden:
Aussonderungsberechtigte Gläubiger mit persönlichen oder dinglichen Rechten an einem Gegenstand; diese sind keine Insolvenzgläubiger (§ 47 InsO); absonderungsberechtigte Gläubiger, die zu ihrer Befriedigung die Zwangsversteigerung oder Zwangsverwaltung von abgesonderten Vermögensteilen erwirken können, sowie die Massegläubiger (§ 38 InsO) haben Mitspracherechte im Insolvenzverfahren über die Gläubigerversammlung (§ 74 InsO) und den Gläubigerausschuß (§ 67 InsO). Ferner tritt der *Insolvenzplan* an die Stelle des bisherigen Vergleichs (§§ 217 ff. Ins-O) und bildet den Rechtsrahmen für eine einvernehmliche Regelung der Insolvenz. Der Plan bedarf der Stimmen- und Summenmehrheit sowie der Bestätigung durch das Insolvenzgericht.

Erhöhung der Verteilungsgerechtigkeit.
Bei Masseunzulänglichkeit werden künftig nach § 209 InsO zunächst die Verfahrenskosten beglichen, dann einige privilegierte Neumasseschulden und dann alle Alt-

masseverbindlichkeiten ohne weitere Differenzierung. Bankenforderungen und Sozialplanforderungen werden also gleichen Rang haben.

Verbraucherinsolvenzverfahren und Restschuldbefreiung.
In kleineren Fällen kann nach § 270 InsO das Gericht die weitere Verwaltungs- und Verfügungsbefugnis über die Vermögensgegenstände dem Schuldner selbst belassen, aber alle Zahlungen der Kontrolle eines Sachwalters unterwerfen.

Die neue InsO enthält weiterhin zahlreiche Verfahrensvereinfachungen sowie verstärkte Mitwirkungspflichten des Schuldners.

Die InsO mit ihren 335 Paragraphen wird vermutlich einschneidende Veränderungen und Verbesserungen gegenüber der jetzigen KO (238 §§) und der VergleichsO (132 §§) bringen. Die Insolvenzrechtsreform wird eine Mehrbelastung der Gerichte hervorrufen, weil mehr Verfahren eröffnet werden *sollen*. Schließlich werden sich nach der Anlaufphase aber auch Routineprozeduren vereinfachen lassen. Leider liegt noch keine Einigung der EG auf gemeinsame Insolvenzregeln vor, so daß möglicherweise danach nochmals Novellierungen stattfinden müssen.

4 Bauvertragsrecht

Unter Bauvertragsrecht sind diejenigen Rechtsfragen zu verstehen, die sich aus der Vorbereitung, dem Abschluß und der vollständigen Abwicklung von Werkverträgen zur Planung und Ausführung von Bauvorhaben ergeben.

BGB §§ (631-651)

4.1 Der allgemeine Bauvertrag (BGB)

Als Bauvertrag wird der Vertrag zwischen Bauherrn (Auftraggeber = AG) und Bauunternehmer (Auftragnehmer = AN) bezeichnet, der die Ausführung eines Bauvorhabens zum Gegenstand hat. Architekten- und Ingenieurleistungen können mit eingeschlossen sein, sofern sie in der Ausschreibung direkt enthalten sind oder Nebenangebote zugelassen sind, die auf eigenen konstruktiven Vorschlägen der Bieter aufbauen. Für die Vertragssituation ist kennzeichnend, daß nicht die Bautätigkeit allein, sondern deren Ergebnis, die fertige Bauleistung, geschuldet wird.

4.1.1 Der Abschluß des Vertrages

Der Bauvertrag verpflichtet den Unternehmer, eine Bauleistung zu erbringen, und
631 I den Bauherrn, die vereinbarte Vergütung zu zahlen. Grundsätzlich bedarf er nicht
der Schriftform, er kommt bereits durch mündliches Angebot und mündliche Annahme zustande. Jedoch ist diese Form des Vertragsschlusses schon zur Vermeidung von Meinungsverschiedenheiten während der sich meist über längere Zeit erstrekkenden Bauzeit nicht zu empfehlen. Da in der Regel die Bauleistung gemäß dem Vertrag zugrundegelegten Plänen und technischen Vorschriften des Bauherrn erbracht werden muß, ist auch die schriftliche Fixierung des Vertrages selbst zweckmäßig. Entgegen dem Grundsatz, daß ein Vertrag, für den die Schriftform vereinbart
154 II wurde, „im Zweifel" solange als nicht geschlossen gilt, bis die Vertragsurkunde vorliegt, wird nach der Übung der Bauwirtschaft der Vertrag bereits nach mündlicher Auftragserteilung wirksam. Hierdurch wird die rechtliche Voraussetzung dafür erfüllt, daß der Bauunternehmer bereits mit den vorbereitenden Arbeiten (Arbeitsvorbereitung, Baustelleneinrichtung) beginnen kann, obwohl die Vertragsurkunde selbst aus irgendwelchen Gründen noch nicht übergeben wurde; knapp gesteckte Termine erfordern dies nicht selten.

Im Regelfall beschreibt der Bauherr die gewünschte Bauleistung möglichst eingehend in den Ausschreibungsunterlagen (Leistungsverzeichnis, Zeichnungen, sonstige technische Vorschriften), und die interessierten Bauunternehmer unterbreiten ihr Angebot dadurch, daß sie die Preise, die sie für die jeweilige Leistung fordern, positionsweise in das Leistungsverzeichnis einsetzen, mit den Mengenansätzen multiplizieren und aufsummieren. Entstehen beim Bieter bei der Angebotskalkulation Unklarheiten bezüglich der Auslegung der Ausschreibungsunterlagen oder Teilen davon, so ist er zu deren Klärung verpflichtet. Häufig werden solche Unklarheiten nicht erkannt, und es wird ein Angebot auf der Grundlage erarbeitet, die sich dem Bieter darstellt. Entsteht daraus später einem der Vertragspartner ein Schaden, so ist die-
254 ser im Verhältnis des Verschuldens oder der Verursachung von beiden zu tragen.

Infolge der Aufteilung der Gesamtleistung in einzelne Leistungspositionen erfolgt die Vergütung zumeist nach Einheitspreisen, Preisen für die einzelne Einheit der unter der jeweiligen Position ausgewiesenen gleichartigen Leistung, wodurch der Unternehmer vom Mengenrisiko befreit bleibt. Lediglich solche Leistungen, deren Art und Umfang der Unternehmer im Rahmen der Vertragserfüllung selbst zu bestimmen hat (Baustelleneinrichtung, Gerätevorhaltung), werden pauschal vergütet. Einheitspreise sind Festpreise, Preisgleitklauseln werden dagegen nur bei Bauverträgen, deren Abwicklung mehrere Jahre in Anspruch nimmt, für Löhne und Stoffe vereinbart. Die Berechnung der Vergütung auf anderer als der beschriebenen Basis ist möglich, aber nicht die Regel.

Die Anfechtung eines abgeschlossenen Bauvertrages ist vom Gesetz her zulässig,
wenn dieser aufgrund eines Irrtums oder einer arglistigen Täuschung zustande ge- *119*
kommen ist. Ein Kalkulationsfehler stellt jedoch nur dann einen Irrtum im Sinne des *123*
§ 119 BGB dar, wenn die Kalkulation von den Parteien als Grundlage der Preisvereinbarung in den Vertrag aufgenommen wurde. Auch wenn auf der Baustelle andere Boden- und Wasserverhältnisse angetroffen werden, als in den Ausschreibungsunterlagen angegeben, ist eine Anfechtung möglich. Diese erlangt allerdings nur
Rechtskraft, wenn sie unverzüglich erklärt wird, sobald der Anfechtungsgrund offen- *121 I*
bar geworden ist.

Der typischste Fall für eine Vertragsanfechtung wegen arglistiger Täuschung seitens des AG ist erfüllt, wenn er nachträglich feststellt, daß der AN in der Angebots- *123*
phase an einer Preisabsprache beteiligt war. Die Erklärung der Anfechtung wegen
Täuschung muß binnen Jahresfrist erfolgen. Durch eine Anfechtung wird der Vertrag *124 I,II*
stets rückwirkend nichtig.

4.1.2 Die Abwicklung des Vertrages

Sie erfordert gerade im Bauwesen wegen des Umfangs und der Kompliziertheit des Werkes ein hohes Maß an Abstimmung zwischen den Vertragspartnern. In vielen Punkten kann der Bauvertrag nur als Rahmenvertrag gelten, so daß eine Fülle von Einzelheiten während der Bauausführung sukzessiv festgelegt werden muß. Entstehen jedoch durch die ergänzenden Anordnungen des AG Mehrkosten, so handelt es sich um Vertragsänderungen, die eine zusätzliche Vergütung nach sich ziehen. Können die Parteien über deren Höhe keine Einigung erzielen, dann wird das Gericht *317*
die „übliche" Vergütung unter Hinzuziehen eines Sachverständigen feststellen. *632*

Pflichten des Auftragnehmers

Die Hauptverpflichtung des AN ist die vertragsgemäße, rechtzeitige und mangelfreie Herstellung des Bauwerkes. Werden bei der Abnahme Mängel festgestellt, so hat
sie der AN zu beseitigen, es sei denn, dies wäre nur mit unverhältnismäßig großem *633 II*
Aufwand möglich; in diesem Fall reduziert sich der Vergütungsanspruch um den *633 II,1*
Minderwert. Die Haftungsverpflichtung besteht unabhängig davon, ob der AN den
Mangel verschuldet hat. Trifft ihn jedoch ein Verschulden, dann hat der AG alterna- *633 II,2*
tiv zur Möglichkeit der Wandlung oder Minderung Anspruch auf Ersatz des entstandenen Schadens einschließlich evtl. entgangenen Gewinns.

Im Anschluß an die Abnahme hat der AN für das Bauwerk eine fünfjährige und für Arbeiten an Grundstücken (z.B. reine Erdarbeiten) eine einjährige Gewährleistungsverpflichtung, die Beweislast liegt jedoch beim AG.

Pflichten des Auftraggebers

641 Der AG hat bei der Abnahme die vereinbarte Vergütung zu zahlen. Abweichen von §641 BGB werden bei größeren Bauleistungen meist entsprechend dem Baufortschritt fällige Abschlagszahlungen und eine Schlußzahlung bei Abnahme vereinbart.

Unter Abnahme wird die Anerkennung der erbrachten Leistung als vertragsgemäß
verstanden. Diese kann sowohl förmlich als auch durch schlüssige Handlung (z.B.
stillschweigender Beginn der Bauwerksnutzung) erfolgen. Sie bewirkt die Fälligkeit
der Vergütung bzw. Schlußzahlung, den Beginn der Mängelgewährleistung und die
640 Beweispflichtumkehr. Die Abnahme der ordnungsgemäß erbrachten Bauleistung auf
Antrag des AN ist eine Hauptpflicht des AG.

Daneben hat der Bauherr einige Mitwirkungspflichten, ohne deren Erfüllung dem AN zumeist die Leistungserstellung gar nicht möglich ist. So hat er dem AN alle Pläne und statischen Unterlagen rechtzeitig zur Verfügung zu stellen. Hinsichtlich vieler Detailfragen können die für die Ausführung notwendigen Festlegungen erst im Laufe der Bauabwicklung getroffen werden. Auch dies hat der AG so zeitig zu tun, daß der AN bei der Vertragserfüllung nicht behindert wird.

Terminüberschreitungen

636 I Wenn der AN das Bauwerk ganz oder auch nur zum Teil verspätet fertigstellt, hat der
286 AG die Möglichkeit, Schadenersatz zu fordern oder vom Vertrag zurückzutreten. Je-
326 doch ist eine Schadenersatzforderung nur wirksam, wenn vorher weder der Rücktritt
285 (für die Vergangenheit) noch die Kündigung (für die Zukunft) ausgesprochen wurde,
286 der AN die Fristüberschreitung zu vertreten hat und sich darüber hinaus in Verzug
befindet. Ist für die Leistung ein Kalendertermin festgesetzt, dann führt dessen Über-
284 II schreitung unmittelbar zum Verzug. Ansonsten muß der AG den säumigen Unternehmer in Verzug setzen, indem er ihn mahnt, die fällige Leistung innerhalb einer
bestimmten Frist zu erbringen, und gleichzeitig ankündigt, die Annahme abzulehnen,
falls diese Frist ergebnislos verstreicht. Der Verzug des AN stellt ebenfalls eine we-
326 sentliche Voraussetzung für den möglichen Rücktritt des AG vom Vertrag dar.

640 I Auch der AG hat Termintreue zu wahren: nimmt er trotz Antrags des AN das ord-
293 nungsgemäß fertiggestellte Bauwerk nicht ab, so gerät er in Annahmeverzug und hat
644 I,2 ab diesem Zeitpunkt die Gefahr für das Bauwerk zu tragen. Da er hinsichtlich der
284 I Abnahme Schuldner des Unternehmers ist, kann ihm dieser eine Frist zur Abnahme
304 setzen und nach deren fruchtlosen Verstreichen Ersatz für etwaige Mehraufwendun-
286 gen sowie für durch die nicht erfolgte Abnahme entstandenen Schäden verlangen.

Auch die nicht rechtzeitige Übergabe von Zeichnungen oder anderen notwendigen
Ausführungsunterlagen bewirkt Gläubigerverzug und stellt gleichzeitig eine positive *642 I*
Vertragsverletzung seitens des AG dar, die den AN zu Schadenersatzforderungen *642 II*
oder, sofern er wegen der unterlassenen Mitwirkung des AG seine Arbeit unterbre- *643*
chen muß, zur Kündigung des Vertrages berechtigt. Für beides ist wiederum Fristsetzung mit Ankündigung der Folgemaßnahmen erforderlich. Entsprechendes gilt für *284*
den Fall, daß der AG seinen Zahlungsverpflichtungen nicht rechtzeitig nachkommt.

4.2 Der Bauvertrag nach der VOB

Wegen ihrer globalen Natur können die allgemeinen Vorschriften des Werkvertragsrechtes im Bürgerlichen Gesetzbuch keine ausreichenden Regelungen für die vielfältigen sachlichen und rechtlichen Probleme eines Bauvertrages bieten. Das abstrakt formulierte gesetzliche Vertragsrecht kann den Besonderheiten eines Bauvertrages nicht voll Rechnung tragen. Bauwirtschaft und zuständige staatliche Stellen waren daher bemüht, diese Lücke der Gesetzgebung zu schließen.

Bereits im Jahr 1921 entstand durch Reichstagsbeschluß der Deutsche Verdingungsausschuß für Bauleistungen (DVA) aus Vertretern von Auftraggeber- und Auftragnehmerorganisationen aus dem Bauwesen. Dieser Ausschuß besteht bis heute; er verfolgt das Ziel, einheitliche Regeln für die Vergabe von Bauleistungen und für die Gestaltung von Bauverträgen zu schaffen sowie technische Vorschriften für die Ausführung von Bauarbeiten festzulegen. Als Ergebnis der Arbeit des Verdingungsausschusses wurde 1926 die erste Fassung der Verdingungsordnung für Bauleistungen (VOB) veröffentlicht, die zuletzt im Jahr 1992 durch eine neu überarbeitete Fassung ersetzt wurde.

Zur Rechtsnatur der VOB ist zu bemerken, daß sie weder Gesetz noch Rechtsverordnung ist. Sie war bis zum Inkrafttreten des AGB-Gesetzes am 1.4.1977 nicht in die Gruppe der Allgemeinen Geschäftsbedingungen einzuordnen und läßt sich auch mit diesen nicht auf eine Stufe stellen (BGHZ 55,198). Nach §§ 1, 23 Abs. 2 Nr. 5 AGBG ist jedoch davon auszugehen, daß die VOB als Allgemeine Geschäftsbedingung zu behandeln ist (vgl. auch § 11). Sie stellt keine Musterbedingung von Fachverbänden dar, weil in erheblichem Maße Kundenkreise und die öffentliche Hand an deren Ausarbeitung beteiligt waren. Sie ist auch kein in sich abgeschlossenes Normensystem. Die VOB wird Vertragsbestandteil nur kraft individueller Parteivereinbarung zwischen AG und AN, wobei aber die öffentlichen AG durch Erlaß zur VOB-Anwendung verpflichtet sind. Sie gilt nicht kraft Handelsbrauchs. Dies kann allenfalls hinsichtlich bestimmter Einzelvorschriften angenommen werden, die der längeren tatsächlichen und dauernden Gewohnheit am jeweiligen Ort entsprechen.

Die Verdingungsordnung für Bauleistungen gilt auch nicht als Gewohnheitsrecht. Sie besitzt nicht als allgemein anerkannte Rechtsnorm Allgemeingültigkeit. Dies ergibt sich schon aus der Tatsache, daß auch Bauverträge nach BGB-Recht abgeschlossen werden. Die regelmäßige Anwendung durch die öffentlichen AG reicht im Hinblick auf die Vielzahl privater Auftraggeber nicht aus, um ihre Geltung kraft Gewohnheitsrechts anzunehmen.

Wie man nun die VOB positiv bezeichnen soll, ob als "fertig bereitliegende Rechtsordnung", "selbstgeschaffenes Recht der Wirtschaft" oder als "Sonderrecht der Bauwirtschaft", mag eher eine Geschmacksfrage sein. Festzuhalten ist aber, daß es der Zweck der VOB ist, "einen der Eigenart des Bauvertrags angepaßten, gerechten Ausgleich zwischen den konkurrierenden Interessen des AG und des AN zu schaffen" (BGH NJW 1959, 142).

Die Verknüpfung zwischen den Spezialvorschriften der VOB und dem allgemeinen Werkvertragsrecht nach BGB ist durch die sog. "Gewerbeüblichkeit" gegeben. Gemäß § 157 BGB sind Verträge so auszulegen, wie Treu und Glauben mit Rücksicht auf die Verkehrssitte es erfordern. Die rechtliche Bedeutung der VOB ist darin zu sehen, daß sie es ermöglicht, die Üblichkeit und Zumutbarkeit der Vertragsgestaltung und -abwicklung für beide Vertragsparteien nach den Gewohnheiten und Gepflogenheiten des Baugewerbes an konkreten Vorschriften auszurichten. Sie tritt folglich als vertragliches Recht abändernd vor oder ergänzend neben die allgemeine gesetzliche Regelung. Findet sich in ihr keine spezielle Regelung eines konkreten Sachverhaltes, so ist dieser nach dem Werkvertragsrecht des BGB zu beurteilen.

4.2.1 Gliederung und Inhalt der VOB

Die VOB ist in das Normenwerk des Deutschen Normenausschusses eingegliedert und besteht aus drei voneinander unabhängigen Teilen:

Der *Teil A* "Allgemeine Bestimmungen über die Vergabe von Bauleistungen" (DIN 196o) bezieht sich auf den Geschehensablauf bis zum Abschluß des Bauvertrages. Dabei werden die allgemeinen Bestimmungen des BGB durch spezielle Einzelvorschriften erläutert, ergänzt, abgeändert oder eingeschränkt. Im wesentlichen handelt es sich um Verfahrensvorschriften für den Auslober, jedoch werden auch solche Fragen behandelt, die für die Rechtsstellung der zukünftigen Vertragspartner maßgebend sind. Dies ist insbesondere deswegen von Bedeutung, weil zum Zeitpunkt der Ausschreibung zwischen Auslober und Bietern noch kein Vertragsverhältnis im juristischen Sinne besteht.

Wenn auch zu diesem Zeitpunkt keiner der Verhandlungspartner dem anderen gegenüber einen einklagbaren Anspruch hat, können Schadenersatzforderungen im Verlauf der Vertragsverhandlungen dennoch entstehen. Gemäß zwei höchstrichterlichen Urteilen kann ein Verschulden bei der Anbahnung eines Vertragsverhältnisses (culpa in contrahendo) nicht ausgeschlossen werden, da zum Zwecke des späteren Vertragsabschlusses beide Parteien ein vertragsähnliches Vertrauensverhältnis begründen. Die Anspruchsgrundlagen sind durch die BGB-§§ 242, 179, 3o7, 463 und 663 festgelegt. Abgesehen von seltenen Ausnahmen steht dem Geschädigten allerdings nur die Erfüllung des negativen Interesses zu (BGB § 249); er ist also finanziell in den Stand zu setzen, als ob die Vertragsanbahnung nicht stattgefunden hätte.

Teil B "Allgemeine Vertragsbedingungen für die Ausführung von Bauleistungen" (DIN 1961) regelt das durch die Auftragsvergabe begründete Vertragsverhältnis in ähnlicher Weise wie das Werkvertragsrecht des BGB, geht aber darüber hinaus auf die arteigenen Belange der Bauwirtschaft besonders ein. Diese Bestimmungen begleiten die Herstellung des Werkes bis zum Zeitpunkt der Erfüllung, bis also das geschuldete Bauwerk ordnungsgemäß hergestellt und die vereinbarte Vergütung voll entrichtet worden ist. Deshalb enthält Teil B der VOB Vorschriften über Vertragserfüllung, Gewährleistung und Schadenersatzverpflichtungen, die speziell Bauleistungen betreffen.

Da VOB/B Vertragsrecht beinhaltet, bedeutet ein Verstoß gegen eine seiner Vorschriften positive Vertragsverletzung, deren Rechtsfolgen in den BGB-§§ 242, 280, 286, 325 und 326 geregelt sind. Jeder Vertragspartner hat im Fall seiner Schädigung durch den anderen Anrecht auf Befriedigung seines positiven Interesses: gemäß BGB § 635 ist der Geschädigte so zu stellen, wie er bei vertragsgemäßer Erfüllung ohne Eintreten des schädigenden Ereignisses gestanden haben würde, d.h. im Regelfall ist er einschließlich des erwarteten, aber entgangenen Gewinns zu entschädigen.

Teil C der VOB "Allgemeine technische Vorschriften für Bauleistungen" (DIN 18300 bis DIN 18421) beschreibt in katalogisierter Form für die verschiedenen Gewerke, in welcher Weise die einzelnen Bauhandwerkerleistungen nach den Regeln der Technik auszufahren sind, wie die dazu notwendigen Baustoffe und Bauteile beschaffen sein müssen, welche Nebenleistungen im Rahmen der Hauptleistung ohne zusätzlichen Vergütungsanspruch mit zu erbringen sind und wie Aufmaß und Abrechnung zu erfolgen haben.

Diese allgemeinen Vorschriften haben -im Gegensatz zu den Teilen A und B der VOB- auch dann Bedeutung, wenn sie nicht speziell in den Vertrag aufgenommen sind: Sie geben einen Anhalt dafür, was im Baugewerbe als üblich und für den Bauhandwerker als zumutbar betrachtet werden kann. In Streitfällen bilden diese Normen Richtlinien für die Beurteilung von Bauleistungen durch Gerichte bzw. Sachverständige. Sie sind folglich die normative Konkretisierung der allgemeinen Richtlinien des § 242 BGB für die speziellen Belange des Bauwesens.

4.2.2 Geltung der VOB

Die VOB/B kann nur dann rechtliche Geltung erlangen, wenn ihre Anwendung im Einzelfall zwischen den Vertragspartnern ausdrücklich vereinbart wird. Dieser Rechtsauffassung haben die OLG Hamm und Münster sowie der BGH durch entsprechende Urteile Nachdruck verliehen. Jedoch genügt es, im Bauvertrag generell das Gelten der VOB zu vereinbaren; es ist nicht notwendig, sämtliche Regelungen einzeln als gültig aufzuzählen. Wenn auch vom Gesetzgeber nicht speziell gefordert, empfiehlt sich dennoch zur Vermeidung etwaiger späterer Beweisschwierigkeiten die Vereinbarung der VOB im Bauvertrag in der Schriftform. Ohne ausdrückliche Vereinbarung gelten die Bestimmungen der VOB/B nur insoweit, als sie die Geschäftssitte in der Baubranche näher beschreiben. Denn die VOB-Regelungen sind weit verbreitet und als gängige Geschäftspraxis anzusehen. Wollte man ganz prinzipiell davon abweichen, müßte man sie ausdrücklich außer Kraft setzen oder einzelne Alternativbestimmungen durch Vereinbarung an deren Stelle setzen.

Der öffentliche Auftraggeber muß aufgrund der bestehenden Verwaltungsvorschriften und nach dem Haushaltsrecht, insbesondere nach §§ 57a-c HGRG (Haushaltsgrundsätzegesetz), den Teil A der VOB und seine Vergabeformen beachten. Dies gilt auch für die kommunalen Auftraggeber. Zudem wurde der Anwenderkreis der VOB durch die EG-Baukoordinierungsrichtlinie 1989 wesentlich erweitert. Danach gilt die VOB (Teil A und B) nunmehr nach entsprechender Ergänzung der Vorschriften des Haushaltsrechts für

a) die Bundesrepublik Deutschland, die Länder, die Landkreise und Gemeinden und alle übrigen Gebietskörperschaften,
b) die bundes-, landes- und gemeindeunmittelbaren juristischen Personen des öffentlichen Rechts (Körperschaften, Anstalten und Stiftungen),
c) die aus Gebietskörperschaften (Buchstabe a) oder juristischen Personen des öffentlichen Rechts (Buchstabe b) bestehenden Verbände des öffentlichen Rechts,
d) die juristischen Personen des privaten Rechts, an denen Gebietskörperschaften (Buchstabe a), juristische Personen des öffentlichen Rechts (Buchstabe b) oder Verbände des öffentlichen Rechts (Buchstabe c) allein oder gemeinsam mit Mehrheit unmittelbar oder mittelbar beteiligt sind und die zu dem besonderen Zweck gegründet wurden, im Allgemeininteresse liegende Aufgaben nicht gewerblicher Art zu erfüllen.

Neben der VOB ist seit 1.4.1936 die "Verdingungsordnung für Leistungen" (VOL) mit den Teilen A und B in Kraft. Die VOL/A beschäftigt sich mit der Ausschreibung und Vergabe von öffentlichen Aufträgen an die gewerbliche Wirtschaft und den Handel, soweit es nicht Bauleistungen sind. VOL/B enthält allgemeine Bedingungen für die Ausführung von Leistungen und wird Vertragsbestandteil, ganz entsprechend wie VOB/B. Im Maschinenbau, in der elektrotechnischen Industrie sowie bei Lieferungen und Montagen industrieller Erzeugnisse wird die VOL angewendet, so daß z.B. bei schlüsselfertigen Projekten ggf. die VOB und die VOL für verschiedene Fachlose nebeneinander angewandt werden.

4.2.3 Verdingungsunterlagen und Zustandekommen des Bauvertrages

Die Ausschreibungsunterlagen müssen in der jeweils geeigneten Form, entweder als Leistungsverzeichnis (LV) mit allen wichtigen Übersichtszeichnungen oder als funktionale Leistungsbeschreibung (FLB) mit den Bewerbungsbedingungen vorab fertig sein und den Bietern zur Preisfindung bekanntgegeben werden. Die eigentliche Werkplanung i.M. 1:50 (z.B. Schalpläne, Bewehrungspläne, Verbaupläne usw.) sowie Details können noch während der Ausschreibung und auch noch nach Baubeginn ausgearbeitet werden, falls

a) keine für die Preisbildung grundlegenden Änderungen vorgenommen werden (wie z.B. Veränderung von Rastermaßen oder Geschoßhöhen, unverhältnismäßige Erhöhung der Zahl von Aussparungen oder Systemveränderungen aller Art) und
b) der zügige Baufortschritt einschließlich statischer Prüfung, Genehmigung und festgelegtem Planvorlauf sichergestellt ist.

Die Bestandteile und Vertragsbedingungen sind in § 10 VOB/A Nr. 1-4 angeführt (vgl. Bild 4.1). Ein rechtsgültiger Bauvertrag kommt - wie bereits für Werkverträge allgemein dargelegt - erst durch das Angebot mehrerer bzw. eines AN und durch die Angebotsannahme, den "Zuschlag", zustande. Einzelheiten hierüber werden im Kapitel 4.3 systematisch ausgeführt. Es sei hier aber besonders hervorgehoben, daß die

AN die Angebotsunterlagen nicht verändern dürfen. Sie können lediglich im Erläuterungsschreiben zu ihrem Angebot Vorbehalte formulieren, unter denen sie die Preise ermittelt haben bzw. unter denen sie zur Ausführung des Auftrages bereit sind. Natürlich müssen Vorbehalte mit Preisauswirkungen bei der Wertung der Angebote berücksichtigt werden.

Das eigentliche Auftragsschreiben ist der Schlußakt der Vergabe und ebenfalls ein wichtiger Vertragsbestandteil.

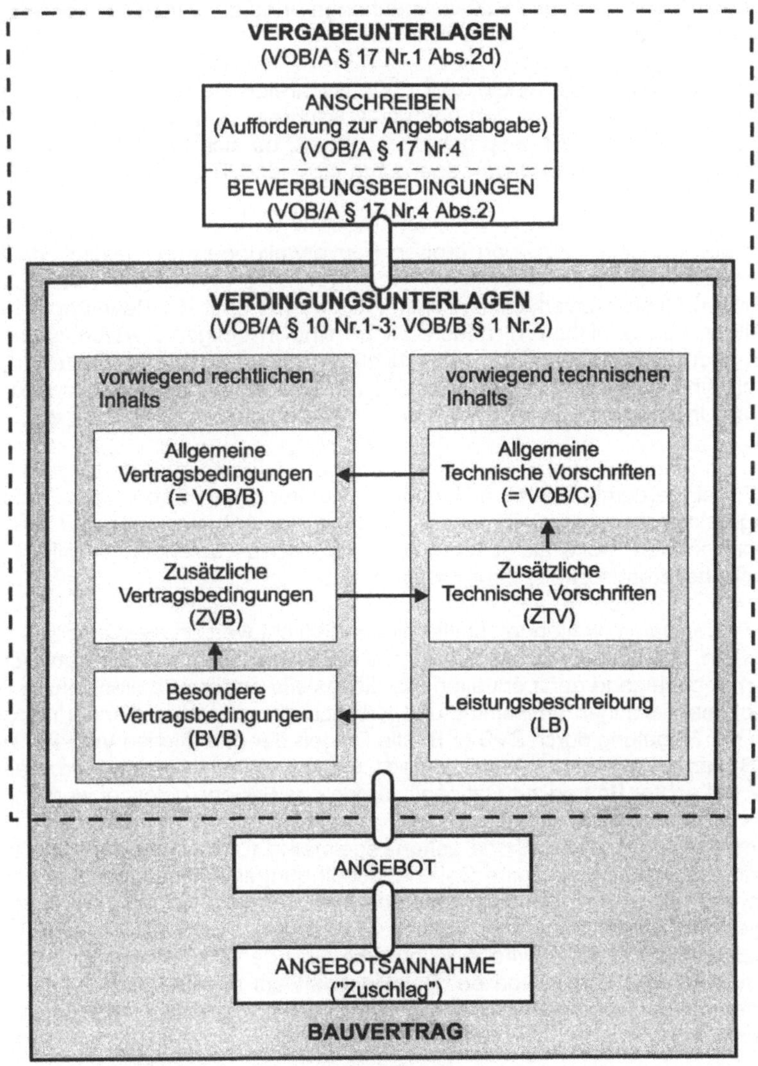

Bild 4.1 Aufbau der Ausschreibung und des Bauvertrages nach VOB/A

4.2.4 Zusätzliche Vertragsbedingungen in VOB-Verträgen

Gemäß §10.2.1 VOB/A sind neben der Leistungsbeschreibung des LV (dem sog. "Positionstext") besondere Vertragsbedingungen und zusätzliche Vertragsbedingungen (ZVB) zulässig (vgl. Bild 4.1). In jedem Bauvertrag sind Informationen über Baugrund, Verkehrsanbindungen, Wasserstände, Entwurfsgrundsätze, Ausführungsprinzipien und viele andere Einzelheiten mitzuteilen. Ein LV ohne besondere Vertragsbedingungen oder allgemeine Vorbemerkungen ist daher kaum vorstellbar. Zunächst müssen die großen Zusammenhänge erläutert werden, bevor das Bauwerk in einzelne Teilleistungen aufgegliedert wird.

Dagegen ist es nicht notwendig, daß der ausschreibende AG unbedingt "Zusätzliche Vertragsbedingungen" formuliert und der Ausschreibung beifügt. Zu § 1 VOB/B wird daher von etwaigen ZVB gesprochen. Doch läßt es sich heute keine größere Bauverwaltung nehmen, die Bauverträge durch eigene ZVB zu ihren Gunsten zu beeinflussen.

Eine Analyse solcher ZVB von großen Bauverwaltungen hat gezeigt, daß manche Regelungen in den ZVB übereinstimmen (z.B. die Verwendung der deutschen Sprache für den Geschäftsverkehr zwischen AG und AN oder die Räumung und Wiederherstellung von Bauflächen), andere Dinge sind in einigen ZVB besonders festgelegt, in anderen dagegen nicht, und schließlich gibt es auch Einzelheiten, die konträr geregelt sind (z.B. die Pflichten des AN bei Beauftragung von Nachunternehmern oder das Urheberrecht des AN bei allen von ihm hergestellten Unterlagen).

Es ist evident, daß durch ZVB der von den Allgemeinen Vertragsbedingungen (VOB/B) eingeräumte Freiraum bei der Gestaltung der Bauverträge zulasten der Auftragnehmerseite eingeschränkt wird. Denn der Anbieter kann nur die ZVB der ausschreibenden Stelle akzeptieren oder als Ganzes ablehnen, womit er sich von der Auftragsvergabe zwangsläufig ausschließt.

Die ZVB der Bauverwaltungen sollten vereinheitlicht werden: Gemeinsame Vorschriften sollten unmittelbar Bestandteil der VOB/B werden, die konträren Vorschriften können überwiegend ganz entfallen, da die jeweils andere Bauverwaltung ohne diese Reglementierungen auskommt, und lediglich die speziellen Sonderinteressen bedürfen der Regelung durch ZVB (z.B. alle Fragen der öffentlichen Verkehrssicherheit, das "Bauen unter dem rollenden Rad" u.a.m.). Durch solche Flurbereinigungen könnte ein echter Beitrag zur Rationalisierung des Bauens geleistet werden.

ZVB im hier verwendeten Sinne gelten regelmäßig für eine Vielzahl von Bauverträgen und sind daher Allgemeine Geschäftsbedingungen. Diese unterliegen dem AGB-Gesetz (vgl. Kap. 4.2.5). Dadurch hat die AN-Seite heute die Möglichkeit, gegen diskriminierende Bestimmungen gerichtlich vorzugehen. Durch solche Schritte, die gute Erfolgsaussichten haben, wird die Überarbeitung der ZVB sicher sehr beschleunigt werden. Auch die derzeit von der Bauwirtschaft am stärksten bekämpften ZVB der halböffentlichen Trägergesellschaften, die nicht deutlich genug zur VOB-Verwendung verpflichtet sind, werden dadurch allmählich an Härte und Willkür einbüßen.

4.2.5 Die Auswirkungen des AGB-Gesetzes auf VOB-Verträge

Am 10.11.1976 hat der Bundestag das "Gesetz zur Regelung des Rechtes der Allgemeinen Geschäftsbedingungen" (AGB-Gesetz) verabschiedet. Dieses ist seit dem 1.4.1977 in Kraft.

Das deutsche wie das internationale Vertragsrecht gingen bisher von einer uneingeschränkten Vertragsfreiheit aus, in deren Rahmen die Rechte und Pflichten der Vertragspartner nach dem Grundsatz von Treu und Glauben von Fall zu Fall fair ausgehandelt werden sollten. Dieser liberale Rechtsgrundsatz ist während einiger Jahrzehnte durch die Wirtschaft mit der Schaffung von Allgemeinen Geschäftsbedingungen (AGB) stark eingeschränkt worden, so daß man von einem durch AGB selbst geschaffenen Recht der Wirtschaft sprechen kann. Da immer häufiger der wirtschaftlich stärkere Vertragspartner durch AGB die Vertragsfreiheit einseitig in Anspruch genommen und den anderen Vertragspartner unangemessen eingeschränkt bzw. benachteiligt hat, wurden die Gerichte immer häufiger mit Inhaltskontrollen der AGB befaßt.

Diesen AGB-Urteilen fehlte jedoch die notwendige Breitenwirkung. Mangels zentraler Erfassung wurden die Einzelentscheidungen nicht hinreichend bekannt. Bei den Unterlegenen hat man ebenfalls nur geringe Konsequenzen gezogen; die beanstandeten Stellen in den AGB wurden oft nur umformuliert und waren mangels konkreter Maßstäbe danach vielleicht noch härter und weniger angreifbar als zuvor.

AGBG §§
Diesem Mißstand will das AGB-Gesetz begegnen. Danach sind Allgemeine Ge- *1*
schäftsbedingungen "alle für eine Vielzahl von Verträgen vorformulierten Vertragsbedingungen, die eine Vertragspartei (= Verwender) der anderen bei Abschluß des Vertrages stellen". Damit unterliegen lediglich Verträge, deren Bedingungen zwischen den Vertragspartnern im einzelnen ausgehandelt werden, nicht den Bestimmungen des AGBG.

In der Bauwirtschaft waren die einseitigen Auswirkungen der AGB in Form von Leistungsverzeichnissen, zusätzlichen Vertragsbedingungen usw. besonders schwerwiegend, da eine Vielzahl von Risiken bei der Bauausführung auf den AN abgewälzt wurde. Sowohl öffentliche als auch private AG verwendeten zu ihren Gunsten vorformulierte AGB, bei denen die AN nur die Wahl hatten, diese zu akzeptieren oder auf den Auftrag gänzlich zu verzichten.

Das AGBG hat zum einen zum Ziel, einheitliche Grundsätze bei der Verwendung von AGB zu schaffen, und damit auch widersprüchliche Urteile und andere Unsicherheiten zu vermeiden, zum anderen aber den wirtschaftlich Schwächeren, der selbst keinen Einfluß auf die AGB, das sog. "Kleingedruckte" des Vertragspartners nehmen kann, zu schützen. Es sorgt dafür, daß in den nach wie vor zugelassenen Geschäfts- und Vertragsbedingungen aller Art ein angemessener Interessenausgleich stattfindet.

Das Kernstück des Gesetzes bildet die Generalklausel von § 9: Nach ihr sind *9*
"Bestimmungen in AGB unwirksam, wenn sie den Vertragspartner des Verwenders entgegen den Geboten von Treu und Glauben unangemessen benachteiligen."

10,11 Die §§ 10 und 11 AGBG zählen rund 40 Typen von Einzelklauseln auf, deren Verwendung gegenüber Nichtkaufleuten unwirksam bleibt. Auch wenn derartige unwirksame Klauseln in Verträgen verwendet werden, muß der Vertrag im übrigen erfüllt
werden; es tritt stets an die Stelle der unwirksamen Klausel die entsprechende all-
6 gemeine gesetzliche Bestimmung.

Die Bauunternehmen genießen einerseits Schutz durch das AGBG, wenn sie selbst
AN sind, andererseits sind sie AGB-Verwender, wenn sie Teilleistungen an Nachunternehmer weitervergeben. Es wird aber auch den öffentlichen Auftraggebern erschwert, künftig Risiken auf die AN durch Vertragsklauseln abzuwälzen. Nach § 9
9 AGBG besteht die Möglichkeit, sich gegen die unangemessene Überwälzung von
Risiken zu wehren. Dies setzt voraus, daß die Bauunternehmer allmählich AGB-
bewußter werden und nicht unangemessene Benachteiligungen aus Gewohnheit
oder Unkenntnis hinnehmen. Ein ausgewogener Interessenausgleich über alle Bestandteile eines Bauvertrages hinweg, ist eine wichtige Voraussetzung für eine möglichst reibungsfreie Vertragsabwicklung und wirkt sich dadurch für beide Parteien
positiv aus.

Die VOB, die zwischen den Spitzenorganisationen der Bauverwaltungen und der Bauwirtschaft ausgehandelt worden ist, gilt teilweise als AGB und teilweise nicht:

Die VOB/A enthält die Verfahrensvorschriften, die bei der Vergabe von Bauleistungen anzuwenden sind. Sie wird nicht Vertragsbestandteil und ist nicht einklagbar, sondern gibt vertragsgestaltende Richtlinien. Im Sinne von AGBG sind dies jedoch Empfehlungen und keine AGB.

Anders dagegen die VOB/B: Hierbei handelt es sich um materiellrechtliche Festlegungen im Rahmen von Bauverträgen. Werden die Regelungen von VOB/B angewandt, so sind sie Bestandteil des Bauvertrages und damit AGB im Sinne des AGBG. Dies gilt auch in den Fällen, wo private AG die VOB zur Vertragsgrundlage erklären oder wo ein Bauunternehmer die VOB/B im Begleitschreiben zur Grundlage seines Angebotes macht. Allen diesen Fällen ist gemeinsam, daß die andere Vertragspartei keine Möglichkeit hat, die Vertragsbedingungen einzeln auszuhandeln, sondern nur, sie insgesamt zu akzeptieren oder abzulehnen.

Da die VOB/B selbst ausgehandelt worden ist und einen ausgewogenen Interessenausgleich enthält, gibt es nur wenige Punkte, die mit dem AGBG kollidieren, und zwar sind dies:

a) § 6 Nr. 6 VOB/B: "Sind hindernde Umstände von einem Vertragsteil zu vertreten, so hat der andere Teil Anspruch auf Ersatz des nachweislich entstandenen Schadens, aber nur bei Vorsatz oder grober Fahrlässigkeit".

b) Fiktive Abnahme nach § 12.5 VOB/B. Wird vom AN keine Abnahme verlangt, sondern die Fertigstellung der Leistung schriftlich mitgeteilt, so gilt die Leistung nach Ablauf von 12 Tagen als abgenommen. Bei Benutzung oder vorzeitiger Benutzung des Bauwerks gilt die Leistung sogar innerhalb von einer Woche als abgenommen.

Dem steht § 10 Nr. 5 AGBG entgegen, wonach "fingierte Erklärungen untersagt sind, es sei denn, daß dem Vertragspartner eine angemessene Frist zur Abgabe einer ausdrücklichen Erklärung eingeräumt und der Vertragspartner bei Beginn der Frist auf die vorgesehene Bedeutung seines Verhaltens besonders hingewiesen wird. Dieser Widerspruch ist bei Abfassung des AGBG offenbar erkannt worden und hat in Gestalt des § 23 Abs. 2 Nr. 5 zu einer Ausnahmeregelung für die VOB-Anwendung geführt. Es heißt dort: "Keine Anwendung finden ferner ... § l0 Nr. 5 und § 11 Nr. 10 für Leistungen, für die die VOB Vertragsgrundlage ist". *10.5* *23.2 (5)*

c) Die Gewährleistungsfrist nach § 3 Nr. 4 VOB/B: Nach VOB beträgt die Gewährleistungsfrist im Regelfall 2 Jahre und weicht damit vom gesetzlichen Werkvertragsrecht, speziell von § 638 BGB ab. Wo eine Verkürzung der Gewährleistungsfrist durch § 11 Nr. l0 AGBG ausdrücklich untersagt ist, wird ebenfalls wieder in § 23 Abs. 2 Nr. 5 eine Ausnahme vorgesehen (s.o.), sofern die VOB angewandt wird.

Diese Regelung mußte dem Gesetzgeber um so leichter fallen, als es in § 13 Nr. 5 VOB/B über die Mängelbeseitigung heißt: "Nach Abnahme der Mängelbeseitigungsleistung beginnen für diese Leistung die Regelfristen der Nr. 4,...".

Ist ein Mangel kurz vor Ablauf der zweijährigen Gewährleistung behoben worden, so beginnt erneut eine zweijährige Gewährleistung, die im Falle nicht einwandfreier oder nur im Verlauf größerer Zeitabstände wiederkehrender Mängel vier und mehr Jahre betragen kann. Dem Schutz der Auftraggeberinteressen ist durch die VOB-Regelung also ausreichend Rechnung getragen. Da der AG gleichzeitig AGB-Verwender ist und den AN besser stellt als im gesetzlich geregelten Fall, konnte diese Ausnahme gebilligt werden. *23*

Zusammenfassend ist also festzustellen, daß die VOB/B als AGB gilt, da sie in einer Vielzahl von Bauverträgen angewandt wird. Der Rechtsausschuß ist davon ausgegangen, daß die VOB/B als Ganzes vereinbart wird (Drucksache 7/5422, S. 14), andernfalls ist die Ausnahmeregelung des § 23 Abs. 2 Nr. 5 AGBG unzulässig. Ist der durch die VOB/B insgesamt gewährleistete Interessenausgleich etwa durch einseitige Besondere oder Zusätzliche Vertragsbedingungen des AG aufgehoben, so ist für den AN der Schutz des AGBG erforderlich. Die Ausnahmeregelungen des § 23 Abs. 2 Nr. 5 AGBG können dann nicht zur Anwendung kommen. *23*

Die VOB/C ist eine Sammlung der Allgemeinen Technischen Vorschriften für Bauleistungen (ATV). Diese sind zwar Gegenstand von Bauverträgen (vgl. §§ 1, 2, 13 VOB/B), sie behandeln aber technische Gegebenheiten und Auswirkungen, Regeln und Erfahrungen, die in Theorie und Praxis Anerkennung gefunden haben, sie definieren den Stand der Technik, ohne den Charakter von speziellen AGB anzunehmen.

Das AGBG schützt nicht nur den Bauunternehmer gegenüber den vertragsrechtlich stärkeren AG, es schützt auch den Nachunternehmer vor einseitiger Gestaltung der Werk- oder Lieferverträge. Beispielsweise ist die häufig unzutreffende Klausel, daß der Nachunternehmer erst dann einen Anspruch auf Vergütung hat, wenn der Hauptunternehmer seinerseits die entsprechende Vergütung vom AG erhalten hat, unzulässig. Die Verzögerung kann nämlich durch Mängel entstehen, die mit den Leistungen des Nachunternehmers nicht in Zusammenhang stehen.

Für Klagen aufgrund des AGBG ist ausschließlich das Landgericht zuständig, in des-
14 sen Bezirk der Beklagte seine Niederlassung bzw. seinen Wohnsitz hat. Ansprüche
auf Unterlassung bzw. Widerruf können nur geltend gemacht werden von

- rechtsfähigen Verbänden des Verbraucherschutzes,
- rechtsfähigen Verbänden der gewerblichen Wirtschaft,
- Industrie- und Handelskammern sowie
- Handwerkskammern.

Die Verjährungsfrist beträgt zwei Jahre.

18 Wird einer Klage stattgegeben, so kann dem Kläger eingeräumt werden, die Urteilsformel unter Angabe des Verwenders im Bundesanzeiger zu veröffentlichen. Ferner
hat das Bundeskartellamt, dem alle AGB-Verfahren zu melden sind, ein Register
20 über diese Verfahren zu führen. Da jedermann ohne Nachweis eines rechtlichen Interesses Auskunft über die vorhandenen Eintragungen erhält, kommt dieser Bestimmung erhebliche praktische Bedeutung zu: Man kann sich über die aktuelle Rechtsprechung informieren und ggf. auf die Unwirksamkeit von AGB-Klauseln berufen,
ohne erneut klagen zu müssen.

4.3 Vertragsanbahnung (VOB/A)

Innerhalb des Teil A der VOB kommt den Vorschriften, denen das Ausschreibungsverfahren und die Verdingungsunterlagen zu genügen haben, zentrale Bedeutung zu.

4.3.1 Ausschreibungsverfahren

VOB/A §§

Für die gewünschte Bauleistung sind seitens des Bauherrn von den an der Ausführung interessierten Bauunternehmungen Preisangebote einzuholen. Nach gründli-
cher sachlicher und rechnerischer Prüfung ist dem preiswürdigsten Angebot der Zuschlag zu erteilen. Dabei sollen nur fachkundige leistungsfähige und zuverlässige
2.1 Unternehmungen mit der Ausführung von Bauarbeiten betraut werden. Aus volkswirt-
2.2 schaftlichen Erwägungen ist eine ganzjährig kontinuierliche Beschäftigung der Bauwirtschaft anzustreben.

Ausschreibungen

3.3 Im Regelfall sind Bauarbeiten öffentlich auszuschreiben; dabei wird eine unbe-
3.1 (1) schränkte Zahl von Unternehmern durch öffentliche Publikation zur Abgabe eines
8.2 (1) Angebotes aufgefordert.

Falls für die Ausführung des Auftrags außerordentliche Qualifikationen des AN nötig
sind, falls zwischen Auftragswert und dem Aufwand einer öffentlichen Ausschreibung
ein Mißverhältnis besteht, falls sie zu keinem annehmbaren Ergebnis geführt hat
3.4 oder falls andere gewichtige Gründe gegen sie sprechen, ist der beschränkten Aus-
3.1 (2) schreibung der Vorzug zu geben. Dabei wird nur eine beschränkte Zahl von Unternehmungen zur Angebotsabgabe aufgefordert.

Nur in außergewöhnlichen Fällen (z.B. Anwendung eines patentgeschützten Verfah- 3.5
rens, Unmöglichkeit der vorherigen Leistungsfestlegung, besondere Dringlichkeit 3.1 (2)
etc.) dürfen Bauleistungen ohne förmliches Verfahren freihändig vergeben werden. 8.2 (3)

In Anlehnung an die EWG-Richtlinie zur Koordinierung der Bauvergaben hat der
Auslober der beschränkten Ausschreibung und der freihändigen Vergabe einen öf- 3.1 (2+3)
fentlichen Teilnahmewettbewerb vorzuschalten: er hat interessierte Unternehmun- 17.2
gen öffentlich aufzufordern, Anträge auf Teilnahme an der Vergabe zu stellen. Es
bestehen Ausnahmen von dieser Verpflichtung. 3.6

Vergabegrundsätze

Ihrer Art nach zu einem Gewerbe- oder Handwerkszweig gehörende Leistungen
sollen jeweils an *einen* Unternehmer der entsprechenden Branche vergeben werden 4.1
(Bildung von Fachlosen). Aus Gewährleistungsgründen sollen die zugehörigen Lei- 4.3
stungen in den Auftrag eingeschlossen werden. Nur bei umfangreichen Bauvorhaben, bei denen zu einem Fachlos gehörige Arbeiten klar räumlich unterteilt werden
können, soll eine weitere Untergliederung einzelner Gewerke in Teillose erfolgen. 4.2
Die Vergabe mehrerer Fachlose an einen AN bildet die Ausnahme, kann aber aus
wirtschaftlichen oder technischen Gründen zweckmäßig sein, wenn z.B. ein Unternehmer in seinem Betrieb die Arbeiten verschiedener Gewerbezweige ausfährt oder 4.3
beim "schlüsselfertigen Bauen" ein Generalunternehmer eingesetzt wird.

Die Vergütung soll im Regelfall nach dem Wert der erbrachten Leistung bemessen
werden; dies geschieht beim *Leistungsvertrag*, wo der Vergütungsanspruch des
Unternehmers als Summe der mit den zugehörigen Einheitspreisen multiplizierten 5.1
Mengeneinheiten (z.B. Stck. Lichtschächte, lfd. m Rohrleitung, m^2 Schalung, m^3
Beton, t Bewehrung) errechnet wird. Da im Bauwesen die vorab ermittelten Mengenansätze mit den tatsächlich ausgeführten und durch Aufmaß bestimmten Mengen nur selten übereinstimmen, ist der Typ des *Einheitspreisvertrages* besonders 5.1 a
geeignet. Nur im Ausnahmefall, wenn gegenüber der Ausschreibung nicht mit einer
Änderung von Leistungsart und -umfang zu rechnen ist, kommt der *Pauschalvertrag* 5.1 b
in Betracht.

Eine gewisse Bedeutung erlangt diese Form des Leistungsvertrages durch die funktionale Ausschreibung, bei der das zu erstellende Bauwerk durch ein Leistungsprogramm genau definiert ist. Häufig fallen bei der Erstellung eines Bauwerks Leistungen an, mit denen im Stadium der Ausschreibung noch nicht gerechnet werden
konnte. Ist deren Umfang gering und entstehen dabei vorwiegend Lohnkosten, dann
ist ihre Vergabe im *Stundenlohn* gerechtfertigt. Zur zweifelsfreien Vergütung solcher 5.2
Arbeiten ist es auch üblich, innerhalb eines Einheitspreisvertrages Vergütungsstun-
densätze für die verschiedenen Tarifgruppen anbieten zu lassen. Die anzustreben-
de leistungsabhängige Vergütung ist beim *Selbstkostenerstattungsvertrag* am we- 5.3 (1)
nigsten gegeben. Er darf daher nur ausnahmsweise angewandt werden, wenn es
nicht möglich ist, die geforderte Leistung so klar festzulegen, daß ihr Preis einwandfrei kalkulierbar ist. Wird jedoch während der Bauausführung eine einwandfreie
Preisermittlung möglich, so ist anstelle der Selbstkostenerstattung eine leistungsbe- 5.3 (3)
zogene Vergütung zu vereinbaren.

4.3.2 Verdingungsunterlagen

16.1 Voraussetzung für die Ausschreibung ist die Fertigstellung der Verdingungsunterla-
9 gen. Neben der Leistungsbeschreibung kann es erforderlich sein, über die Vereinbarung der Teile B und C der VOB hinaus zusätzliche Technische Vorschriften
10.1-4 und/oder besondere Vertragsbedingungen aufzustellen, soweit die Einzelregelungen
der VOB den speziellen Erfordernissen des Bauvorhabens nicht ausreichend Rechnung tragen. Insbesondere ist es ggf. durch Urkunde zu vereinbaren, falls Streitigkei-
10.5 ten unter Ausschluß des ordentlichen Rechtsweges im Schiedsverfahren ausgetragen werden sollen.

9 Kernstück der Verdingungsunterlagen ist die Leistungsbeschreibung. In ihr ist der
Umfang der geforderten Bauleistung in allen Einzelheiten festzulegen. Sie ist sowohl
Grundlage für Art und Umfang der Leistungserstellung als auch für die Bemessung
der vertraglichen Vergütung. Daher muß sie so eindeutig und erschöpfend sein, daß
9.1 sie von allen Bietern im gleichen Sinne zu verstehen ist und diese ihre Preise sicher
und ohne umfangreiche Vorarbeiten ermitteln können. Ebenfalls soll dem Bewerber
kein ungewöhnliches Wagnis für Dinge aufgebürdet werden, die außerhalb seines
9.2 Einflußbereiches liegen, aber Auswirkungen auf Kosten und Bauzeit haben können.

Der öffentliche Auftraggeber hat die geforderte Leistung in der Regel in einem Lei-
9.3 stungsverzeichnis und zugehörigen Zeichnungen zu beschreiben, in Ausnahmefällen
9.10 kann er statt dessen ein Leistungsprogramm aufstellen.

Die Leistungsbeschreibung mit Leistungsverzeichnis

9.3 soll eine allgemeine Baubeschreibung und ein in Teilleistungen gegliedertes Leistungsverzeichnis (LV) enthalten.

Die Baubeschreibung soll dem Bewerber eine hinreichende Übersicht über die gewünschte Leistung im allgemeinen geben; auch soll sie über Zweck, Nutzung und zu erwartende Beanspruchung des Bauwerks Auskunft geben. Sie hat sich auf technische Angaben und auf solche Punkte zu beschränken, die nicht von vornherein für den betreffenden Fachmann klar sind. Vielfach wird diese Baubeschreibung in den *Vorbemerkungen* zum Leistungsverzeichnis gegeben.

Unter dem eigentlichen LV ist eine nach technischen Gesichtspunkten aufgestellte
9.8 (1) Liste zu verstehen, die die Leistungsanforderungen im Detail enthält. Darin sind die
Bauleistungen nach Kriterien der Einheitlichkeit von technischer Beschaffenheit und
Preisbildung in *Positionen* zu gliedern, unter denen im einzelnen aufzuführen sind:

- die Mengen aufgrund genauer Berechnungen,
- die Art der Leistungen,
- die einzuhaltenden Maße und zulässigen Toleranzen,
- besondere bautechnische und bauphysikalische Forderungen, Lastannahmen sowie Mindestwerte für Wärmedämmung und Schallschutz,
- besondere Aufmaßbedingungen, soweit diese in VOB/C nicht enthalten sind und
- sonstige besondere, die Preisermittlung beeinflussende Umstände.

Die Angabe der die Preisermittlung beeinflussenden Umstände setzt deren sorgfältige Ermittlung durch die ausschreibende Stelle voraus, die durchaus auch zu finanziellen Aufwendungen führen kann. Dies gilt insbesondere für die Boden- und Wasserverhältnisse, die bei allen Arbeiten, auf die sie Einfluß haben können, eindeutig zu beschreiben sind. *9.4 (1)* *9.4 (4)*

Weichen sonstige Gegebenheiten vom auf Erfahrungssätzen beruhenden Normfall ab, so daß deren Auswirkungen nicht ohne ihre nähere Kenntnis in Preise eingerechnet werden können, dann sind sie ebenso in das LV aufzunehmen wie *Besondere Leistungen*, die der AN im Einzelfall erbringen soll und die nicht von vornherein zu bestimmten Teilleistungen und der dafür vorgesehenen Vergütung zu rechnen sind. Dagegen brauchen *Nebenleistungen*, die nach den Vertragsbedingungen, den Technischen Vorschriften oder der Gewerbeüblichkeit ohnehin zur vertraglichen Leistung gehören und folglich keinen zusätzlichen Vergütungsanspruch begründen, nicht bei den Einzelpositionen aufgeführt zu werden. *9.4 (5)* *9.6* *9.5*

Einheitlichkeit und Eindeutigkeit der Leistungsbeschreibung dürfen keinesfalls auf Kosten des Wettbewerbs angestrebt werden. Daher sind verkehrsübliche, wettbewerbsneutrale Bezeichnungen zu wählen und die einschlägigen Normen zu beachten. Ist dies nicht möglich, dann dürfen Bezeichnungen für bestimmte Erzeugnisse oder Verfahren mit dem ausdrücklichen Zusatz "oder gleichwertiger Art" verwendet werden. Ebenso wie Ursprungsorte oder Bezugsquellen dürfen diese nur vorgeschrieben werden, wenn dies die maßgebenden technischen Anforderungen rechtfertigen. *9.7 (1)* *9.7 (3)* *9.7 (2)*

Die Leistungsbeschreibung mit Leistungsprogramm

Hierbei gibt der Bauherr lediglich den Rahmen oder das Programm der gewünschten Leistung vor und überläßt es den Bietern, selbst die notwendigen Einzelheiten im Rahmen ihres Angebotes zu erarbeiten. Es werden also Planungsleistungen in das Angebot einbezogen. Der Grundgedanke der funktionalen Ausschreibung beruht auf der Beobachtung, daß häufig gegenüber dem Hauptangebot wirtschaftlichere Nebenangebote auf Basis technischer Sondervorschläge von Wettbewerbern abgegeben werden, bei deren Verwirklichung der Bieter spezielles Knowhow und vorhandene, für die Aufgabe besonders geeignete Geräte oder Betriebseinrichtungen einsetzen kann. *9.11 u.12*

Eine Leistungsbeschreibung dieser Art stellt hohe Anforderungen an die Sorgfalt der Bearbeitung und verursacht den Bietern erhebliche Kosten. Daher ist vor ihrer Anwendung zu prüfen, ob *9.10*

- sie den Bietern von Inhalt und Umfang her eine zuverlässige Angebotsbearbeitung ermöglicht,
- die zu erwartenden Angebote untereinander vergleichbar sind und
- der mit dem Verfahren bei allen Beteiligten verbundene Aufwand im Hinblick auf die erzielbaren Vorteile wirtschaftlich ist.

9.11 Die Leistung ist so zu beschreiben, daß alle in Betracht kommenden Bewerber die für ihre Entwurfsbearbeitung und ihr Angebot maßgebenden Umstände erkennen können. Neben der Beschreibung des Bauwerkes gehören dazu Angaben über

- die örtlichen Gegebenheiten,
- das Flächen- und Raumprogramm,
- grundsätzliche Anforderungen an die Konstruktion sowie
- die Art der Nutzung im Hinblick auf die zu erwartende Beanspruchung.

Darüber hinaus sind die statischen, bauphysikalischen, gestalterischen und baurechtlichen Anforderungen zu definieren. Ggf. sollte ein Musterleistungsverzeichnis beigefügt werden, in dem die Art der Ausführung vorgeschrieben wird, die Mengenansätze jedoch offengelassen sind. Auch ist anzugeben, welche Anforderungen an die Planungsleistungen gestellt werden, damit die darauf aufbauenden Angebote später vergleichbar sind und ordnungsgemäß bewertet werden können.

9.12 Aus dem gleichen Grund muß von dem Angebot jedes einzelnen Bieters verlangt werden, daß es den Entwurf der Leistung einschließlich einer Erläuterung, die Darstellung der Bauausführung und eine gegliederte Leistungsbeschreibung mit Mengen- und Preisangaben für deren einzelne Teile enthält. Auf die Bearbeitung des Angebotes durch den Bieter und die nachfolgende Prüfung ist ein erhebliches Maß an Sorgfalt zu verwenden, da es später als wesentlicher Bestandteil in den Bauvertrag eingeht. Vor der Gefahr, daß Unklarheiten in der Leistungsbeschreibung häufig bei der Bauabwicklung Meinungsverschiedenheiten zwischen den Vertragsparteien nach sich ziehen, kann nicht eingehend genug gewarnt werden.

4.3.3 Ausführungsbedingungen

Neben Festlegungen über Art und Umfang der Leistung sowie den daraus begründeten Vergütungsanspruch sind Termin- und Gewährleistungsfragen zu regeln.

Ausführungsfristen

Unter Fristen im Sinne der VOB sind Zeiträume zu verstehen, innerhalb derer bestimmte Handlungen vorgenommen werden sollen oder müssen.

Handelt es sich dabei um *Vertragsfristen*, dann sind an ihre Nichteinhaltung Rechtsfolgen geknöpft. Neben solchen Ausführungs- oder Einzelfristen können sich aus Bauzeitplänen *sonstige Fristen* ergeben, an die keine rechtlichen Konsequenzen geknöpft sind.

Ist eine Ausführungsfrist vereinbart, so hat der AN innerhalb dieser Zeit die gesamte Leistung zu erbringen; dagegen bedeutet die Angabe eines Endtermines, daß der AN den Beginn der Arbeiten selbst bestimmen kann und lediglich mit der Fertigstellung an den Endtermin gebunden ist.

Bei der Bemessung von Ausführungsfristen ist darauf zu achten, daß dem AN neben *11.1 (1)*
der Ausführung genügend Zeit zur Vorbereitung der Arbeit bleibt, auf die besonderen Umstände des Einzelfalls ist Rücksicht zu nehmen. Dies gilt auch für die Frist, *11.1 (3)*
innerhalb derer die Aufforderung zur Aufnahme der Arbeiten ausgesprochen werden kann, wenn der Vertrag keinen festen Termin dafür vorsieht. Auch Einzelfristen ziehen nur dann Rechtsfolgen nach sich, wenn dies vertraglich vereinbart wurde. Sie können für in sich abgeschlossene Teile der Leistung bestimmt werden, wenn deren *11.2 (1)*
rechtzeitige Fertigstellung für den Bauherrn besonders wichtig ist. Um den AN in der eigenverantwortlichen Leistungserstellung so wenig wie möglich zu bevormunden, *11.2 (2)*
sollten Einzelfristen und Zwischentermine nur dort vorgesehen werden, wo das reibungslose Ineinandergreifen der Arbeiten verschiedener Handwerker sicherzustellen ist. Um auch von seiner Seite einen termingerechten Bauablauf zu gewährleisten, sollte der Auftraggeber sich verpflichten, besonders wichtige Zeichnungen und andere notwendige Ausführungsunterlagen zu Zeitpunkten zur Verfügung zu stellen, die *11.3*
dem AN eine sichere Einhaltung seiner Terminverpflichtungen ermöglichen.

Die Setzung sonstiger Fristen ist nicht rechtsverbindlich, jedoch in vielen Fällen zur innerbetrieblichen Selbstkontrolle für die Vertragsparteien zweckmäßig.

Vertragsstrafen und Beschleunigungsvergütungen

Vertragsstrafen können für den Fall der Überschreitung von Vertragsfristen festge- *12.1*
setzt werden. Sie können geltend gemacht werden, ohne daß der durch die Terminüberschreitung eingetretene Schaden nachgewiesen werden muß.

Es ist jedoch ratsam, solche Konventionalstrafen nur dort vorzusehen, wo der Einhaltung besonders gewichtiger Vertragstermine Nachdruck zu verleihen ist. Terminvorgaben sind nach ihrer Bedeutung sinnvoll zu bemessen. Es besteht die Gefahr, daß auf die Absicht des Auftraggebers, Termintreue durch Vertragsstrafen zu erzwingen, seitens der Bieter mit erhöhten Risikozuschlägen geantwortet wird.

Die Aussetzung einer Prämie für die Unterschreitung eines Vertragstermins ist allein *12.2*
bei Vergabe einer Bauleistung an einen Generalunternehmer sinnvoll, da dem Bauherrn in der Regel nur durch die frühzeitigere Nutzung des fertigen Bauwerks oder eines Teils davon Vorteile entstehen können. Wird dagegen lediglich ein Einzelgewerk vorzeitig vollendet, dann geht dieser Zeitvorteil meist dadurch wieder verloren, daß es nur selten gelingt, das Folgewerk ebenfalls frühzeitiger abzuwickeln.

Zur Einhaltung der Vertragsfristen ist der beauftragte Unternehmer auch ohne Vertragsstrafe verpflichtet.

Sicherung der Leistungsqualität

Der Unternehmer hat dafür Gewähr zu leisten, daß das von ihm erstellte Bauwerk *13*
die vertraglich zugesicherten Eigenschaften hat, den anerkannten Regeln der Technik entspricht und nicht mit Fehlern behaftet ist, die seinen Wert oder seine Tauglichkeit aufheben oder mindern. Die Regelverjährungsfristen dafür sind in VOB/B § 13 für Bauwerke mit zwei Jahren erheblich kürzer als im §638 BGB festgesetzt.

13.1 Darauf soll nur verzichtet werden, wenn sich die vertragsgemäße Beschaffenheit der
Bauleistung bei der Abnahme einwandfrei feststellen läßt und auch später keine
Mängel zu erwarten sind. Andererseits können die Vertragspartner die Gewährlei-
13.2 stungsfrist individuell regeln, wenn die Eigenart der Leistung dies erfordert und dabei
die Belange beider Partner berücksichtigt werden.

14 Die Sicherheitsleistung des AN soll den AG vor finanziellen Verlusten schätzen, die
ihm durch eine nicht vertragsgemäße Leistungserstellung erwachsen können. Hierbei handelt es sich nach VOB/B § 17.2 um den Einbehalt oder die Hinterlegung eines
14.2 Teils der dem AN zustehenden Vergütung. Ihre Höhe soll 5% des Auftragswertes
nicht überschreiten. Der Zeitpunkt ihrer Rückgewähr soll, sofern er nicht mit der Ab-
14.3 nahme identisch ist, in den Verdingungsunterlagen angegeben werden. Braucht der
AG voraussichtlich nicht mit Ausführungsmängeln zu rechnen, oder ist ihm der AN
14.1 hinsichtlich seiner persönlichen und betrieblichen Eigenschaften bekannt, dann sollte
er ganz oder teilweise auf eine Sicherheitsleistung verzichten.

4.3.4 Angebot und Zuschlag

Fristen

18.1 Für die Angebotsbearbeitung soll den Bietern ausreichend Zeit gelassen werden:
Auch bei kleineren Bauvorhaben wenigstens 10 Werktage. Innerhalb dieser Angebotsfrist muß der Bewerber zunächst überlegen, ob er an der Ausschreibung teilnehmen will. Weiterhin muß er Gelegenheit haben, die notwendigen Unterlagen zu
besorgen und die sonstigen Voraussetzungen zu schaffen (z.B. Besichtigung der
Baustelle), um mit der nötigen Sorgfalt ein vollständiges Angebot erarbeiten und einreichen zu können. Die Frist beginnt mit dem Zeitpunkt, an dem der Bauherr bekannt
gibt, daß er Ausschreibungsunterlagen fertiggestellt hat und für interessierte Bieter
18.2 bereit hält. Sie endet, sobald der Verhandlungsleiter im Eröffnungstermin das erste
18.4 Angebot öffnet. Innerhalb der Angebotsfrist können Angebote schriftlich, fernschrift-
lich oder telegraphisch zurückgezogen werden.

Für Vergaben mit einem Auftragswert von mehr als 1,0 Mio Rechnungseinheiten
setzt die EWG-Richtlinie zur Koordinierung der Bau-Vergabe-Verfahren andere Min-
18.3 destfristen: 31 Kalendertage ab Bekanntmachung bei öffentlichen Ausschreibungen
und 18 Werktage ab Aufforderung zur Angebotsabgabe bei beschränkter Ausschreibung oder freihändiger Vergabe mit öffentlichem Teilnahmewettbewerb. Eine Herabsetzung dieser Frist auf wenigstens 9 Werktage ist bei besonderer Dringlichkeit
möglich. Sind aber erhebliche Vorarbeiten zu leisten, dann ist dafür eine Verlängerung vorzusehen.

19.1 Die *Zuschlags- und Bindefrist* beginnt mit dem Eröffnungstermin. In der Zuschlagsfrist hat der AG Gelegenheit zu überlegen, welches Angebot er annehmen will, während der Bindefrist sind die Bieter an ihre Angebote gebunden; beide Zeiträume sind
identisch. Es ist soviel Zeit vorzusehen, wie der AG für eine Prüfung und Wertung
19.3 der Angebote ohne Aufschub benötigt, höchstens jedoch 24 Werktage; längere Zeit-
19.2 räume sind zu begründen. Das Ende der Zuschlagsfrist ist in den Verdingungsunterlagen mit einem Kalenderdatum anzugeben.

Wertung der Angebote

Rechtsgültige Angebote müssen vollständig, klar und in jeder Hinsicht zweifelsfrei *21.1 (1)*
sein, Änderungen der Verdingungsunterlagen sind unzulässig, Änderungsvorschlä- *21.1 (2)*
ge oder Nebenangebote können - falls zugelassen - als solche gekennzeichnet ab- *21.2*
gegeben werden. Jedes Angebot muß eine rechtsverbindliche Unterschrift tragen. *21.1 (1)*
Bietergemeinschaften haben ein Mitglied als für Vertragsabschluß und -abwicklung *21.3 (1)*
Bevollmächtigten zu benennen.

Die auf öffentliche und beschränkte Ausschreibungen im verschlossenen Umschlag
eingegangenen Angebote werden am Eröffnungstermin geöffnet und verlesen. Da- *22.1*
bei werden den anwesenden Bietern und ihren Bevollmächtigten die Namen und
Wohnorte der Anbieter, die Endbeträge der Angebote oder ihrer einzelnen Abschnit- *28.3 (2)*
te sowie alle anderen den Preis betreffenden Angaben bekanntgegeben. Ferner
wird mitgeteilt, ob und von wem Änderungsvorschläge eingereicht wurden. Über den *22.3 (2)*
Eröffnungstermin ist eine Niederschrift anzufertigen. Sie ist den Anwesenden zu *22.4 (1)*
verlesen und vom Verhandlungsleiter zu unterzeichnen. Sowohl sie als auch die *22.4 (2)*
Angebote und ihre Anlagen sind geheimzuhalten. Angebote, die dem Verhandlungsleiter erst nach Öffnung des ersten Angebotes vorgelegt worden sind, werden aus- *22.2*
geschlossen.

Nur alle gültigen *Angebote* sind rechnerisch, technisch und wirtschaftlich zu *prüfen*; *23.1 u. 2*
ggf. können Sachverständige hinzugezogen werden. Treten bei der rechnerischen
Prüfung Differenzen zu Tage, dann ist auf Basis des angegebenen Einheitspreises *23.3 (1)*
ein neuer Positionspreis zu errechnen und damit die Angebotsendsumme zu korri-
gieren. Anschließend ist diese in die Niederschrift über den Eröffnungstermin zu
übertragen. *23.4*

Bei der technischen Prüfung ist festzustellen, ob
- die angebotene mit der geforderten Leistung übereinstimmt,
- das vorgesehene Arbeitsverfahren technisch möglich und für eine vertragsgemäße Ausführung geeignet ist sowie
- die vorgesehenen Maschinen und Geräte dem Arbeitsverfahren entsprechen und die Einhaltung der vorgeschriebenen Bauzeit erlauben.

Die wirtschaftliche Prüfung erstreckt sich auf Fragen der angegebenen Bauzeit, der wirtschaftlichen Leistungsfähigkeit des Bieters und der Bezugsquellen für Stoffe und Bauteile. Zusätzlich hat sie die Aufgabe, eventuelle Preisabsprachen aufzudecken.

Die *Wertung der Angebote* bedeutet deren Vergleich untereinander. Auszuschließen
sind Angebote, die verspätet eingegangen sind, formale Fehler aufweisen, mit Preisabsprachen in Verbindung stehen oder von Bietern abgegeben wurden, welche keiner Berufsgenossenschaft angehören oder wirtschaftlich unseriös sind. *25.1*

Anschließend hat der AG die sachliche und persönliche Eignung aller noch im
Wettbewerb befindlichen Bieter zu prüfen. Es gilt festzustellen, ob der Bewerber *25.2 (1)*
fachkundig, leistungsfähig und zuverlässig ist und über die technischen und wirtschaftlichen Mittel verfügt oder verfügen kann, die eine vertragsgemäße Erstellung

des konkreten Bauwerkes gewährleisten. Bei beschränkter Ausschreibung und freihändiger Vergabe hat diese Eignungsprüfung bereits vor Aufforderung zur Angebotsabgabe zu erfolgen.

25.2 (2) Im letzten Schritt findet die inhaltliche Angebotsbewertung nach ihrem sachlichen Gehalt statt. Dabei scheiden zunächst diejenigen Angebote aus, deren Preise in offenbarem Mißverhältnis zur Leistung stehen. Dabei ist unerheblich, ob der geforderte Preis übersetzt ist oder ob auffallend unterboten wurde. Bei den verbleibenden Angeboten ist zu prüfen, ob die verlangten Preise bei rationellem Baubetrieb und sparsamem Wirtschaften eine einwandfreie Bauausführung einschließlich Gewährleistung erlauben. Bei öffentlichen Bauvergaben ist ggf. die preisrechtliche Obergrenze nach der Baupreisverordnung 1972 zu beachten (vgl. Kap. 6). Schließlich ist für den Zuschlag das Angebot herauszufinden, das unter Berücksichtigung aller technischen und wirtschaftlichen, ggf. auch gestalterischen und funktionsbedingten Gesichtspunk-
25.5 te am annehmbarsten erscheint. Das gleiche gilt auch für die freihändige Vergabe.

24.1 *Verhandlungen mit Bietern* sind im Stadium der Angebotsprüfung nur ausnahmsweise erlaubt, wenn sie sich auf die Leistungsfähigkeit, auf technische Fragen, auf Änderungsvorschläge oder Nebenangebote beziehen. Alle anderen Verhandlungen,
24.3 insbesondere über Änderungen des Angebotes und der Preise, sind unstatthaft. Allerdings können bei Angeboten auf Funktionalausschreibungen in engen Grenzen auch hierüber Verhandlungen geführt werden.

Zuschlag

Der Zuschlag ist die Annahme eines Angebotes; er ist so früh zu erteilen, daß dem
28.1 Bieter die Erklärung darüber noch vor Ablauf der Bindefrist zugeht. Mit dem Zugang dieser Mitteilung gilt der Bauvertrag als abgeschlossen, auch wenn eine zusätzliche
28.2 (1),29 Beurkundung vorgesehen ist.

Nur wenn der AG Änderungen, Erweiterungen oder Einschränkungen des Ange-
28.2 (2) botsinhaltes vornimmt oder wenn er die Zuschlagsfrist überschreitet, bedarf die Rechtswirksamkeit des Bauvertrages einer ausdrücklichen Annahmeerklärung dieses Neuangebotes durch den Bieter.

29.1 Eine besondere Vertragsurkunde braucht im Regelfall nicht angefertigt zu werden. Werden jedoch über den Inhalt des Angebotes und des Zuschlagsschreibens hinaus zusätzliche Vereinbarungen getroffen, dann ist eine Beurkundung zu empfehlen. Sie
29.2 ist doppelt auszufertigen und von beiden Partnern rechtsgültig zu unterzeichnen, dazu können Formularverträge verwendet werden.

27.2 Nicht berücksichtigte Angebote sind nach dem Urheberrecht geistiges Eigentum der jeweiligen Bieter. Die Rückgabe der darin enthaltenen Entwürfe, Ausarbeitungen, Muster und Proben kann sich jeder Bieter im Angebot vorbehalten oder innerhalb
27.3 von 24 Werktagen nach der Ablehnung des Angebotes verlangen. Vom Ausscheiden seines Angebotes aus dem Vergabeverfahren ist jeder Bieter unverzüglich zu unter-
27.1 richten.

Die Aufhebung einer Ausschreibung sollte eine Ausnahme darstellen; sie kann in
26.1 den Fällen der öffentlichen und der beschränkten Ausschreibung erfolgen, wenn

- kein den Ausschreibungsbedingungen entsprechendes Angebot eingegangen ist (Fristüberschreitung, nur Änderungsvorschläge und Nebenangebote etc.),
- sich die Ausschreibungsgrundlagen wesentlich geändert haben (örtliche Gegebenheiten, Bodenverhältnisse, baurechtliche Auflagen etc.) oder
- andere schwerwiegende Gründe bestehen (Änderung der persönlichen oder finanziellen Verhältnisse des AG etc.).

Ein solcher schwerwiegender Grund liegt auch vor, wenn baupreisrechtlich überhöhte Angebote (ggf. Scheinangebote) oder baupreisrechtlich zwar zulässige, aber wirtschaftlich nicht vertretbare Angebote abgegeben wurden.

Den Bietern ist die Aufhebung der Ausschreibung unverzüglich mitzuteilen und zu begründen. 26.2

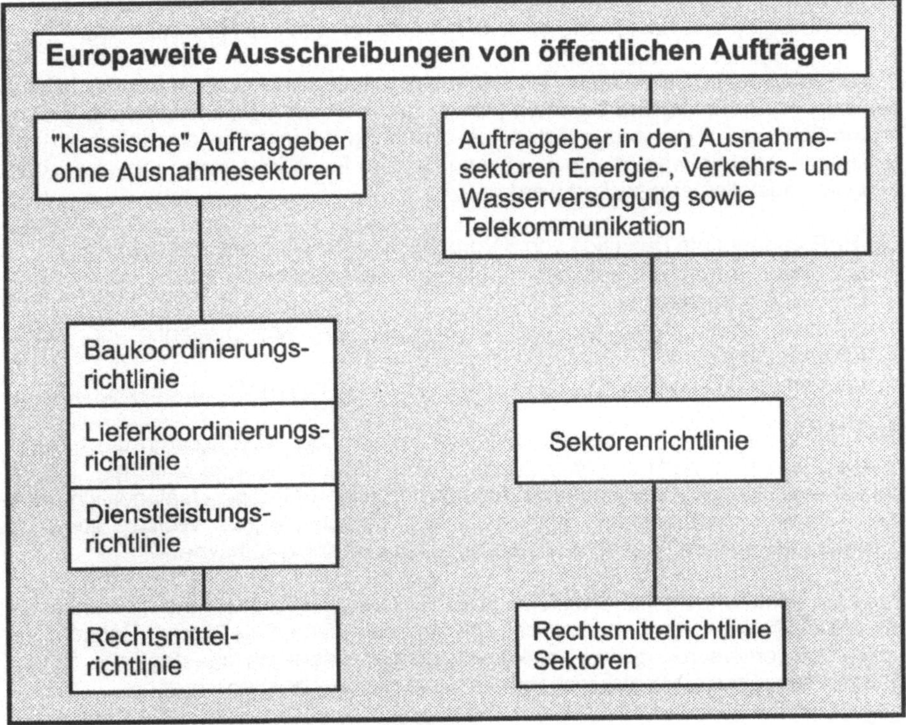

Bild 4.2 EG-Richtlinien zum öffentlichen Auftragswesen

4.3.5 Auswirkungen der EG-Richtlinien auf die VOB/A

Die EG-Kommission erläßt Richtlinien, um den europäischen Wirtschaftsraum zu einen und den Wettbewerb über die Grenzen der Nationalstaaten hinweg zu sichern. Diese Richtlinien müssen sich zwangsläufig auch auf die Bauvergaben und auf die Vergabevorschriften der VOB, insbesondere auf die der VOB/A, auswirken. Die wichtigsten dieser EG-Richtlinien sind in Bild 4.2 benannt.

Die sog. Baukoordinierungsrichtlinie BKR (89/440/EWG) trat als erste bereits am 18.7.89 in Kraft und hat seither bereits mehrere Änderungen erfahren.

Sie wurde mit zusätzlichen a-Paragraphen in die VOB/A eingearbeitet. Die VOB/A mit ihren Basisparagraphen und den zusätzlichen a-Paragraphen gilt für alle öffentlichen Baumaßnahmen, deren *geschätzter* Gesamtauftragswert voraussichtlich 5 Mio. ECU erreicht. Dabei sind alle Fachlose wertmäßig zu addieren und auch vom AG gelieferte Stoffe und Bauteile sowie andere Leistungen mit zu berücksichtigen

Die a-Paragraphen bestimmen, daß die Ausschreibung im Amtsblatt der EG bekannt gemacht werden muß. Sie bewirken ferner, daß niemand diskriminiert wird, daß die größtmögliche Transparenz bei der Ausschreibung besteht und daß längere Angebotsfristen gewährt werden. Auch müssen Gründe für Ablehnungen offengelegt und Beschwerdestellen eingerichtet werden.

Die BKR verlangt die Definition von 3 Vergabearten für öffentliche Aufträge:
- das offene Verfahren, das der öffentlichen Ausschreibung und Vergabe nach § 3.1.1 VOB/A entspricht,
- das nicht offene Verfahren, das der beschränkten Ausschreibung von § 3.1.2 VOB/A gleicht,
- das Verhandlungsverfahren, das in etwa der freihändigen Vergabe entspricht.

Weil diese Vergabetypen bereits bestanden, konnte die VOB/A durch die Parapheneinfügung im Kern bestehen bleiben. Allerdings ist nicht ganz sicher, daß beispielsweise die sog. „Verhandlungsverfahren" in allen EG-Ländern einheitlich praktiziert werden. Verhandeln kann man auf verschiedenste Weise, aber das „Verhandeln" soll die Ausnahme darstellen. Das wird überprüfbar sein.

Die sog. Sektorenrichtlinie SKR (90/531/EWG) vom 17.09.90 ist rund ein Jahr jünger als die BKR. Sie verlangt einheitlich, daß Baumaßnahmen im Bereich Energie, Verkehr, Wasserversorgung und Telekommunikation einheitlich als staatliche Bauaufgaben angesehen und entsprechend wie diese ausgeschrieben werden.

Die SKR haben für manche privatwirtschaftlich organisierten Gesellschaften die Auswirkung, daß sie Bauaufträge künftig nach besonderen Regeln ausschreiben und vergeben müssen, weil diese Firmen möglicherweise in anderen Ländern traditionell als Staatsbetriebe geführt werden. Natürlich nehmen die Betriebe dieser Sektoren besondere Aufgaben der Versorgung wahr und unterliegen hohen Sicherheitsanforderungen. Deshalb wird diesen Aufträgen besonderes Gewicht beigemessen.

Die Umsetzung der SKR in nationales Recht hat zu sog. b-Paragraphen geführt, die nicht immer mit den zuvor genannten a-Paragraphen übereinstimmen. Die folgende Übersicht informiert über die Anzahl der a- und b-Paragraphen und ihre Einbindung:

	Inhalt der Basis-Paragraphen	*BKR*	*SKR*
1	Bauleistungen	1a	1b
2	Grundsätze der Vergabe	—	2b
3	Arten der Vergabe	3a	3b
4	Einheitliche Vergabe und Lose	—	—
5	Vertragsarten	—	5b
6	Angebotsverfahren	—	—
7	Sachverständige	—	—
8	Teilnehmer am Wettbewerb	8a	8b
9	Beschreibung der Leistung	9a	9b
10	Vergabeunterlagen	10a	10b
11	Ausführungsfristen	—	—
12	Vertragsstrafen	—	—
13	Gewährleistung	—	—
14	Sicherheitsleistung	—	—
15	Änderung der Vergütung	—	—
16	Grundsätze der Ausschreibung	—	—
17	Vergabeunterlagen ...	17a	17b
18	Angebotsfrist ...	18a	18b
19	Zuschlags- und Bindefrist	—	—
20	Kosten	—	—
21	Inhalt der Angebote	—	—
22	Eröffnungstermin	—	—
23	Prüfung der Angebote	—	—
24	Aufklärung des Angebotsinhalts	—	—
25	Wertung der Angebote	25a	25b
26	Aufhebung der Ausschreibung	26a	—
27	Nicht berücksichtigte Angebote	27a	—
28	Zuschlag	28a	28b
29	Vertragsurkunde	—	—
30	Vergabevermerk	30a	30b
31	Vergabeprüfstelle	—	—
32	Baukonzessionen	32a	—

Übersteigen die Gesamtwerte der Vergaben von SKR-Betrieben den Schwellenwert von 5 Mio. ECU, so gibt es für diese Fälle eine gestraffte VOB/A - SKR mit 13 Paragraphen, die das Verfahren in ähnlicher Weise regelt.

4.4 Vertragsabwicklung (VOB/B)

VOB/B §§

Der für die Abwicklung des durch die Zuschlagserteilung geschlossenen Bauvertrages maßgebende Inhalt ist in den Bestimmungen von Teil B der VOB festgelegt. Teils ändern diese die gesetzlichen Bestimmungen, teils bedeuten sie lediglich Ergänzungen.

4.4.1 Festlegung von Leistung und Vergütung

„Die *Leistung*“ steht für den vom Unternehmer zur Vertragserfüllung zu erbringenden Gesamtgegenstand und entspricht folglich der in den BGB-§§ 241 und 631 definierten Gesamtleistungspflicht des AN. Demgegenüber bezeichnen Begriffe wie "eine Leistung" oder "Leistungen" lediglich Teile der (vertraglichen Gesamtleistung sowie zusätzlich vereinbarte Leistungen. Schließlich wird unter „Teilleistung“ der unter einer Ordnungszahl (Position) des LV beschriebene Teil der Gesamtleistung verstanden.

Der Inhalt des Bauvertrages legt *Art und Umfang* der zu erbringenden Leistung fest;
sie ist unter Beachtung der Allgemeinen Technischen Vorschriften für Bauleistungen
(VOB/C) auszuführen. Widersprechen sich einzelne vertragliche Vorschriften, dann
1.2 gelten nacheinander:

a) die Leistungsbeschreibung (gemäß VOB/A § 9 mit LV oder LV-Programm)
b) die Besonderen Vertragsbedingungen (gewöhnlich als Vorbemerkungen im LV enthalten),
c) etwaige Zusätzliche Vertragsbedingungen,
d) etwaige Zusätzliche Technische Vorschriften,
e) die Allgemeinen Technischen Vorschriften für Bauleistungen (VOB/C),
f) die Allgemeinen Vertragsbedingungen für die Ausführung von Bauleistungen (VOB/B).

1.3 Dem AG vorbehaltene Änderungen des Bauentwurfs bedeuten eine Änderung der
geschuldeten Leistung und können sich auf den Vergütungsanspruch des AN auswirken. Sofern er dazu technisch und organisatorisch in der Lage ist, hat der AN auf
Verlangen des AG auch nicht im Vertrag vereinbarte Leistungen, die sich jedoch als
1.4 zur Ausführung der vertraglichen Leistung als notwendig erweisen, mit zu erbringen
(z.B. Leerpumpen einer vollgelaufenen Baugrube, für die keine Wasserhaltung aus-
(2.6) geschrieben war); zumeist begründet dies einen zusätzlichen Vergütungsanspruch.

Gemäß BGB § 631 I bedingen bei Werkverträgen Leistung und Vergütung einander;
2 die *Vergütung* ist die dem AN für die Herstellung des Werkes seitens des AG in der
Regel in Form von Geld geschuldete Gegenleistung. Ihre Festlegung ergibt sich aus
der Art der in VOB/A vorgesehenen Vertragstypen. Durch die vertraglich vereinbarten Preise werden alle diejenigen Leistungen abgegolten, die in der Leistungsbe-
2.1 schreibung enthalten sind, sich aus den verschiedenen Vertragsbedingungen ergeben oder gemäß der gewerblichen Verkehrssitte nach Auffassung der betreffenden
Fachkreise mit zur Bauleistung gehören (Nebenleistungen), soweit sie tatsächlich
erbracht wurden. Ebenfalls darin enthalten sind die Kosten eventuell notwendiger
Nachbesserungen.

Beim Normaltyp eines Bauvertrages, dem Einheitspreisvertrag, sind für die Höhe der
Vergütung die vertraglichen Einheitspreise und die jeweiligen, nach den Aufmaßbe-
stimmungen der ATV (VOB/C) zu quantifizierenden, tatsächlich erbrachten Men-
2.2 geneinheiten der einzelnen Teilleistungen maßgebend.

Nicht selten sind Voraussetzungen für eine Änderung der vertraglichen Vergütung *2.3-2.8*
gegeben:

Weicht der tatsächliche Leistungsumfang vom im Vertrag vorgesehenen um mehr
als 10% ab, dann kann vom sich benachteiligt glaubenden Vertragspartner die Fest- *2.3 (1)*
setzung eines neuen Einheitspreises (EP) unter Berücksichtigung der durch Änderung der Zuschlagsbasis oder der Höhe von Gemeinkosten verursachten Änderung
der Positionskosten verlangt werden.

Im Fall von Mengenmehrungen ist dabei zu beachten, daß sich dieser neue EP le- *2.3 (2)*
diglich auf den Anteil bezieht, der den ursprünglichen Vordersatz um mehr als 10%
übersteigt (110% des ausgeschriebenen Mengenansatzes). Grundsätzlich müssen bei einer Vereinbarung neuer EP die Kalkulationsansätze des ursprünglichen Bauvertrages beibehalten werden. Dies betrifft sowohl Kostenverrechnungssätze als auch Aufwandswerte. Die Stundenlöhne können sich bei Lohnerhöhungen, die Materialkosten bei Mengenmehrungen erhöhen, z.B. wenn zusätzlich benötigtes Material teurer oder bei einem weiter entfernten Lieferanten eingekauft werden muß. Entsprechende Nachweise kann der AG vom AN verlangen (vgl. dazu Kap. 6 "Baupreisrecht").

Selbstverständlich bezieht sich bei Mengenminderungen der neue EP auf die ge- *2.3 (3)*
samte Teilleistung. Hier wird in der Regel seitens des AN eine EP-Erhöhung zur Fixkostendeckung geltend gemacht; diese ist zu gewähren, wenn der AN nicht durch Mengenmehrungen bei gleichartigen Leistungen anderer Positionen oder auf andere Weise einen finanziellen Ausgleich erhält. Ein solcher finanzieller Ausgleich ist häufig jedoch nur schwer zu beurteilen und führt daher leicht zu Meinungsverschiedenheiten.

Ähnlich den Mengenminderungen wird auch die *Übernahme von Teilen der vertrag-*
lichen Leistung durch den AG (z.B. Stoff-, Geräte- oder Personalbeistellungen) als *2.4*
Teilkündigung betrachtet. Ist nichts anderes vereinbart, dann bleibt dem AN sein
Vergütungsanspruch erhalten. Allerdings muß er sich infolge Wegfalls dieser Teilleistungen ersparte Kosten anrechnen lassen. *8.1 (1)*

Bei vielen umfangreichen Bauvorhaben erstrecken sich Planung und Ausführung
über einen längeren Zeitraum und erfolgen teilweise parallel. Die Folge davon sind
Änderungen einzelner Leistungen des LV und/oder zusätzliche Leistungen. Für bei- *2.5*
des ist vor der Ausführung eine neue Preisvereinbarung zu treffen. Dabei ist zum *2.6*
einen der alte Vertragspreis soweit beizubehalten, als er durch die Leistungsänderung nicht berührt wird. Zum anderen sind die dem AN tatsächlich entstandenen Mehr- und Minderkosten in die Rechnung aufzunehmen. Auch soll der vom AN in seine Angebotskalkulation eingerechnete Gewinn nicht geschmälert werden. Trotz des ihm zustehenden Vergütungsanspruches ist der AN zur Erbringung zusätzlicher Leistungen nur verpflichtet, wenn diese zur Erreichung des Vertragszweckes notwendig geworden sind. Gehen sie über eine solche Notwendigkeit hinaus, dann ist zur Begründung einer entsprechenden AN-Leistungspflicht vorab über beides, die Leistung und die dafür zu zahlende Vergütung, ein Übereinkommen zu treffen.

2.7 (1) Die Veränderungsschwelle *von Pauschalpreisen* liegt wegen des bei ihrer Vereinbarung bewußt eingegangenen höheren Risikos deutlich höher: nur wenn ein Bauvorhaben in wesentlichem Umfang anders verwirklicht wird als vorher geplant und es dadurch zu einer erheblichen Leistungsänderung kommt, kann aus dem Wegfall der Geschäftsgrundlage (BGB § 242) eine Änderung des Pauschalpreises abgeleitet
2.7 (2) werden. Bei der Neufestsetzung sind die für die Neuberechnung von EP geltenden Regeln ebenfalls anzuwenden.

2.8 Leistungen, die der AN eigenmächtig vom Vertrag abweichend und/oder ohne Auf-
2.8 (1) trag ausführt, bringen ihm keinerlei Vergütung und setzen ihn zudem ggf. nachteiligen Rechtsfolgen aus, es sei denn, der AG erkennt solche Leistungen nachträglich an. Waren die Leistungen jedoch notwendig, entsprachen sie dem mutmaßlichen Willen des AG und wurden sie ihm unverzüglich mitgeteilt, dann sind sie dem AN zu vergüten.

In allen dargestellten Fällen von geänderten oder zusätzlich zu erbringenden Leistungen wird größtmögliche Rechtsklarheit erzielt, wenn der AN dem AG vor der Ausführung ein Nachtragsangebot vorlegt, worauf dieser dem AN nach entsprechender Prüfung einen Nachtragsauftrag erteilt. "Erst handeln, dann verhandeln" sollte die Ausnahme für Situationen akuter Gefahr bleiben.

4.4.2 Ausführung

Von besonderer Bedeutung sind alle Regelungen, die Pflichten der Vertragsparteien im Zuge der Bauabwicklung betreffen: Pflicht des AG ist es, dem AN die notwendigen Ausführungsunterlagen (Schriftstücke, Zeichnungen, Berechnungen, Anleitungen
3.1 etc.) rechtzeitig und unentgeltlich zu übergeben. Was unter "rechtzeitig" zu verstehen ist, hängt vom jeweiligen Bauvorhaben und den vertraglichen Ausführungsfristen ab; dem AN muß eine angemessene Zeit für die Vorbereitung der Bauleistung zur
3.3 Verfügung stehen. Alle Unterlagen sind für den AN maßgebend; allerdings darf er sie nicht kritiklos übernehmen, sondern muß im Rahmen einer allgemeinen Prüfungspflicht aufgrund seiner speziellen Kenntnisse und Erfahrungen den AG auf entdeckte oder vermutete Mängel hinweisen.

3.2 Ebenfalls Aufgabe des AG ist das Abstecken der Bauwerkshauptachsen, der Grundstücksgrenzen und der notwendigen geodätischen Festpunkte vor Baubeginn.

Des weiteren ist der AG für die Koordination der Arbeiten auf der Baustelle zustän-
4.1 (1) dig: so hat er für die Aufrechterhaltung der allgemeinen Ordnung zu sorgen, das Zusammenwirken der verschiedenen Unternehmer zu regeln und die erforderlichen öffentlich-rechtlichen Genehmigungen und Erlaubnisse herbeizuführen, d.h. er muß die Voraussetzungen dafür schaffen, daß der AN die geschuldete Bauleistung ohne Behinderung und Verzögerung erbringen kann. Diese Pflichten fallen dem AG zu, weil er als Eigentümer des Grundstücks oder sonstigen Objekts der Bauleistung, allein die entsprechende Verfügungsbefugnis innehat.

Da sich bei Bauwerken Fehler und Mängel häufig erst nach längerer Zeit herausstel-
4.1 (2) len, gesteht die VOB im Gegensatz zum allgemeinen Werkvertragsrecht des BGB dem AG das Recht zu, die vertragsgemäße Baudurchführung zu überwachen. Bei

größeren Bauvorhaben wird diese Aufgabe häufig durch eine örtliche Bauleitung des AG wahrgenommen. Dazu ist ihm seitens des AN Zutritt zu allen Arbeitsstellen und Lagerplätzen sowie Einsicht in die Werkpläne und die Ergebnisse etwaiger Güteprüfungen zu gewähren. Alle vom AG im Rahmen dieser Überwachungsfunktion getroffenen Anordnungen sind für den AG bindend, es sei denn, sie verstoßen gegen gesetzliche oder behördliche Bestimmungen, oder der AG zieht sie aufgrund eines *4.1 (3)*
berechtigten Einspruchs des AN zurück. *4.1 (4)*

Allerdings sind der Anordnungsbefugnis des AG dadurch Grenzen gesetzt, daß der AN die geschuldete Leistung unter Beachtung der anerkannten Regeln der Technik sowie der entsprechenden Bestimmungen in *eigener Verantwortung* zu erbringen *4.2* hat und sowohl für Weisungen als auch für Verpflichtungen gegenüber seinen Arbeitskräften allein zuständig ist.

Bestätigt eine eingehende Prüfung etwaige Bedenken des AN gegen die vorgesehene Art der Ausführung, die Güte der vom AG beigestellten Stoffe oder Bauteile oder die (Vor-)Leistungen anderer Unternehmer, dann muß er zum Ausschluß der Haftung für daraus möglicherweise entstehende Schäden diese Bedenken dem AG unver- *4.3* züglich schriftlich mitteilen.

Sofern nicht ausdrücklich anders geregelt, darf der AN beim AG vorhandene Lager- und Arbeitsplätze, Zufahrtwege und Anschlußgleise sowie Anschlüsse für Wasser und Energie kostenlos mitbenutzen. Dies gilt nicht für den Verbrauch an Wasser, *4.4* Gas und Elektrizität sowie für neu zu schaffende Einrichtungen.

In jedem Fall hat der AN die Bauleistung bis zur Abnahme vor Beschädigung und Diebstahl zu schützen, vor Winterschäden und Grundwasser nur auf Verlangen des *4.5* AG gegen - in der Regel - zusätzliche Vergütung.

Jede Untervergabe von Leistungsteilen an Subunternehmer hat nach den Grundsätzen der VOB zu erfolgen und bedarf der schriftlichen Zustimmung des AG. Zu die- *4.8* sem Punkt sind unterschiedliche Regelungen aus den ZVB der großen Bauverwaltungen bekannt (vgl. Kap. 4.2.4). Für Fachlose, auf die der Betrieb des AN nicht eingerichtet ist, entfällt diese Genehmigungspflicht.

4.4.3 Terminliche Regelungen

Der Zeitraum zwischen dem Beginn der Ausführung und der Fertigstellung der Bauleistung wird als Ausführungsfrist bezeichnet. Bezieht sich eine Frist nur auf einen Teil der Bauleistung, dann handelt es sich um eine Einzelfrist. Rechtsfolgen sind allein an Vertragsfristen geknöpft, alle anderen Fristen sind unverbindlich; daher ist im *5.1* Bauvertrag hinreichend klar zum Ausdruck zu bringen, welche Fristen als Vertragsfristen anzusehen sind.

Eine in terminlicher Hinsicht vertragsgemäße Bauausführung verlangt vom AN einen fristgemäßen Beginn, eine angemessene Förderung innerhalb des Fristenlaufs und einen Abschluß der Arbeiten spätestens zum vertraglich bestimmten Fristablauf:

Ist der Baubeginn nicht speziell terminiert, dann kann der AN vom AG Auskunft über den voraussichtlichen Arbeitsbeginn verlangen, um sich organisatorisch auf die Abwicklung des Auftrages einstellen zu können. Wird er dann vom AG zur Aufnahme
5.2 der Arbeiten aufgefordert, dann hat er diese innerhalb von 12 Werktagen anzufangen; der Beginn des Einrichtens der Baustelle reicht allerdings zur Fristwahrung aus. Zur Beurteilung der angemessenen Förderung der Bauausführung zieht man zweckmäßigerweise den Bauzeitplan mit den darin enthaltenen sowohl vertraglichen als auch unverbindlichen Einzelfristen heran, da diese als Anhaltspunkte und Richtlinien für einen angemessenen Baufortschritt innerhalb der Ausführungsfrist anzusehen sind. Nach Fristablauf muß die Vertragsleistung vollendet sein; in der Regel ist die Baustellenräumung darin nicht eingeschlossen.

Die Eigenverantwortlichkeit bei der Leistungserbringung verpflichtet den AN, von sich aus für einen dem Leistungsumfang angemessenen Betriebsmitteleinsatz zu
5.3 sorgen. Ist jedoch, nach allgemeiner Erfahrung mit an Sicherheit grenzender Wahrscheinlichkeit, infolge mangelnden Einsatzes von geeigneten Arbeitskräften, Geräten, Gerüsten, Stoffen oder Bauteilen, mit einer Überschreitung der vertraglichen Bauzeit zu rechnen, dann kann der AG aufgrund seines Anordnungs- und Weisungsrechts unverzügliche Erhöhung der Betriebsmittelkapazität verlangen.

Die Festlegung der Rechtsfolgen für den AN bei Mißachtung der genannten Pflichten geht von dem Grundsatz aus, daß geschlossene Bauverträge nach Möglichkeit abgewickelt werden sollen: daher hat der AG in erster Linie das Recht, bei Aufrechter-
6.6 haltung des Vertrages Ersatz für den unmittelbaren Schaden (Verzugsschaden), nicht aber den entgangenen Gewinn zu fordern. Erst in zweiter Linie ist eine Vertragskündigung in Betracht zu ziehen; diese wird auch nur dann rechtswirksam, wenn der AG zuvor dem AN eine angemessene Frist zur Vertragserfüllung gesetzt und
8.3 gleichzeitig erklärt hat, daß er ihm nach fruchtlosem Ablauf der Frist den Auftrag entziehen werde. Daneben hat der AG Anspruch auf Schadenersatz wegen Nichterfüllung worin auch mittelbarer Schaden und entgangener Gewinn enthalten sind. In beiden Fällen ist Verschulden des AN Voraussetzung.

6 Der Baustellenalltag zeigt, daß Störungen im Terminablauf niemals ausgeschlossen werden können: bei Behinderungen nimmt die Arbeit zwar noch ihren Fortgang, geht aber weit langsamer vor sich als geplant, bei Unterbrechungen kommt die Leistungserbringung zum Erliegen. In beiden Fällen kann sich der AN nur dadurch von der Haftung befreien, daß er dem AG unverzüglich schriftlich mitteilt, daß ein solcher
6.1 Tatbestand eingetreten ist oder unmittelbar bevorsteht. Das Unterlassen dieser Anzeige ist nur dann nicht als Verletzung einer vertraglichen Nebenpflicht des AN anzusehen, wenn dem AG die widrigen Tatsachen und ihre den weiteren Baufortschritt verzögernden Auswirkungen offensichtlich bekannt sein müssen. Zwar ist eine mündliche Anzeige keineswegs bedeutungslos, doch erleichtert die Schriftform dem AN den Nachweis der Rechtzeitigkeit und der inhaltlichen Vollständigkeit.

Im Hinblick auf die Rechtsfolgen ist zu unterscheiden, wer die Hinderungs- und Unterbrechungsursachen zu vertreten hat. Ist es der AN selbst, dann hat er auch für alle Folgen einzustehen, sich einem etwaigen Schadenersatzanspruch des AG sowie ggf. zusätzlich einem Auftragsentzug auszusetzen.

Trägt jedoch der AG die Verantwortung für die hindernden Umstände, dann muß 5.4
dieser dem AN neben der Erstattung etwaiger Mehrkosten eine Verlängerung der 6.6
Vertragsfristen gewähren. 6.2 (1)

Werden Bauarbeiten durch höhere Gewalt oder andere Ereignisse, die auch durch
größtmögliche dem AN noch zumutbare Sorgfalt nicht abgewendet werden können,
unterbrochen, dann hat der AN lediglich Anspruch auf Fristverlängerung, nicht jedoch auf Erstattung der Mehrkosten, die ihm durch die Bauzeitverlängerung erwachsen. Diese Regelung trifft den AN in jedem Fall; zumindest steigen bei Bau-
zeitverlängerungen die Vorhaltekosten für die Baustelleneinrichtung. Verzögerungen durch Witterungseinflüsse, mit denen von der Jahreszeit und der geographi-
schen Lage der Baustelle her gerechnet werden muß, bedingen für den AN keinen
Anspruch auf Fristverlängerung. 6.2 (2)

Sind für die Fälle der Nichtleistung und/oder der nicht fristgerechten Erfüllung durch
den AN Vertragsstrafen in den Besonderen oder Zusätzlichen Vertragsbedingungen 11
ausdrücklich vereinbart, dann können diese nur geltend gemacht werden, wenn sich
der AN hinsichtlich eines Vertragstermines in Verzug befindet oder er durch Mahnung und Nachfrist in Verzug gesetzt wurde. Darüber hinaus muß Verschulden vor- 11.2
liegen, wobei sich jedoch der AN von dem Schuldvorwurf entlasten muß. Hat der AG
die Leistung bereits abgenommen, so kann er die Vertragsstrafe nur verlangen,
wenn er sich dies bei der Abnahme gegenüber dem AN oder seinem Bevollmächtig- 11.4
ten vorbehalten hat. Entgegen der BGB-Regelung sind bei der Berechnung der
Vertragsstrafe nur die Werktage in Ansatz zu bringen. 11.3

4.4.4 Abnahme

Innerhalb der Vertragsabwicklung kommt der Abnahme eine besondere rechtliche 12
Bedeutung zu. Im Sinne des Bauvertrages ist hierunter nicht die Verbrauchsabnah-
me durch die Bauaufsichtsbehörde, sondern die körperliche Hinnahme des Bauwerkes und die Anerkennung der Leistung als vertragsgemäß durch den AG zu verstehen. Die Abnahme kommt erst in Betracht, wenn die Leistung fertiggestellt ist, und
kann sowohl stillschweigend als auch ausdrücklich in bestimmter Form erfolgen.

Nach Fertigstellung der Gesamtleistung kann der AN deren Abnahme beantragen.
Kommt der AG diesem Verlangen nicht innerhalb von 12 Werktagen nach, so gerät 12.1
er - auch wenn unwesentliche Leistungsteile noch fehlen - in Annahmeverzug. Da
die Abnahme zu den Hauptpflichten des AG gehört, kann der AN sie erforderlichen-
falls einklagen. Daneben hat der AN einen Anspruch auf Abnahme in sich geschlos-
sener Teilleistungen und solcher Teile der Leistung, deren spätere Überprüfung 12.2
durch den weiteren Baufortschritt nicht mehr möglich ist. Allerdings behalten sich
viele AG in diesem Falle eine einheitliche Gewährleistungsfrist vor. Enthält die
Bauleistung jedoch wesentliche Mängel, dann kann der AG die Abnahme bis zu de- 12.3
ren vollständiger Beseitigung verweigern.

Eine förmliche Abnahme muß stattfinden, wenn sie im Bauvertrag vorgesehen ist 12.4 (1)
oder von einem der Vertragspartner gewünscht wird. Dies geht so vor sich, daß bei
einer Begehung der Baustelle ein gemeinsames Abnahmeprotokoll verfaßt wird, in
das sowohl die Vorbehalte des AG wegen festgestellter Mängel und Vertragsstrafen

als auch die etwaigen Einwendungen des AN aufgenommen werden. Die Unterzeichnung des Abnahmeprotokolls durch den AN verpflichtet ihn nicht automatisch zur Beseitigung festgestellter Mängel, dies muß der AG ausdrücklich verlangen. Er-
12.4 (2) scheint der AN trotz ausreichender Einladungsfrist nicht zum Abnahmetermin, dann kann der AG die förmliche Abnahme auch allein vornehmen.

Ist keine besondere Vereinbarung getroffen, dann geht die VOB von einer fiktiven
12.5 (1) Abnahme aus. Diese erfolgt automatisch 12 Werktage nach der schriftlichen Mitteilung über die Fertigstellung der Leistung oder, wenn der AG das Bauwerk bzw. Teile davon in Benutzung genommen hat, bereits sechs Werktage nach Beginn der Nutzung. In beiden Fällen muß sich der AG innerhalb der genannten Fristen etwaige
12.5 (2) Ansprüche gegen den AN wegen bekannter Mängel und verwirkter Vertragsstrafen
12.5 (3) vorbehalten, wenn er sie nicht verlieren will.

Die Besonderheit der fiktiven Abnahme liegt darin, daß sie keinen Abnahmewillen des AG voraussetzt, sondern allein durch Eintreten eines bestimmten Tatbestandes ausgelöst wird, sofern der AG der Rechtswirkung nicht ausdrücklich widerspricht. Besondere Aufmerksamkeit sollte der AG der Mitteilung über die Fertigstellung schenken: in dem Schriftstück braucht die Fertigstellung nicht verbal ausgesprochen, sondern nur inhaltlich zweifelsfrei zum Ausdruck gebracht werden. Die Übersendung einer Schlußrechnung oder eine schriftliche Mitteilung über die Räumung der Baustelle reichen zur Einleitung der Vorbehaltsfrist für die fiktive Abnahme bereits aus.

Die Rechtsfolgen der Abnahme unterstreichen deren zentrale Bedeutung:

- Die *Fälligkeit der vertraglichen Vergütung* setzt mit der Abnahme ein. Hatte der AG während der Leistungserstellung entsprechend dem Baufortschritt Abschlagszahlungen entrichtet, dann berechtigt die Abnahme den AN zur Stellung der Schluß-
16.3 rechnung, die der AG innerhalb von zwei Monaten nach Zugang begleichen muß. Der Vergütungsanspruch des AN besteht auch, wenn das Bauwerk noch mängelbehaftet ist; in einem solchen Fall verpflichtet die gängige Rechtsprechung den AG zur Zahlung der Vergütung Zug um Zug gegen Beseitigung der Mängel seitens des AN und entbindet diesen von seiner grundsätzlichen Vorleistungspflicht.
- Die *Umkehrung der Beweislast* für Mängel verbessert die Rechtsposition des AN nach der Abnahme. Will der AG Mängelbeseitigungsansprüche geltend machen, dann muß er das Vorhandensein dieser Mängel beweisen. Vor der Abnahme ist es im Falle eines solchen Anspruchs Pflicht des AN, die Mängelfreiheit und Vertragsmäßigkeit seiner Leistung zu beweisen.

12.6 – Den *Übergang der Gefahr* auf den AG löst die Abnahme ebenfalls aus. Da er dem Wesen des Werkvertrages nach einen Erfolg schuldet, ist der AN bis zur Abnahme verpflichtet, seine Leistung erneut zu erbringen, wenn sie zerstört oder beschädigt wird, auch wenn ihn dafür kein Verschulden trifft. Nach der Abnahme
4.5 entfällt die Verpflichtung, sowohl das Werk vor Beschädigung und Zerstörung zu schützen als es auch ggf. erneut herstellen zu müssen.

- Der *Beginn der Verjährung* von Ansprüchen ist eine weitere Folge der Abnahme.
13.4 Dies gilt sowohl für die Gewährleistung der Mängelfreiheit und Vertragsmäßigkeit als auch für den Vergütungsanspruch. Während die Gewährleistungsfrist ab dem Zeitpunkt der Abnahme läuft, beginnt die ebenfalls zweiährige Verjährungsfrist für den Vergütungsanspruch des AN am Ende des Jahres, in dem seine Fälligkeit eingetreten ist.

4.4.5 Haftung, Gewährleistung und Sicherheit

Der AN hat die von ihm erbrachte Bauleistung sowie die ihm für die Ausführung
übergebenen Gegenstände bis zur Abnahme vor Beschädigung und Diebstahl zu
schützen, d.h. er haftet gegenüber dem AG für die Erhaltung des Bauwerkes im 5.5
weitesten Sinne. Jedoch können durch die Bautätigkeit an sich oder durch die Ausführung der Bauarbeiten auch Dritte Schaden erleiden, der ebenfalls ausgeglichen
werden muß. Die Haftung hierfür liegt bei beiden Vertragspartnern, da in der Regel 10
nicht nur der den Schaden meist faktisch verursachende AN, sondern auch der AG in
seiner Eigenschaft als Grundstückseigentümer vom geschädigten Dritten für Ersatz-
leistungen in Anspruch genommen werden kann.

Daher setzt sich die VOB auch mit der Regelung des Haftungsausgleiches zwischen
den Vertragspartnern gegenüber Dritten auseinander. Sie geht dabei in der Regel
vom Verursachungsprinzip aus, der Schadenersatz ist anteilig im gleichen Verhältnis
zu leisten, wie das Verschulden zur Entstehung des Schadens geführt hat. Als einzige Ausnahme hat der AN dann den Schaden allein zu tragen, wenn er ihn durch 10.2 (2)
Versicherung seiner gesetzlichen Haftpflicht gedeckt hat oder gegen eine tarifmäßi-
ge, nicht auf außergewöhnliche Verhältnisse abgestellte Prämie hätte versichern
können.

Gewährleistung bedeutet das Einstehen des AN dafür, daß seine Leistung zum 13
Zeitpunkt der Abnahme die vertraglich zugesicherten Eigenschaften hat, den anerkannten Regeln der Technik entspricht und keinerlei Fehler aufweist, die den ge-
wöhnlichen oder nach dem Vertrag vorausgesetzten Gebrauch einschränken oder
ausschließen. Gewährleistung erstreckt sich folglich allein auf das zwischen AG und
AN bestehende Vertragsverhältnis.

Im Rahmen der Gewährleistung hat der AN auf schriftliches Verlangen des AG alle
während der Verjährungsfrist hervortretenden Mängel zu beseitigen, sofern deren
Entstehung nicht auf den AG zurückzuführen ist. Jedoch geht der Nachbesserungs- 13.5 (1)
anspruch des AG verloren, wenn er den Mangel selbst beseitigen läßt, ohne den AN
vorher dazu aufgefordert zu haben; der AN hat nicht nur eine Nachbesserungspflicht,
sondern auch ein Nachbesserungsrecht. Auch darf er grundsätzlich selbst bestimmen, auf welche Weise er den Schaden beheben will, zumal er dafür das Erfolgsrisi-
ko zu tragen hat. An Weisungen des AG ist er bei der Nachbesserung nur dann gebunden, wenn dies im Bauvertrag vorgesehen ist.

Kommt aber der AN seiner Nachbesserungspflicht nicht rechtzeitig oder überhaupt
nicht nach, dann kann der AG die Mängel auf Kosten des AN beheben lassen. Dazu
ist er berechtigt, vom AN einen Vorschuß in Höhe der zur Mängelbeseitigung erfor- 13.5 (2)
derlichen Kosten zu verlangen, falls der eine ihm zur Nachbesserung gesetzte angemessene Frist hat verstreichen lassen.

Jedoch hat der AN das Recht, die Nachbesserung zu verweigern, wenn sie unmöglich ist oder einen unverhältnismäßig hohen Aufwand erfordern würde. In diesen
Fällen ist jedoch eine Minderung der vertraglichen Vergütung in Kauf zu nehmen. Im 13.6
Gegensatz zur BGB-Regelung, die dem AG grundsätzlich die Wahl zwischen Nachbesserung und Minderung einräumt, kann der AG nach VOB von sich aus nur dann

eine Minderung der Vergütung verlangen, wenn die Mängelbeseitigung selbst für ihn nicht oder nicht mehr zumutbar ist.

Zur Berechnung des Minderungsbetrages ist vom hypothetischen Wert der vertragsgemäßen Leistung zum Zeitpunkt der Abnahme der Wert der mangelhaften Leistung abzuziehen. Ist das Werk bei der Abnahme schlechthin wertlos, dann kann der Minderungsbetrag die volle Höhe der vertraglichen Vergütung erreichen.

13.7 Über den Nachbesserungsanspruch bzw. das Minderungsrecht hinaus hat der AG bei mangelhafter Leistung des AN Anspruch auf weitergehenden Schadenersatz, wenn der zugrundeliegende Mangel wesentlich ist und die Gebrauchsfähigkeit des Werkes erheblich beeinträchtigt wird, wenn also die Vertragsleistung wesentlicher zugesicherter Eigenschaften entbehrt. Ist es z.B. notwendig, die mangelhafte Leistung wieder zu entfernen, oder zieht der Mangel anderweitige Folgeschäden nach sich, dann können die Ersatzansprüche die Vergütungsansprüche des AN bei weitem übersteigen. Allerdings wird der AN nur dann schadenersatzpflichtig, wenn der Mangel des Werkes auf sein Verschulden zurückzuführen ist; die Beweislast hierfür trägt der AG.

Sofern im Bauvertrag keine andere Verjährungsfrist vereinbart ist, erstreckt sich die
13.4 Dauer der Gewährleistung für Bauarbeiten und Holzerkrankungen über zwei Jahre, für reine Erdarbeiten und Feuerungsanlagen über ein Jahr, jeweils ab dem Zeitpunkt der Abnahme.

Zur Sicherstellung der vertragsgemäßen Ausführung der Leistung und der Gewähr-
17 leistung kann der AG vom AN *eine Sicherheitsleistung* verlangen.

Dies setzt eine entsprechende vertragliche Vereinbarung voraus, aus der sowohl der Zweck als auch die Bemessung der Sicherheitsleistung hervorgehen müssen. Den umgekehrten Fall, die Sicherung des Vergütungsanspruchs des AN durch den AG, behandelt die VOB nicht, schließt ihn aber auch nicht aus.

In der Regel wird die Sicherheit durch Einbehalt oder Hinterlegung von Geld oder
17.2 durch Bürgschaft eines im Inland zugelassenen Kreditinstituts bzw. -versicherers geleistet. Die Art der Sicherheit kann der AN nach eigenem Ermessen wählen, ebenso kann er nach Belieben eine Sicherheit durch eine andere ersetzen. Vorausset-
17.3 zungen für eine Sicherheitsbürgschaft sind die Anerkennung des Bürgen durch den
17.4 AG als tauglich gemäß § 239 BGB und die Vorlage einer schriftlichen Bürgschaftsurkunde; eine zeitliche Begrenzung der Bürgschaftserklärung ist nicht zulässig.

17.5 Geldsicherheiten sind stets auf ein Sperrkonto bei einem Geldinstitut einzuzahlen, über das beide Partner nur gemeinsam verfügen können; etwaige Zinsen stehen dem AN zu. Abweichend von dieser allgemeinen Regelung sind öffentliche AG berechtigt,
17.6 (4) den Sicherheitsbetrag auf ein eigenes Verwahrgeldkonto zu nehmen, einen Zinsanspruch hat der AN hierfür nicht.

Beide Formen der Hinterlegung gelten sowohl für etwa vom AN nach Vertragsschluß zu leistende Sicherheitszahlungen als auch für den häufigeren Fall, daß der AG von den Abschlagszahlungen an den AN so lange einen Anteil von maximal 10% der an-
17.6 (1) erkannten Rechnungssumme einbehält, bis die vereinbarte Sicherheit erreicht ist.

Diese soll 5% des Auftragswertes nicht übersteigen. Dem AN ist die Höhe des Einbehaltes jeweils mitzuteilen. Aus Liquiditätsgründen lösen viele AN die auf diese Weise angesammelten Geldsicherheiten spätestens bei Stellung der Schlußrechnung durch Bankbürgschaften ab.

Sind keine anderen Vereinbarungen getroffen, dann ist der AG verpflichtet, die nicht verwendeten Sicherheiten nach Ablauf der Verjährungsfrist für die Gewährleistung zurückzugeben; hierauf hat der AN einen einklagbaren Anspruch. *17.8*

4.4.6 Abrechnung und Zahlung

Als Grundlage für Abschlags- und Schlußzahlungen hat der AN als vertragliche Nebenverpflichtung jeweils eine prüffähige Abrechnung zu erstellen. Ihre Prüfbarkeit ist *14*
eine der wesentlichen Voraussetzungen für die Fälligkeit der Vergütung; der AN schadet sich folglich selbst, wenn er darauf nicht achtet.

Die Abrechnung soll übersichtlich sein, ihre Gliederung und die gewählten Bezeichnungen sollen der Ausschreibung entsprechen, damit die Vergleichbarkeit von Angebot und Abrechnung gewährleistet ist. Änderungen und Ergänzungen der vertrag- *14.1*
lichen Leistungen - nicht lediglich der Leistungsmengen - müssen besonders gekennzeichnet werden. Die den Rechnungspositionen im einzelnen zugrundeliegenden Feststellungen und Unterlagen (Aufmaße, Mengenberechnungen, Zeichnungen, Protokolle o.ä.) sind der Abrechnung beizufügen.

Insbesondere beim Einheitspreisvertrag ist ein von beiden Vertragspartnern gemeinsam erstelltes Aufmaß zweckmäßig, da hiermit eine bindende Vereinbarung *14.2*
getroffen wird. Dies schafft klare Verhältnisse hinsichtlich des Leistungsumfangs und vermeidet spätere Streitigkeiten. Bei umfangreichen und sich über längere Zeiträume erstreckenden Bauarbeiten sollen nicht erst bei deren Fertigstellung, sondern entsprechend dem Baufortschritt bereits zwischenzeitlich Aufmaße genommen werden. Sofern durch den weiteren Fortgang der Arbeiten früher erbrachte Leistungen verdeckt werden, ist dies ohnehin unumgänglich. Abgesehen davon dürfte es auch stets im Interesse des AN liegen, die erbrachten Leistungen so rasch wie möglich sukzessiv zu quantifizieren und damit Grundlagen für die Stellung von Abschlagsrechnungen zu schaffen. Die Aufmaße haben sich an den Abrechnungsbestimungen der Allgemeinen Technischen Vorschriften für Bauleistungen (VOB/C) und den übrigen Vertragsunterlagen zu orientieren.

Damit sich der AG abschließend und endgültig über die Höhe der insgesamt von ihm geforderten Vergütung unterrichten kann, hat der AN die Verpflichtung, innerhalb bestimmter Fristen die Schlußrechnung vorzulegen. Im Hinblick auf den Lei- *14.3*
stungs- und Abrechnungsumfang orientieren sich diese an der vertraglich vereinbarten Bauzeit; bei Bauarbeiten bis zu drei Monaten Dauer ist die Schlußrechnung 12 Werktage nach Fertigstellung einzureichen, jeweils weitere drei Monate Bauzeit verlängern die Rechnungslegung um sechs Werktage. Innerhalb dieser Frist sind nicht nur die im Vertrag vorgesehenen, sondern auch während der Bauausführung zusätzlich erbrachte Leistungen abzurechnen.

Kommt der AN seiner Abrechnungsverpflichtung nicht fristgerecht nach, dann kann ihm der AG dafür eine angemessene Nachfrist setzen und nach deren etwaigem ergebnislosen Verstreichen die Schlußrechnung auf Kosten und ohne Mitwirkung des
14.4 AN selbst erstellen oder erstellen lassen.

Im Gegensatz zum BGB entbindet die VOB den AN von seiner grundsätzlichen Vorleistungspflicht, indem sie neben der Schlußzahlung, Abschlags-, Voraus- und Teilschlußzahlung vorsieht.

16.1 (1) Abschlagszahlungen orientieren sich zwar am Wert der erbrachten Leistung, berühren aber die vertraglichen Pflichten der Parteien hinsichtlich Abnahme, Haftung und
16.1 (4) Gewährleistung nicht.

Auch für Abschlagszahlungen sind gemeinsam erstellte oder vom AG anerkannte Aufmaße sowie eine prüfbare Abrechnung Voraussetzungen. Abschläge sind ein schließlich des auf den Rechnungsbetrag entfallenden gesetzlichen Umsatzsteuer-
16.1 (3) anteils spätestens 12 Werktage nach Zugang der Rechnung fällig. Ausstehende Sicherheitsleistungen des AN dürfen einbehalten werden, andere Einbehalte bedürfen
16.1 (2) vorheriger vertraglicher Vereinbarung.

Vorauszahlungen setzen dagegen die Erbringung vertraglicher Leistungen nicht voraus und befreien den AN hierdurch von seiner Vorleistungspflicht. Sie sind nicht die
16.2 (1) Regel und müssen folglich gesondert vereinbart werden. Auf Verlangen des AG hat der AN hierfür ausreichende Sicherheit zu leisten, ferner muß er dem AG die Vorauszahlungen mit 1% über dem Lombardsatz der Deutschen Bundesbank verzinsen. Beides gilt naturgemäß nur solange, bis der AG seinen Vorschuß mit für erbrachte Leistungen fälligen Zahlungen verrechnen hat.

Die Schlußzahlung bedeutet die abschließende Zahlung der vertraglichen Vergütung an den AN, wobei der nach Abzug aller bereits entrichteten Teilbeträge von der Gesamtvergütung noch verbleibende Restbetrag entrichtet wird. In Ausnahmefällen (Überzahlung des AN) kann für den AG ein Rückerstattungsanspruch entstehen. Wegen ihrer Rechtsfolgen ist die Schlußzahlung für beide Vertragspartner von besonderem Interesse:

16.3 (1) Die Schlußzahlung hat der AG nach Prüfung und Feststellung der Schlußrechnung zu leisten, spätestens jedoch innerhalb von zwei Monaten nach ihrem Zugang. Dies ist eine zeitliche Obergrenze, der AG soll die Prüfung der Schlußrechnung so zügig wie möglich abwickeln. Ist ein Teil der Schlußrechnung strittig, so darf der AG nicht den Gesamtbetrag bis zur endgültigen Klärung der Rechtmäßigkeit zurückbehalten, sondern muß er den unstrittigen Teil bereits zahlen.

Mit der als Schlußzahlung gekennzeichneten Zahlung dokumentiert der AG, wieweit er Forderungen des AN für berechtigt hält und daß er darüber hinaus keine weiteren Zahlungen zu leisten bereit ist. Nimmt der AN die Schlußzahlung ohne Vorbehalt an,
16.3 (2) dann schließt er die Möglichkeit späterer Nachforderungen für alle mit dem entsprechenden Bauvertrag in Verbindung stehenden Leistungen, auch Zusatz- und Nachtragsleistungen, vollends aus. Will er aber solche Ansprüche aufrecht halten, dann muß er innerhalb von 12 Werktagen nach Eingang der Schlußzahlung schriftlich seinen Vorbehalt erklären und innerhalb weiterer 24 Werktage eine prüfbare Rechnung

über die vorbehaltenen Forderungen nachreichen, es sei denn, diese sind dem AG nach Art und Höhe bereits aus der gekürzten Schlußrechnung oder anders woher bekannt.

In sich abgeschlossene Leistungsteile (z.B. Teile eines gegliederten Bauwerkes) können ebenso wie die vollständige Leistung behandelt und nach einer Teilabnahme ohne Rücksicht auf die Fertigstellung der übrigen Leistungen endgültig aufgemessen, abgerechnet und bezahlt werden. Für eine solche Teilschlußzahlung gelten *16.4*
die gleichen Grundsätze wie für die Schlußzahlung selbst.

Verzögert oder verweigert der AG die Zahlung einer vertraglichen Verbindlichkeit, so kann ihm der AN eine Nachfrist setzen und hat er nach deren etwaigem ergebnislosen Ablauf Anspruch auf Ersatz des nachgewiesenen Verzugsschadens, mindestens aber auf Zinsen in Höhe von 1% über dem Lombardsatz der Deutschen Bun- *16.5 (3)*
desbank. Darüber hinaus begründet der Schuldnerverzug des AG ein Zurückbehaltungsrecht des AN bezüglich seiner weiteren Leistungen, er darf also bis zur Zahlung die Arbeiten einstellen.

4.4.7 Vorzeitige Beendigung des Vertrages

Der Bauvertrag kann durch Kündigung von beiden Vertragspartnern vor der Erfül- *8,9*
lung gelöst werden.

Eine Kündigung des AG ist bis zur Fertigstellung des Bauwerkes jederzeit ohne Angabe von Gründen möglich, dem AN steht dann jedoch die volle vereinbarte Vergü- *8.1*
tung abzüglich der ersparten Aufwendungen zu. Auch muß er sich von seinem Vergütungsanspruch das abziehen lassen, was er während der geplanten Vertragslaufzeit durch anderweitigen Einsatz seiner Arbeitskräfte und maschinellen Betriebsmittel erwirbt oder zu erwerben böswillig unterläßt. Er soll weder besser noch schlechter gestellt werden, als wenn er den gekündigten Auftrag ausgeführt hätte.

Daneben kann der AG "aus wichtigem Grund" kündigen. So ist es ihm nicht zuzumuten, am Vertrag festzuhalten, wenn der AN seinen Zahlungsverpflichtungen nicht nachkommt, einen Vergleich beantragt oder in Konkurs gerät. In diesen Fällen sind *8.2 (1)*
die bereits ausgeführten Leistungen ordnungsgemäß abzurechnen und zu vergüten. Für den noch nicht ausgeführten Rest der Bauleistung kann der AN vollen Schadenersatz einschließlich des entgangenen Gewinns wegen Nichterfüllung verlan- *8.2 (2)*
gen.

Schließlich kann der AG dem AN den Auftrag oder einen Teil davon entziehen, wenn dieser mangelhafte oder vertragswidrige Leistungen erbringt oder mit der Ausführung in Verzug gerät. Hierdurch erwirbt der AG das Recht, den noch nicht vollendeten Teil der Leistung auf Kosten des AN durch einen anderen Unternehmer ausführen *8.3 (1)*
zu lassen. Die darin begründeten finanziellen Ansprüche muß er dem AN innerhalb *8.3 (2)*
von 12 Werktagen nach Abrechnung mit dem Drittunternehmer mitteilen. *8.3 (4)*

Dem AG soll ermöglicht werden, das begonnene Bauvorhaben so rasch wie möglich zu vollenden. Doch ist er verpflichtet, die entstehenden Mehrkosten so gering wie möglich zu halten und dazu ggf. auf der Baustelle vorhandene Geräte und Materiali-
8.3 (3) en des AN gegen entsprechende Vergütung weiterzuverwenden. Läßt der AG jedoch das Bauwerk in veränderter Form fortfahren, dann hat er die Mehrkosten hierfür selbst zu tragen.

Alternativ kann der AG auf die weitere Bauausführung verzichten, wenn diese aus dem Grund, der zur Kündigung führte, heraus für ihn nicht mehr von Interesse ist und vom AN Schadenersatz wegen Nichterfüllung verlangen.

Die gleichen Rechte hat der AG, wenn er nachträglich feststellt, daß der AN den
8.4 Auftrag aufgrund einer Preisabsprache erhalten hat, und den Vertrag innerhalb von 12 Werktagen nach Bekanntwerden dieser Rechtswidrigkeit kündigt.

8.5 In allen Fällen ist die Kündigung schriftlich zu erklären und wird mit dem Zeitpunkt ihres Zugangs beim AN wirksam. Daraufhin kann dieser unverzüglich das Aufmaß und die Abnahme der bereits ausgeführten Leistungen verlangen. Die ihm zustehen-
8.6 de Vergütung wird fällig, sobald er eine prüffähige Rechnung vorgelegt hat.

Vereinbarte und verwirkte Vertragsstrafen darf der AG nur bis zum Zeitpunkt der
8.7 Kündigung geltend machen.

Die Kündigung seitens des AN setzt stets eine Pflichtverletzung des AG voraus, ein allgemeines Kündigungsrecht hat der AN nicht. Verfehlungen des AG in diesem Zusammenhang sind Schuldnerverzug (Nichtleisten einer fälligen Vergütung trotz Mangelfreiheit der Leistung und erfolgloser Mahnung des AN) oder die Unterlassung von
9.1 Mitwirkungshandlungen, ohne die der AN nicht in der Lage ist, seine vertragliche Leistung zu erbringen (Sicherung der Finanzierung, Beschaffung der Baugenehmigung, Bereitstellung des Grundstücks, Abstecken der Bauwerksachsen, Bereitstellung verbindlicher Planunterlagen, Festlegung notwendiger technischer Einzelheiten etc.).

Auch der AN muß seine Kündigung schriftlich erklären; sie ist erst zulässig, wenn der
9.2 AN den AG unter Kündigungsandrohung hinsichtlich seiner Verfehlung gemahnt hat und die hierbei gesetzte Frist ergebnislos verstrichen ist.

Als Folge seiner Kündigung hat der AN Anspruch auf Abrechnung seiner bisherigen
9.3 Bauleistungen zu Vertragspreisen. Darüber hinaus steht ihm nach dem Grundsatz von Treu und Glauben gemäß § 242 BGB eine angemessene Entschädigung für seine Bemühungen und Aufwendungen zu, da er gewillt war, die geplante Bauleistung ordnungsgemäß zu erbringen, durch das vertragswidrige Verhalten des AG aber daran gehindert wurde. Etwaige weitere Schadenersatzansprüche werden hierdurch nicht ausgeschlossen.

4.4.8 Streitigkeiten

Wenn eine Einigung nicht zu erzielen ist, müssen Streitigkeiten zwischen den Vertragsparteien nach den Vorschriften der Zivilprozeßordnung (ZPO) gerichtlich geklärt werden. Die einzige Ausnahme bildet das Schiedsgerichtsverfahren nach §§ 1025 ff. ZPO, dessen Anwendung aber bereits bei Abschluß des Bauvertrages vereinbart sein muß. 18

Für den Zivilprozeß gilt der Sitz der für die Prozeßvertretung des AG zuständigen
Stelle als Gerichtsstand, eine abweichende Regelung kann im jeweiligen Einzelfall 18.1
getroffen werden und ist dem AN mitzuteilen. Ist der AG eine Behörde, dann soll der AN den Sachverhalt etwaiger Meinungsverschiedenheiten und seinen eigenen Standpunkt der dem AG unmittelbar vorgesetzten Stelle vortragen. Hierfür ist aus
Gründen der Klarheit und Beweisfähigkeit die Schriftform zu empfehlen, zwingend 18.2
ist sie nicht. Die vorgesetzte Behörde soll dem AN Gelegenheit zur mündlichen Aussprache und innerhalb von zwei Monaten eine schriftliche Antwort mit Hinweis auf die etwaigen Rechtsfolgen geben. Erfolgt das nicht, dann muß der AN dies als negative Antwort auf sein Begehren ansehen.

Die Entscheidung der vorgesetzten Stelle gilt als vom AN akzeptiert, falls dieser nicht innerhalb von zwei Monaten dagegen schriftlich Einspruch erhebt. Dann ist die Beilegung der Meinungsverschiedenheit gescheitert, und die Vertragspartner können entweder eine neue gütliche Einigung versuchen oder den Prozeßweg beschreiten.

Bei Streitigkeiten über die Eigenschaften von Baustoffen und/oder -teilen besteht 18.3
die Möglichkeit, eine Überprüfung und Entscheidung durch Dritte herbeiführen zu lassen. Hiermit kann jede Partei nach Benachrichtigung der anderen eine staatliche oder staatlich anerkannte Materialprüfungsanstalt beauftragen. Die Kosten hierfür hat der Unterliegende zu übernehmen.

Der AN ist *nicht* berechtigt, im Streitfall seine Arbeiten einzustellen. Als Ausnahme
gilt jedoch, wenn dem AN die Auftragsfortführung aufgrund eines gravierenden Ver- 18.4
schuldens des AG nicht mehr zugemutet werden kann; hierfür ist der AN allerdings beweispflichtig.

In den einzelnen Bundesländern sind in der Mittelinstanz bei den Regierungspräsidien sog. VOB-Anlauf- und -Beratungsstellen eingerichtet worden, die den Ausschreibenden Auskünfte über die VOB-Auslegung erteilen und bei Streitigkeiten eingeschaltet werden sollen. Hinweise und Anschriften sind in Anhang 2 gegeben. Es gibt auch einige paritätisch mit AG- und AN-Vertretern besetzte Schiedsstellen, die sich durch Sachverstand und ausgewogene Entscheidungen Achtung und Autorität verschafft haben.

4.4.9 Übersicht zur Frage des Interessenausgleichs in VOB/B

Es ist schon häufig darüber gestritten worden, ob die VOB/B einen wirklichen Interessenausgleich herbeiführt. In Auftraggeberkreisen wird behauptet, daß die VOB/B die Auftragnehmer begünstigte, und umgekehrt sehen die Bauunternehmer die VOB/B bisweilen als ein Disziplinierungsinstrument an. Da bisher jedoch niemand die

Beseitigung dieser "Allgemeinen Vertragsbedingungen" ernsthaft gefordert hat, ist wohl der einzige richtige Schluß, daß beide Vertragsparteien an der Anwendung und weiteren Verbreitung der VOB/B und ihrer auf Interessenausgleich angelegten Wirkung festhalten wollen.

Nachfolgend sind die wichtigsten Vorteile beider Seiten kurz aufgezählt, soweit sie über die BGB-Regelungen für den Werkvertrag hinausgehen.

Die Auftragnehmervorteile:

Bezugsstelle in VOB/B	Zusammengefaßte Inhaltsangabe in VOB/B
§ 2.3	Bei Mengenmehrungen und -minderungen Über 10% der Einzelpositionen hinaus können neue Einheitspreise vereinbart werden.
§ 5.1	Einzelfristen gelten nur dann als Vertragsfristen, wenn dies im Vertrag ausdrücklich vereinbart ist.
§ 6.4	Die Fristverlängerung nach einer Behinderung enthält einen Zuschlag für die erneute Einarbeitung oder eine etwaige Verschiebung in eine ungünstigere Jahreszeit.
§ 7	Der AN behält Anspruch auf Vergütung, wenn die Leistung durch unabwendbare, vom AN nicht zu vertretende Umstände beschädigt oder zerstört wird (Ausnahmeregelung zu § 644 Abs. 1 BGB)
§ 8.3	Der AG kann den Auftrag erst kündigen bzw. entziehen, wenn bei mangelhafter Ausführung (§ 4.7) oder Verzug (§ 5.4) eine dem AN gesetzte Nachfrist fruchtlos abgelaufen ist. Ein Rücktritt nach § 326 BGB ist ausgeschlossen.
§ 11.4	Der AG kann Vertragsstrafen nur geltend machen, wenn er dies bei der Abnahme vorbehalten hat; andernfalls geht der Anspruch verloren.
§ 12.3	Der AG kann die Abnahme nur wegen *wesentlicher* Mängel verweigern.
§ 12.5	Auch ohne eine förmliche Abnahme gilt die Abnahme 12 Werktage nach der schriftlich mitgeteilten Fertigstellung bzw. sechs Werktage nach Beginn der Nutzung als vollzogen.
§ 13.4	Die Verjährungsfrist für Gewährleistungsansprüche ist falls keine Mängel aufgetreten sind - auf zwei Jahre begrenzt (§ 638 BGB: 5 Jahre)
§ 16.1 u. 5	Es können Abschlagszahlungen beantragt werden. Diese sind aufs äußerste zu beschleunigen.

Die Auftraggebervorteile:

Bezugsstelle in VOB/B	Zusammengefaßte Inhaltsangabe
§ 1.3	Der AG kann während der Ausführung jederzeit Änderungen des Bauentwurfs anordnen.
§ 2.6	Der AG hat zusätzliche Leistungen nur zu vergüten, wenn der AN seinen Vergütungsanspruch vor Beginn der Leistungen dem AG angekündigt hat.

§ 2.l0	Stundenlohnarbeiten werden nur vergütet, wenn sie als solche ausdrücklich vor ihrem Beginn vereinbart worden sind (§ 15 VOB/B).
§ 4.1 Abs.3	Der AG kann Anordnungen auf der Baustelle treffen, die er zur ver
§ 4.6	tragsmäßigen Ausführung der Leistung für notwendig hält.
§ 4.3	Der AN hat Bedenken gegen die vorgesehene Art der Leistung dem AG unverzüglich schriftlich mitzuteilen.
§ 4.8	Nur mit schriftlicher Zustimmung des AG darf der AN Leistungen an Nachunternehmer übertragen.
§ 5.3	Wenn offensichtlich ist, daß die Ausführungsfristen wegen zu geringer Kapazität nicht gehalten werden können, so muß der AN auf Verlangen unverzüglich Abhilfe schaffen.
§ 6.1	Behinderungen hat der AN dem AG unverzüglich schriftlich anzuzeigen.
§ 6.2 Abs.2	Behinderungen durch Schlechtwetter, die man bei der Angebotsabgabe normalerweise erwarten kann, haben keine Verlängerung der Bauzeit zur Folge.
§ 8.2	Der AG kann den Vertrag kündigen, wenn der AN seine Zahlungen einstellt, Vergleich beantragt oder in Konkurs gerät. Ihm steht Schadenersatz wegen Nichterfüllung des Restes zu.
§ 8.4	Der AG kann beim Bekanntwerden von Abreden der Bieter, die eine unzulässige Wettbewerbsbeschränkung darstellen, den Auftrag entziehen und zu seinen Lasten von einem Dritten ausführen lassen.
§ 13.5 Abs.2	Kommt der AN der Aufforderung zur Mängelbeseitigung nicht fristgerecht nach, so kann der AG die Mängel auf Kosten des AN beseitigen lassen.
§ 14.3 u. 4	Der AG hat einen Anspruch auf eine prüfbare Schlußrechnung und kann diese nach vergeblicher Fristsetzung ggf. auf Kosten des AN selbst aufstellen.
§ 16.1 Abs.2	Gegenforderungen können aufgerechnet werden.
§ 16.3	Zur Prüfung und Feststellung der Schlußrechnung werden dem AG zwei Monate eingeräumt. Nachforderungen kann der AN nur binnen 12 Werktagen nach Eingang der Schlußzahlung geltend machen und muß sie innerhalb von 24 weiteren Werktagen begründen.
§ 18.4	Streitfälle berechtigen den AN nicht, die Arbeiten einzustellen.

In der Aufstellung stehen den 10 Vorteilen der AN-Seite 16 Vorteile der AG-Seite gegenüber. Aus dieser ungleichen Zahl darf nicht gefolgert werden, daß die VOB/B keinen fairen Interessenausgleich anstrebt. Die Vorteile sind bei weitem nicht alle gleich gewichtig.

Manche weiteren und hier nicht genannten Detailregelungen sind so ausbalanciert, daß man die Vorteile keiner Partei zurechnen kann, etwa die Bestimmung nach § 16 Nr. 1 Abs. 4, daß Abschlagszahlungen ohne Einfluß auf die Haftung und Gewährleistung des AN bleiben und nicht als Abnahme von Teilleistungen gelten. Von dieser Vereinbarung haben beide Seiten Vorteile; sie ermöglicht regelmäßige Abschlagszahlungen. Es können weitere Vorteile der einen oder anderen Seite aus dem Text der VOB/B herausinterpretiert werden. Es besteht jedoch bei diesen Regelungen die

Möglichkeit, daß sie in bestimmten Fällen auch der jeweils anderen Seite zum Vorteil gereichen können.

Eine Wertung der einzelnen Punkte ist fast ausgeschlossen. Zusammenfassend ist festzustellen, daß nicht ohne Erfolg versucht worden ist, in der VOB/B die Risiken des Bauvertrages aufzuschlüsseln und gleichmäßig zu verteilen. Gegenteilige Äußerungen sind aus der Sicht und Interessenlage der jeweiligen Partei verständlich. Trotz grundsätzlicher Bewährung der VOB/B ist es erforderlich, das Regelwerk fortzuentwickeln, insbesondere mit dem Ziel, die immer umfangreicheren ZVB so weit wie möglich überflüssig zu machen, indem allgemein benötigte Regelungen in die VOB aufgenommen und vereinheitlicht werden.

4.5 Allgemeine technische Vorschriften für Bauleistungen (VOB/C)

Der Teil C ist der umfangreichste Teil der VOB, da er zu jedem technischen Gewerk besondere Bestimmungen enthält. Jeder Teil hat eine eigene DIN-Nummer erhalten (DIN 18300 bis 18421). Diese Normen beschreiben den jeweiligen Stand der Technik und die üblichen Regeln, so daß eine laufende Anpassung und Fortschreibung der einzelnen Abschnitte erfolgen muß. Bei der Verabschiedung der VOB 1979 umfaßte die VOB/C folgende Bestandteile:

DIN 18299 Allgemeine Regelungen
DIN 18300 Erdarbeiten
DIN 18301 Bohrarbeiten
DIN 18302 Brunnenbauarbeiten
DIN 18303 Verbauarbeiten
DIN 18304 Rammarbeiten
DIN 18305 Wasserhaltungsarbeiten
DIN 18306 Entwässerungskanalarbeiten
DIN 18307 Gas- und Wasserleitungsarbeiten im Erdreich
DIN 18308 Dränarbeiten für landwirtschaftlich genutzte Flächen
DIN 18309 Einpreßarbeiten
DIN 18310 Sicherungsarbeiten an Gewässern, Deichen und Küstendünen
DIN 18311 Naßbaggerarbeiten
DIN 18312 Untertagebauarbeiten
DIN 18313 Schlitzwandbauarbeiten mit stützenden Flüssigkeiten
DIN 18314 Spritzbetonarbeiten
DIN 18315 Verkehrswegebauarbeiten; Oberbauschichten ohne Bindemittel
DIN 18316 Verkehrswegebauarbeiten; Oberbauschichten mit hydraulischen Bindemitteln
DIN 18317 Verkehrswegebauarbeiten; Oberbauschichten mit bituminösen Bindemitteln
DIN 18318 Straßenbauarbeiten; Steinpflaster
DIN 18319 Rohrvortriebsarbeiten
DIN 18320 Landschaftsbauarbeiten

DIN 18325 Gleisbauarbeiten
DIN 18330 Mauerarbeiten
DIN 18331 Beton- und Stahlbetonarbeiten
DIN 18332 Naturwerksteinarbeiten
DIN 18333 Betonwerksteinarbeiten
DIN 18334 Zimmer- und Holzbauarbeiten
DIN 18335 Stahlbauarbeiten
DIN 18336 Abdichtung gegen (nicht)drückendes Wasser
DIN 18338 Dachdeckungs- und Dachabdichtungsarbeiten
DIN 18339 Klempnerarbeiten
DIN 18350 Putz- und Stuckarbeiten
DIN 18352 Fliesen- und Plattenarbeiten
DIN 18353 Estricharbeiten
DIN 18354 Asphaltbelagarbeiten
DIN 18355 Tischlerarbeiten
DIN 18356 Parkettarbeiten
DIN 18357 Beschlagarbeiten
DIN 18368 Rolladenarbeiten
DIN 18360 Metallbauarbeiten, Schlosserarbeiten
DIN 18361 Verglasungsarbeiten
DIN 18363 Anstricharbeiten
DIN 18364 Korrosionsschutzarbeiten an Stahl- und Aluminiumbauten
DIN 18365 Bodenbelagarbeiten
DIN 18366 Tapezierarbeiten
DIN 18367 Holzpflasterarbeiten
DIN 18579 Lüftungstechnische Anlagen
DIN 18380 Heizungs- und Brauchwassererwärmungsanlagen
DIN 18381 Gas-, Wasser- und Abwasser-Installationsarbeiten innerhalb von Gebäuden
DIN 18382 Elektrische Kabel- und Leitungsanlagen in Gebäuden
DIN 18384 Blitzschutzanlagen
DIN 18421 Wärmedämmarbeiten an betriebstechnischen Anlagen
DIN 18451 Gerüstarbeiten

Jede dieser 53 gültigen Normen (ohne DIN 18299) ist nach dem gleichen Gliederungsschema aufgebaut:

0 Hinweise für die Leistungsbeschreibung
1 Allgemeines
2 Spezielles (Stoffe/Bauteile/Bodenarten usw.)
3 Ausführung
4 Nebenleistungen
5 Abrechnung

Der Teil 0 behandelt die Dinge, die bei der Leistungsbeschreibung, d.h. bei der Aufstellung von Leistungsverzeichnissen zu beachten sind. Es ist eine Sammlung von Punkten und Stichworten, die naturgemäß nicht Vertragsbestandteil werden können.

In Teil 1 erfolgen Abgrenzungen zu anderen Normen. Er enthält den Hinweis, daß die Leistungen stets die Lieferung der Stoffe einschließlich Abladen und Lagern auf der Baustelle mit umfassen. Der Teil 2 geht auf spezielle Dinge ein, wie die Qualitätskriterien der Baustoffe, deren Überwachung oder Eigenkontrolle u.a.m..

Die Regeln der Ausführung (Teil 3), die bei jedem Gewerk unterschiedlich aussehen, bilden den Hauptteil der Normen. Dabei geht es um grundsätzliche Fragen wie die Unterscheidung und Einteilung der verschiedenen Techniken, Maßtoleranzen, Bauwerksfugen usw. Nicht weniger wichtig sind auch die beiden Folgekapitel über Nebenleistungen (Teil 4) und Abrechnung (Teil 5), die häufig zu Mißverständnissen und Streitigkeiten führen können.

Die nach der Verkehrssitte üblichen Nebenleistungen sind im Rahmen der Ausführung mit zu erbringen, ohne daß diese in der Leistungsbeschreibung besonders in Erscheinung treten müssen, z.B. das Heranbringen von Wasser und Energie vom bereitgestellten Anschlußpunkt, Vermessen und Abrechnen, Vorhalten kleinerer Gerüste sowie von Kleingerät und Werkzeugen usw. Außerdem werden zumeist die Dinge aufgezählt, die keine unbezahlten Nebenleistungen sind (etwa das Reinigen des Untergrunds von groben Verschmutzungen durch andere Unternehmer usw.). Naturgemäß sind dies Richtlinien, die auslegungsfähig sind und daher auch oft zu Abrechnungsstreitigkeiten führen.

Der Benutzer des Normenwerkes wird sehr bald feststellen, daß darin viel Erfahrung gesammelt worden ist, mit dem Ziel, vorhersehbare Konflikte zu vermeiden.

5 Weitere typische Verträge im Bauwesen

5.1 Verträge für Arbeitsgemeinschaften

BGB §§

Die gemeinschaftliche Ausführung von Bauleistungen hat in der BRD eine lange Tradition. Die Arbeitsgemeinschaft (ARGE) ist eine für die Baubranche typische Kooperationsform.

Als Gesellschaft des bürgerlichen Rechts unterliegt sie den gesetzlichen Bestimmungen des BGB. Da diese den speziellen Belangen der baubetrieblichen Arbeitsgemeinschaft nicht in vollem Maße gerecht werden, wird im allgemeinen ein vom Arbeitskreis des Hauptverbandes der Deutschen Bauindustrie e.V. erarbeiteter ARGE-Mustervertrag abgeschlossen (neueste Fassung 1979). *705 ff*

Charakteristisch für eine Arbeitsgemeinschaft ist die juristische Form der "Gesellschaft bürgerlichen Rechts" ohne eigene Rechtspersönlichkeit. Hat ein Gesellschafter eine Forderung gegen eine ARGE, so ist diese Forderung als eine unmittelbar auch gegen die Mitgesellschafter gerichtete (persönliche) Forderung zu betrachten. Gegenüber Dritten haften jedoch nicht etwa die Gesellschafter einzeln, sondern stets alle Beteiligten im vollen Umfang als Gesamtschuldner.

Der Zusammenschluß in einer ARGE erfolgt nicht auf Dauer, sondern zweckgebunden zur Bewältigung eines oder mehrerer genau festgelegter Bauaufträge, einschließlich der Abwicklung aller Verbindlichkeiten (Gewährleistung, Bürgschaften usw.).

Jährlich werden im Bundesgebiet etwa 600 Bauvorhaben mit einem Volumen von 3,5 Mrd. DM in Arbeitsgemeinschaften abgewickelt.

5.1.1 Arbeitsgemeinschaften auf Initiative von Auftragnehmern

Planen mehrere Bauunternehmungen aus Gründen vereinigter und damit größerer Leistungsfähigkeit oder der Risikostreuung, einen Auftrag auszufahren und geben sie dazu ein gemeinsames Angebot ab, dann spricht man von einer Bietergemeinschaft. Da nicht sicher ist, ob dieses Angebot auch zum Auftrag führt, ist es zu aufwendig, schon im Stadium der Angebotsbearbeitung einen detaillierten ARGE-Vertrag auszuarbeiten. Hierfür genügt ein Vorvertrag, der nicht wirksam wird, wenn ein Zuschlag nicht erteilt wird, der allerdings - ausdrücklich oder stillschweigend - die bindende Vereinbarung enthalten muß, im Falle der Zuschlagserteilung eine Arbeitsgemeinschaft oder ein Konsortium zu bilden.

Die Initiative zur Bildung der ARGE geht also in der Regel von der Auftragnehmerseite aus. Probleme können sich im Zusammenhang mit beschränkten Ausschreibungen ergeben, wenn nur einer der ARGE-Partner eine Aufforderung zur Angebotsabgabe erhalten hat. Hierbei können von Seiten des AG unerwünschte Firmen in die Submission kommen. Demgegenüber besteht durch das Prinzip der gesamtschuldnerischen Haftung für jeden AG ein hohes Maß an Schutz.

5.1.2 Arbeitsgemeinschaften infolge Auftraggeberinitiative

Da bei den Baufirmen Einzelaufträge beliebter sind als Gemeinschaftsaufträge, ist häufig der Fall zu beobachten, daß ein Auftraggeber die Arbeit einem Bieter nicht allein übertragen will. Er unternimmt den Versuch, weitere Bieter zur Bildung einer Arbeitsgemeinschaft mit dem Billigstbieter zu veranlassen, um die Arbeit an eine leistungsfähigere Gemeinschaft zum Preise des billigsten Angebots vergeben zu können. Dieses Verfahren widerspricht § 24.3 VOB/A, weil damit von dem zusätzlichen ARGE-Partner ein Preisnachlaß verlangt wird. Trotzdem gibt es viele Baufirmen, die solche Vorschläge der AG-Seite akzeptieren.

5.1.3 ARGE-Vertrag

In jüngster Zeit ist die Frage der kartellrechtlichen Zulässigkeit derartiger Arbeitsgemeinschaften diskutiert worden, die sicherlich vor allem bei sehr großen oder besonders komplizierten Bauvorhaben eine geeignete und erprobte Form der Kooperation darstellen. Zu ihrer Rechtfertigung ist vor allem anderen anzuführen, daß keine Firma, auch keine von den großen, für längere Zeit ihre gesamte Kapazität auf einer Baustelle binden kann, die eines Tages ausläuft und diese Produktionsmittel plötzlich freisetzt. Die Gefahr, daß dann kein Anschlußauftrag vorhanden ist, muß als wichtigster Grund zur Bildung der ansonsten sehr unbeliebten Arbeitsgemeinschaften angesehen werden.

Zur Regelung der juristischen, organisatorischen, betriebswirtschaftlichen, finanziellen und steuerlichen Probleme wird ein besonderer ARGE-Vertrag abgeschlossen, der alle Beziehungen im *Innenverhältnis* festlegt.

Name, Sitz und Zweck

Für den Geschäftsverkehr nach außen ist es erforderlich, der Arbeitsgemeinschaft einen eigenen Namen zu geben. Dieser kann durch Zusammenfassung der Firmenbezeichnungen entstehen, oder durch einen von den Gesellschaftsnamen unabhängigen Begriff (wie z.B. "Arge Südbrücke"). Ferner sind der Sitz und der Zweck der Arbeitsgemeinschaft festzulegen.

Beteiligung und Haftung

Die Gesellschafter werden verpflichtet, im Verhältnis ihrer Beteiligung Beiträge und Leistungen an die ARGE zu erbringen. Das Beteiligungsverhältnis der Gesellschafter untereinander legt die Anteile an allen Rechten und Pflichten, insbesondere an Gewinn und Verlust, an Bürgschaft, Haftung und Gewährleistung fest.

Das Beteiligungsverhältnis der Gesellschafter regelt zwar das Innenverhältnis, berührt nicht die gesamtschuldnerische Haftung Dritten (Außenverhältnis) gegenüber. Dies wird im Arbeitsgemeinschaftsvertrag ausdrücklich erwähnt.

Die Regelung des Innenverhältnisses ist notwendig, da nach BGB die Gesellschaf- *BGB §§*
ter gleiche Beiträge zu leisten hätten, was bei der Durchführung der ARGE selten *706*
der Fall ist. Ferner würden die Anteile an Gewinn und Verlust, Haftung etc. ohne
Rücksicht auf die Art und Größe der Beiträge der Gesellschafter gleich groß sein.

Die Haftung gegenüber Dritten, insbesondere gegenüber dem Auftraggeber, besteht
in doppelter Hinsicht: Einmal haftet die ARGE mit dem Gesellschaftsvermögen. Da- *420*
neben haften die Gesellschafter als Gesamtschuldner nach den Grundsätzen des *823 ff*
BGB, ebenso im Falle einer gemeinschaftlich begangenen unerlaubten Handlung. *830,840*

Die Haftung als Gesamtschuldner bedeutet, daß der Dritte von jedem Schuldner (Gesellschafter) nach seinem Belieben das Ganze verlangen kann. Er ist auch befugt, Teile der Leistung von verschiedenen Gesellschaftern zu fordern. Die Leistung steht ihm aber nur einmal zu. Der in Anspruch genommene Gesellschafter kann sich nicht darauf berufen, daß er im Innenverhältnis lediglich den auf ihn entfallenen Anteil zu tragen verpflichtet ist.

Organe der ARGE

Die Organe der ARGE sind

- Aufsichtsstelle (Gesellschafterversammlung) als oberstes Organ,
  technische Geschäftsführung,
- kaufmännische Geschäftsführung und
- Bauleitung.

Üblicherweise wird eine juristische Person durch ihre Organe gerichtlich und außergerichtlich vertreten. Da aber die Gesellschaft des bürgerlichen Rechts keine juristische Person darstellt, sind ihre Organe nur im Rahmen des ihnen erteilten Auftrages vertretungsberechtigt.

a) Die *Aufsichtsstelle* entscheidet alle Fragen von grundsätzlicher Bedeutung (z.B. Vertragsänderungen) und kann alle Geschäftsvorgänge an sich ziehen. Sie ist beschlußfähig, wenn sämtliche Gesellschafter rechtzeitig unter Angabe der Tagesordnung zur Sitzung eingeladen wurden und die im ARGE-Vertrag festgelegte Mehrheit der eingeladenen Gesellschafter erschienen ist.

   Ist die Aufsichtsstelle nicht beschlußfähig, so entscheidet sie nach Feststellung ihrer Beschlußunfähigkeit in einer zweiten, rechtzeitig einberufenen Sitzung ohne Rücksicht auf die Zahl der erschienenen Gesellschafter.

   Die Beschlüsse bedürfen der Einstimmigkeit, soweit der ARGE-Vertrag nichts anderes bestimmt. Ist Einstimmigkeit nicht zu erreichen, so genügt die einfache Mehrheit der auf den nächsten Tag einberufenen Sitzung.

   Die Aufsichtsstelle kann durch einstimmigen Beschluß der übrigen Gesellschafter dem technisch geschäftsführenden Gesellschafter oder dem kaufmännisch geschäftsführenden Gesellschafter oder dem Bauleiter seine Befugnis aus wichtigem Grund entziehen.

b) Der *technische Geschäftsführer* ist verantwortlich für die ordnungsgemäße technische Durchführung des Bauvorhabens, für die Einhaltung des ARGE-Vertrages und der Beschlüsse der Aufsichtsstelle in technischer Hinsicht. Er vertritt die ARGE gegenüber dem Auftraggeber, in kaufmännischen Angelegenheiten im Benehmen mit der kaufmännischen Geschäftsführung, gegenüber Dritten nur, soweit es sich um technische Belange handelt.

Verträge mit Nach- und Nebenunternehmern kann der technische Geschäftsführer mit Zustimmung der Aufsichtsstelle und im Einvernehmen mit dem kaufmännischen Geschäftsführer abschließen.

Aufgabe des technischen Geschäftsführers ist weiterhin die Überwachung der Bauarbeiten sowie die Unterweisung und Überwachung der örtlichen Bauleitung auf der Baustelle. Er muß die dazu notwendigen Unterlagen beschaffen und in Kopie allen Gesellschaftern aushändigen. Alle wesentlichen Geschäftsvorfälle hat er den Gesellschaftern mitzuteilen.

c) Der *kaufmännische Geschäftsführer* ist verantwortlich für die ordnungsgemäße Durchführung sämtlicher kaufmännischer Arbeiten, für die Einhaltung des ARGE-Vertrages und die Beschlüsse der Aufsichtsstelle in kaufmännischer Hinsicht.

Nach Abwicklung des Bauauftrages und Anerkennung der Schlußrechnung durch den Auftraggeber hat er die vorläufige Auseinandersetzungsbilanz aufzustellen und der Aufsichtsstelle innerhalb eines Monats vorzulegen. Nach Abwicklung aller Geschäftsvorfälle stellt die kaufmännische Geschäftsführung die Schlußbilanz und ein Schlußprotokoll auf.

Garantierückstellungen erscheinen nicht in der Schlußbilanz, denn jeder Gesellschafter hat in seiner eigenen Firma Rückstellungen zu bilden. Diese Rückstel-
718 lungspflicht folgt aus dem BGB in Verbindung mit der von der Arbeitsgemeinschaft dem Bauherrn gegenüber übernommenen Garantiehaftung.

Die kaufmännische Geschäftsführung hat den Gesellschaftern regelmäßig Betriebsübersichten mit Kontoauszügen zu übermitteln.

d) Der *Bauleitung* obliegt die Durchführung des Bauauftrages nach Weisung der technischen und der kaufmännischen Geschäftsführung. Sie ist bevollmächtigt, mit den örtlichen Organen des Auftraggebers über Fragen örtlichen Charakters zu verhandeln, jedoch nicht zu Verhandlungen über Änderungen oder wesentliche Erweiterungen des Bauvertrages. Hierzu ist sie nur mit Vollmacht der Aufsichtsstelle berechtigt. Zeichnungsberechtigt sind Bauleiter und Kaufmann gemeinsam.

Die Organe der ARGE werden tätig, weil sie aufgrund eines Auftrages nach §§ 662 ff
662 ff BGB von den Gesellschaftern die technische bzw. kaufmännische Geschäftsführung oder die Bauleitung übernommen haben. Nach den Bestimmungen über den Auftrag sind die einzelnen Organe zur Auskunftserteilung und Rechenschaftslegung ver-
666 pflichtet. Erfüllt einer der Gesellschafter, der als Organ tätig ist, seine Aufgaben nicht oder nur unvollständig, so kann er im Innenverhältnis von seinen Mitgesellschaftern schadenersatzpflichtig gemacht werden, wenn durch sein Verhalten Schaden entstanden ist.

Beendigung der ARGE

Die ständig bestehende Möglichkeit zur Kündigung nach § 723 Abs. 1 BGB gilt nicht *723*
für die typische Arbeitsgemeinschaft, die für ein bestimmtes Bauvorhaben eingegangen wurde, außer es liegt ein triftiger Grund vor. Sie ist nur im Fall von Dauerarbeitsgemeinschaften möglich.

Der Tod eines Gesellschafters führt zur Auflösung der Arbeitsgemeinschaft, falls *727*
nicht im Vertrag eine anderweitige Regelung vereinbart ist. Dieselbe Wirkung tritt
durch Eröffnung des Konkurs- oder Vergleichsverfahrens über das Vermögen eines *728*
Gesellschafters ein.

Ein Gesellschafter kann durch einstimmigen Beschluß der übrigen Gesellschafter
ausgeschlossen werden, wenn er trotz schriftlicher Inverzugsetzung seinen Ver- *737*
pflichtungen nicht oder nicht gehörig nachkommt.

Die ARGE endet mit Erreichung ihres Zwecks, der Fertigstellung des Bauvorhabens. *726*
Maßgebend ist der Zeitpunkt der Abnahme. Die Erledigung von Gewährleistungspflichten steht der Auflösung entgegen. Danach sind die schwebenden Geschäfte zu
beenden, die Gewährleistungsansprüche zu erfüllen und die Auseinandersetzung *730 ff*
durchzuführen.

Regelung spezieller ARGE-Probleme *ARGE §§*

Damit eine Arbeitsgemeinschaft reibungslos funktioniert und spätere Streitigkeiten von vornherein vermieden werden, ist über die Regelungen des BGB hinaus eine Fülle von Einzelheiten festzulegen:

Hinsichtlich der *finanziellen Ausstattung* der ARGE ist zu vereinbaren, von welchem Partner Geldmittel in welcher Höhe zur Verfügung gestellt werden, wer über die Konten verfügt und welche Kontroll- bzw. Einspruchsmöglichkeiten die nicht federführenden Partner eingeräumt bekommen.

Häufige Ursache für Unstimmigkeiten ist die *Personalbeistellung* sowohl im Verwaltungs- als auch im gewerblichen Bereich, da die Partner meist bestrebt sind, ihre besten Kräfte auf eigenen Baustellen einzusetzen. Die Bezahlung gleichrangiger Arbeitnehmer von verschiedenen Stammfirmen kann ungleich sein, die ARGE muß *12.21*
dann die Personalkosten in der unterschiedlichen Höhe tragen. Auch kann es vor- *12.41*
kommen, daß Arbeitnehmer nach Abwicklung einer ARGE aus persönlichen Gründen von einer Partnerfirma zu einer anderen übertreten möchten. Hier sieht der
ARGE-Vertrag für Angestellte eine Sperrfrist von einem Jahr und für gewerbliches *12.8*
Personal von sechs Monaten vor.

Der *Einkauf* von Stoffen oder die Abgabe von nicht gebrauchtem Baumaterial an die *13*
Partnerfirmen ist vertraglich zu regeln.

Die *Gerätebereitstellung*, ihre Vergütung, die Durchführung der Instandhaltung und *14*
auch der Kauf bzw. Verkauf von Geräten durch die ARGE bedarf spezieller Verein- *15*

barungen, wie auch die Verrechnung der von einzelnen Partnern erbrachten Dienstleistungen.

Streitigkeiten der Gesellschafter untereinander können vor einem Schiedsgericht oder einem ordentlichen Gericht ausgetragen werden. Welcher Gerichtsweg zu gehen ist, haben die ARGE-Partner bei Abschluß des Vertrages festzulegen.

Der ARGE-Mustervertrag basiert auf jahrelanger Erfahrung, so daß man sicherlich gut beraten ist, ihn bei Gründung einer Arbeitsgemeinschaft zu Grunde zu legen.

Europäischer ARGE-Vertrag

Der Europäische Verband der Bauwirtschaft hat im Mai 1982 zwei Muster für einen Europäischen ARGE-Vertrag vorgelegt, um die ARGE auch im europäischen Recht zu verankern.

- Modell A sieht für die ARGE-Partner die gesamtschuldnerische Haftung vor;
- Modell B enthält die gesamtschuldnerische Haftung nur gegenüber dem Auftraggeber, jedoch nicht gegenüber Dritten.

Es dürfte jedoch ein weiter Weg sein, bis dieser in fünf Sprachen abgefaßte Mustervertrag allgemein benutzt wird, da in den EG-Staaten unterschiedliche Rechtsordnungen, Steuern und Währungen in Gebrauch sind, so daß übernationale Arbeitsgemeinschaften sicher eine Ausnahme bleiben werden.

5.2 Verträge mit Nachunternehmern

Grundsätzlich ist davon auszugehen, daß ein AN seine im Werkvertrag übernommenen Leistungen durch den eigenen Betrieb erbringt. Es gibt aber vielfältige Gründe, Teile eines Auftrages an Nachunternehmer weiterzugeben:

- Durch die Arbeitsteilung und Spezialisierung der Betriebe hat kaum eine Firma die Möglichkeit, alle Arten von Bauarbeiten selbst auszuführen und alle Arten von Baustoffen selbst herzustellen bzw. zu verarbeiten.
- Bei plötzlichen Kapazitätsengpässen in einzelnen Sparten wird versucht, die Personalkapazität durch Weitervergabe von Teilleistungen an Nachunternehmer rasch zu vergrößern, was insbesondere infolge der ständig neuen Positionsmischung innerhalb der Aufträge notwendig wird.
- Wirtschaftliche Überlegungen können ebenfalls ein Motiv für die Weitervergabe von Teilleistungen sein, so werden z.B. bei größeren Entfernungen zumindest Wegegelder, Auslösungen und Transportkosten eingespart. Oftmals ist die Grundlage für derartige Vergaben schon durch Preisanfragen und entsprechende Vorabsprachen bei der Erstellung des Angebotes durch den Hauptunternehmer gelegt.
- Insbesondere kommunale AG streben an, daß ortsansässige Firmen Aufträge bekommen. Wenn auswärtige Betriebe niedrigere Angebote abgeben als die einheimischen, und wenn diese zum Auftrag führen, dann wird bisweilen versucht, die

ortsansässige Wirtschaft mehr oder weniger offiziell durch Nachunternehmeraufträge zu beteiligen.

Die Untervergabe soll (zumindest im Rahmen von VOB-Hauptverträgen) nach den Bedingungen von § 4.8 VOB/B erfolgen, wo es heißt:

1) Nachunternehmer dürfen nur mit schriftlicher Zustimmung des AG eingeschaltet werden.
2) Der AN hat bei der Weitervergabe an Nachunternehmer die VOB zugrunde zu legen.
3) Der AN hat dem AG auf Verlangen die Nachunternehmer bekanntzugeben.

Nicht ohne gute Gründe sieht die VOB die Zustimmung des jeweiligen AG vor, damit auch eine ordnungsgemäße Bauausführung sichergestellt ist. Beispielsweise hätte eine Bauverwaltung ihre Kompetenzen überschritten, wenn sie die Beauftragung ausländischer Nachunternehmen duldet, ohne daß sichergestellt ist, daß diese nach DIN-Normen und dem hiesigen Qualitätsstandard arbeiten. Wenn aber diese Forderungen einwandfrei erfüllt werden, gibt es keinen Grund von Seiten der AG, die Zustimmung zu verweigern.

Außer den Vorschriften von § 4.8 VOB/B beschäftigen sich häufig die Zusätzlichen Vertragsbedingungen (ZVB) der Auftraggeber mit der Weitervergabe an Nachunternehmer, was zum Teil Verschärfungen gegenüber der VOB zur Folge hat (z.B. Rücktrittsrecht vom Vertrag durch die Deutsche Bundesbahn), andererseits aber auch eine Liberalisierung gegenüber der VOB bedeutet (z.B. begnügt sich die Straßenbauverwaltung mit einer bloßen Anzeige der Nachunternehmer). Die Finanzbauverwaltungen fordern, daß außer der VOB/B bei Weitervergaben die §§ 2 sowie 9 bis 15 VOB/A angewendet werden.

In der Tat sollte der Hauptunternehmer darauf achten, daß die vorgesehenen Nachunternehmer *fachkundig, leistungsfähig* und *zuverlässig* sind, da er selbst mit diesem Maßstab gemessen wird (§ 2 VOB/A).

Zwischen dem Hauptunternehmer und den Nachunternehmern sind Werkverträge abzuschließen, in denen Festlegungen enthalten sein sollen über

- Leistungsbeschreibung und Ausführungsunterlagen,
- Ausführungsfristen,
- Vertragsstrafen,
- Sicherheitsleistungen,
- Abrechnung und Zahlungsmodalitäten,
- Abnahme und
- Gewährleistung.

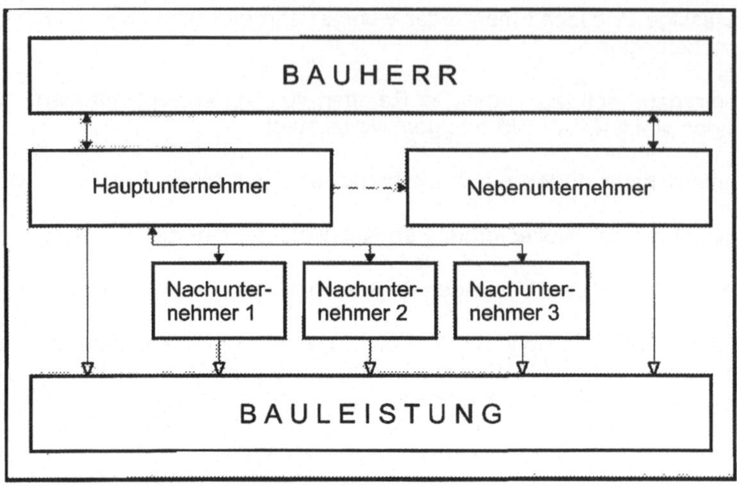

Vertragsbeziehung
Leitungs- und Koordinationsbeziehung
Ausführung der Leistung

Bild 5.1 Vertragsbeziehungen zwischen Bauherren einerseits und Haupt-, Neben- und Nachunternehmern andererseits.

Alles Übrige ist durch die VOB bzw. die gesetzlichen Bestimmungen geregelt. Die ZVB der Hauptunternehmer unterliegen dem AGB-Gesetz, d.h. alle Bestimmungen in Allgemeinen Geschäftsbedingungen, die den Nachunternehmer unangemessen benachteiligen, sind unwirksam (§ 9 AGBG).

Daraus folgt eindeutig, daß der Hauptunternehmer nicht seine eigenen Risiken im vollen Umfang auf den Nachunternehmer abwälzen darf. Hat z.B. der AN eine Sicherheitsleistung von 5% zu erbringen, die durch Bankbürgschaft abgelöst werden kann, so darf er selbst bei Weitervergabe keine höhere Sicherheitsleistung verlangen oder die Bankbürgschaft ablehnen.

Natürlich ist es problematisch, wenn der Nachunternehmer eine zentrale Aufgabe ausführen soll, die für den gesamten Auftrag des AN terminbestimmend sein kann (z.B. Baugrubenaushub oder Abdichtungsarbeiten), und mit diesen Aufgaben in Verzug gerät. Es ist jedoch unzulässig, etwa die ganze Vertragsstrafe des Hauptauftrages in jedem dieser Nachunternehmerverträge zu vereinbaren. Wenn der AN z.B. selbst einen Vertrag mit 1‰ Vertragsstrafe je AT hat, so darf er auch seinerseits nur Nachunternehmerverträge mit diesem Satz abschließen. Das Risiko von Terminüberschreitungen seiner Nachunternehmer und der Erfüllung seines eigenen Vertrages muß er selbst tragen. Natürlich kann er nachweislich entstandenen Schaden in Form von Schadenersatzansprüchen geltend machen, wie dies im BGB und in der VOB/B generell vorgesehen ist.

Dasselbe gilt für die Abrechnung und die Zahlungsbedingungen: Der Nachunternehmer hat ein Vertragsverhältnis mit dem Hauptunternehmer, nicht mit dem Bauherrn (Bild 5.1). Dies bedeutet, daß ihm die vereinbarte Vergütung zusteht, sobald er seine vertragliche Leistung erbracht hat, und nicht erst dann, wenn der AG an dem Hauptunternehmer gezahlt hat. Schließlich hat nur dieser die Möglichkeit, alle für eine pünktliche Zahlung des AG notwendigen Voraussetzungen zu erfüllen (Mängelbeseitigung u.a.m.).

Auch die Fragen von Abnahme und Gewährleistung sind differenziert zu regeln: Die Abnahme ist durchweg fällig, bevor die Gesamtabnahme durch den AG erfolgt. Z.B. beim Gerüstbau, beim Schalungsbau oder bei Bewehrungsarbeiten erfolgt die Abnahme sofort. Eine Gewährleistung ist über das Betonieren hinaus nicht erforderlich bzw. der Hauptunternehmer hat sie selbst zu tragen. Anders dagegen beim schlüsselfertigen Bauen: Die Rohbaufirma wird die meisten Gewerke an Bauhandwerker vergeben. Es wäre unklug, etwa die Heizungsfirma oder den Fliesenleger aus der Gewährleistung zu entlassen oder diesen Handwerksbetrieben jegliches Risiko für die einwandfreie Qualität ihrer Arbeiten abzunehmen. Hierbei ist es nicht unbillig, die gleiche Gewährleistungsfrist zu verlangen, der der Hauptunternehmer selbst unterworfen ist, zuzüglich der Zeitspanne bis zum Beginn dieser Gewährleistung, das ist i.d.R. die Schlußabnahme durch den AG.

5.3 Lieferverträge für Baustoffe

Die Beschaffung der Bau- und Bauhilfsstoffe hat große Bedeutung in der Bauwirtschaft. Dazu werden Kaufverträge mit Baustoffhändlern oder speziellen Lieferanten wie Steinbrüchen, Sägewerken, Kiesgruben und Ziegeleien abgeschlossen. Wegen der großen Mengen einzelner Baustoffe hat der Einkauf eine zentrale Bedeutung in der Bauunternehmung. Die Materialkosten betragen zwischen 25% (Hochbau) und 40% (Straßenbau) von den Gesamtkosten. Jede Ermäßigung des Einkaufspreises stellt daher eine Möglichkeit zur Ergebnisverbesserung dar. Dabei entfallen auf nur zehn Hauptbaustoffe etwa 60% des Wertes aller Baustoffe. Die restlichen 40% verteilen sich auf sehr viele Produkte und Zulieferungen, so daß die Zahl der Kaufverträge sehr hoch sein kann.

Für den wirtschaftlichen Erfolg einer Baustelle reicht der preisgünstige Einkauf der Baustoffe allein nicht aus, vielmehr muß auch sichergestellt werden, daß diese termingerecht in der benötigten Menge und Produktqualität zur Verfügung stehen. Insbesondere auf größeren Baustellen ist es nicht ratsam, sich den allgemeinen Preis- und Lieferbedingungen des Baustoffhandels zu unterwerfen, um Lieferengpässe auszuschließen sowie bestmögliche Preis- und Zahlungsbedingungen zu erzielen. Daher werden mit den Lieferanten Rahmenverträge abgeschlossen, z.B. über den gesamten Transportbeton für eine oder mehrere Baustellen, die den Beton entsprechend dem Baufortschritt selbständig abrufen und dabei den Lieferzeitpunkt und -umfang sowie die Qualität (Rezeptur) nach den Erfordernissen festlegen. Für den Abschluß derartiger Lieferverträge sind vor allem die §§ 433-493 BGB maßgebend. Da die Bauunternehmer häufig Festpreisverträge mit den Bauherren abschließen müssen, sind sie sehr daran interessiert, mit den Lieferanten ähnliche Konditionen auszuhandeln. Naturgemäß hat die Art der Bauausführung, die Art der Anlieferung und der Lagerung großen Einfluß auf den Preis, z.B. können beengte Platzverhältnisse die Anlieferung von kleinen Mengen oder mit kleineren Fahrzeugen als üblich erfordern.

Baulieferverträge sollten folglich Regelungen enthalten über

- Mengen bzw. Grundlagen der Mengenfestlegung,
- Baustoffgüten mit allen technischen Einzelheiten,
- Liefer- bzw. Abnahmezeiträume,
- Lieferorte (Baustellen),
- Preise bzw. Grundlagen der Preisermittlung,
- Transportkosten,
- Zahlungsbedingungen,
- Art und Dauer der Gewährleistung und
- Güteprüfungen und deren Kosten.

Nicht selten treten Baustoffmängel erst viel später zutage, wenn das Bauwerk den Belastungen aus Nutzung und Umwelt ausgesetzt ist, so daß der Lieferant über den Zeitpunkt der Abnahme seiner Produkte und über den Zeitpunkt der Bezahlung hinaus dafür haften muß, daß die gelieferten Stoffe die zugesicherten Eigenschaften besitzen.

5.4 Mietverträge für Baumaschinen

Die Rechtsfragen der Mietverhältnisse regeln die §§ 535-580 BGB. Die Bauunternehmen treten sowohl als Mieter wie als Vermieter von Baumaschinen und Baugeräten auf. Die baugewerblichen Spitzenverbände haben für diesen Zweck Formularverträge entwickelt, die über den Buchhandel bezogen werden können (Lang- und Kurzfassung). Auch die Interessenvertretungen der Baumaschinenhersteller vertreiben Formularverträge (Bundesverband der Baumaschinen-, Baugeräte- und Industriemaschinenfirmen e.V., Bonn).

Darin werden außer der Nennung der Vertragsparteien insbesondere folgende Punkte geregelt:

- Beginn und Dauer der Mietzeit,
- Übergabe des Gerätes, Mängelrüge und Haftung,
- tägliche Arbeitszeit,
- Mietberechnung und Mietzahlung,
- Stilliegeklausel,
- Verlade- und Transportkosten,
- Unterhaltspflicht des Mieters,
- Beendigung/Verlängerung des Mietvertrages,
- Kündigung.

Für die Gestellung von Bedienungspersonal sind stets zusätzliche Vereinbarungen über die zu zahlende Vergütung sowie Wege-, Trennungs- und Übernachtungsgelder erforderlich.

5.5 Architekten- und Ingenieurverträge

Verträge eines Bauherrn oder Bauunternehmers (z.B. als Generalunternehmer oder Bauträger) mit Architekten und Ingenieuren sind in der Regel Werkverträge, da sie die Herstellung eines Werkes (Planung, Berechnung, Zeichnung, Prüfung u.ä.) zum Gegenstand haben. Nur im Falle von überwiegend beratender oder überwachender Tätigkeit, bei der kein Einfluß auf die Gestaltung der Bauwerke vorliegt, wird ein Dienstvertrag abgeschlossen.

Seit dem 1.1.1977 ist die Honorarordnung der Architekten und Ingenieure (HOAI) in *HOAI §§*
Kraft, die die bis dahin geltenden Gebührenordnungen (GOA, GOI) abgelöst hat. Nach dem Leistungsbild der HOAI umfaßt die Objektplanung insgesamt acht Leistungsphasen, die gegebenenfalls einzeln oder auch nacheinander in Auftrag gege- *15*
ben werden können. Zur Ermittlung der Honorare werden sog. Honorarzonen und Objektgrößen zwischen 50 TDM und 50 Mio. DM unterschieden. Die Honorartafeln enthalten Mindest- und Höchstsätze. *16*

Durch die ständig schwieriger werdenden Bau- und Umweltbedingungen und infolge des Anwachsens von Spezialwissen sind öffentliche und private Bauherrn zunehmend gezwungen, für die jeweiligen Aufgaben einen Sonderfachmann einzuschalten. Die traditionellen Aufgaben der Tragwerksplanung (Konstruktion, Statik und Prüfstatik) sind in der HOAI ausführlich behandelt und mit Gebührensätzen verse- *51-56*
hen; für eine Reihe weiterer zusätzlicher Leistungen dürfen die Honorare frei vereinbart werden:

- Entwicklung und Herstellung von Fertigteilen, *28*
- Rationalisierungswirksame Sonderleistungen, *29*
- Rationalisierung im Wohnungsbau, *30*
- Projektsteuerung, *31*
- Winterbau. *32*

Verträge und Honorare für Leistungen auf einigen Fachgebieten unterliegen dagegen der GOI sowie speziellen Tarifen:

- Bodenerkundung und Baugrundbegutachtung,
- Klima, Heizung und Lüftung,
- Sanitäre Anlagen,
- Stark- und Schwachstromanlagen,
- Gartengestaltung,
- Vermessung.

Schließlich werden von Bauherren gelegentlich Sonderfachleute für

- Bauphysik,
- Schall- und Raumakustik,
- Betriebsorganisation,
- Inneneinrichtung u.a.m.

hinzugezogen. Derartige Verträge werden meist unmittelbar zwischen Bauherrn und Sonderfachmann geschlossen, so daß dieser Erfüllungsgehilfe des Bauherrn wird.

Aus diesem Grund ist ein mit der Gesamtleitung beauftragter Architekt weder verpflichtet noch berechtigt, die Arbeit des Sonderfachmannes zu beaufsichtigen. Er hat lediglich das Recht, umfassend informiert zu werden, und die Pflicht, die Sonderfachleute zu koordinieren. Der Architekt ist grundsätzlich von der Verantwortung für die Tätigkeit der Sonderfachleute freigestellt; wenn er aber aus seiner besonderen Fachkenntnis heraus erkennt, daß der Sonderfachmann falsche Annahmen getroffen und ungewöhnliche Ergebnisse gefunden hat, so muß er für eine Nachprüfung der jeweiligen Berechnungen sorgen.

Der Sonderfachmann haftet im Rahmen des Werkvertragsrechtes für alle Mängel und Fehler seiner Planung. Er ist zur Mängelbeseitigung verpflichtet und kann auf Schadenersatz wegen Schlechterfüllung oder Nichterfüllung verklagt werden.

6 Baupreis- und Wettbewerbsrecht

6.1 Baupreisverordnung "BPVO" (VO PR Nr. 1/72)

6.1.1 Entwicklung des Preisrechtes und Grundsätze

Die Bundesregierung hat sich in den Jahreswirtschaftsberichten 1970 und 1971 zur freien Marktwirtschaft bekannt, so daß administrative Eingriffe in das Preisgefüge nur die Ausnahme bilden dürfen. In den "Grundsätzen für staatliche Preisregelung ..." der Bundesregierung (verabschiedet am 6. Mai 1970, veröffentlicht im Bundesanzeiger 118) werden den Preisen, die nach Angebot und Nachfrage frei zu bilden sind, wichtige Lenkungsfunktionen in der Volkswirtschaft zugesprochen. Daraus ergeben sich folgende Leitlinien für das Baupreisrecht:

1. Es sind nur so viele Preisvorschriften wie unbedingt erforderlich zu erlassen.
2. Für die notwendigen Preisregelungen sind möglichst flexible Formen zu wählen.
3. Die Preishöhe soll sich am Marktgeschehen orientieren.
4. Bei Preiserhöhungen ist die allgemeine konjunkturelle Lage zu berücksichtigen.
5. Die staatlichen Preisregelungen sind ständig zu überprüfen.

Diese Überlegungen haben ihren Niederschlag in der neuen Baupreisverordnung *BPVO §§*
(Verordnung PR Nr. 1/72 über die Preise für Bauleistungen bei öffentlichen oder mit öffentlichen Mitteln finanzierten Aufträgen), die im Bundesgesetzblatt (BGBl. Teil 1 Nr. 19 S. 293 vom 10. März 1972) veröffentlicht wurde. Dadurch werden die alte Baupreisverordnung PR Nr. 8/55 sowie eine Reihe weiterer preisrechtlicher Erlässe ungültig. Die neue Baupreisverordnung wird durch die "Leitsätze für die Ermittlung" *14,15*
von Preisen für Bauleistungen aufgrund von Selbstkosten" (LSP-Bau) ergänzt und ist anzuwenden

- auf alle Selbstkostenvereinbarungen,
- auf Vergütungen für Leistungsauflagen,
- auf Preisvereinbarungen für zusätzliche Leistungen,
- auf Preisumstellungen bei beschränktem Wettbewerb und
- die Prüfung von Wettbewerbspreisen vor dem Zuschlag.

Die Baupreisverordnung schreibt Höchstpreise vor, die bei öffentlichen Aufträgen *1*
nicht überschritten werden dürfen.

Gegenstand des Baupreisrechtes sind weiterhin die "Grundsätze zur Anwendung von Preisvorbehalten bei öffentlichen Aufträgen", die der Bundeswirtschaftsminister mit Datum vom 4. Mai 1972 erlassen hat.

6.1.2 Geltungsbereich

Öffentliche Aufträge im Sinne der BPVO sind Aufträge des Bundes, der Länder, der *2*
Gemeinden und Gemeindeverbände sowie der sonstigen juristischen Personen des

öffentlichen Rechts. Mit öffentlichen Mitteln finanzierte Aufträge sind auch die Aufträge nicht öffentlicher Auftraggeber, sobald mehr als 50% der Mittel von der öffentlichen Hand bereitgestellt oder durch Bürgschaften der öffentlichen Hand gesichert werden.

3 Bauleistungen im Sinne der BPVO sind alle Bauarbeiten, soweit sie (mit oder ohne Lieferung von Stoffen und Bauteilen) der Herstellung, Instandsetzung, Instandhaltung, Änderung oder Beseitigung baulicher Anlagen dienen. Die Verordnung gilt somit auch für Nach- und Nebenunternehmer sowie für die Ausbaugewerke. Montagearbeiten der Elektroindustrie und des Maschinenbaues sind von der Anwendung der BPVO ausdrücklich ausgenommen. Aufträge der NATO und der Mitgliedsstaaten der EG unterliegen ebenfalls der BPVO, soweit sie nach deutschem Recht abgewikkelt werden.

6.1.3 Wettbewerbspreise

5 Wettbewerbspreise im Sinne der BPVO sind

1. Preise, die bei einer Ausschreibung zustande kommen,
2. Preise, die bei freihändiger Vergabe zustande kommen, wenn mehrere Unternehmer zur Angebotsabgabe aufgefordert worden sind.

Es gilt der Grundsatz "Wettbewerbspreise haben Vorrang vor Selbstkostenpreisen". Wettbewerbspreise unterliegen grundsätzlich keiner preisrechtlichen Begrenzung. Bei Nachtragsangeboten besteht kein Wettbewerb, da der bereits beauftragte Unternehmer zusätzliche Leistungen mit ausführen soll. Falls ein offensichtliches Mißverhältnis zwischen Leistung und Preis vorhanden ist, kann eine Überprüfung an Hand der LSP-Bau (d.h. Vergleich mit dem Selbstkostenpreis) vorgenommen werden. Die Grenze der Zulässigkeit liegt dort, wo die Preise den vertretbaren marktmäßigen Spielraum von ca. 20% überschreiten.

Beispiel:	Selbstkostenfestpreis nach LSP-Bau	100%
	Angebotspreis	150%
	Marktmäßig vertretbarer Spielraum	20%

In diesem Falle wäre der geforderte Spielraum von 20% weit überschritten. Der darüberliegende Spitzenbetrag von 30% ist "insoweit unzulässig". Der Unternehmer hat nun zu entscheiden, ob er zu dem herabgeprüften Preis arbeiten kann und will, oder ob er auf den Auftrag verzichtet. Falls der Preis erst nach der Ausführung festgelegt worden ist, besteht keine Rückzugsmöglichkeit mehr.

16.4 Die Überprüfung von Wettbewerbspreisen darf nur vor der Auftragserteilung erfolgen. Ergibt sich nach der Vergabe der Verdacht einer Zuwiderhandlung, so kann die Preisbehörde ein Ermittlungsverfahren nach dem Wirtschaftsstrafgesetz / Ord-
16.4 nungswidrigkeitengesetz einleiten, für das die Fristenregelung nicht gilt.

Da ferner der Fall eintreten kann, daß der preisrechtlich vertretbare Höchstpreis über dem haushaltsrechtlich zulässigen liegt, müssen die auftragvergebenden Stellen sich ihr eigenes Urteil über den Preis bilden. Die Preisbehörden sollen nur eingeschaltet
5.2 werden, wenn Preis und Leistung in einem *auffälligen* Mißverhältnis stehen.

6.1.4 Listenpreise und Preise für vergleichbare Leistungen

Listenpreise sind solche Preise, die ein Unternehmer seinen Auftraggebern regel- 6
mäßig berechnet. Sie können sich sowohl auf Gesamtleistungen (1 Stück Turnhalle) als auch auf Einzelteile (1 Stück Dachplatte) oder auf bestimmte Arbeitsleistungen (1 Facharbeiterstunde) beziehen. Für Listenpreise ist die Art der Ausschreibung und Vergabe unerheblich.

Der Listenpreis ist stets in Zusammenhang mit etwaigen Preisnachlässen (Mengen- und Wertrabatte, Skonti) und den Liefer- sowie Zahlungsbedingungen zu sehen. Der öffentliche Auftraggeber darf nicht schlechter gestellt werden als andere Auftraggeber; er hat aber auch kein Recht auf Preisnachlässe nur deshalb, weil er eine Behörde ist.

Die Einführung von Listenpreisen kommt dem in Gang befindlichen Bestreben entgegen, Stundenlohnarbeiten durch feste Verrechnungssätze abzurechnen.

6.1.5 Selbstkostenpreise

8-10

Selbstkostenpreise dürfen nur vereinbart werden, wenn Wettbewerbspreise oder
Listenpreise nicht möglich sind, ferner wenn Wettbewerbseinschränkungen auf der 8.1
Anbieterseite vorliegen. Das ist der Fall, wenn der Preis beeinflußt wird durch

- eine marktbeherrschende Stellung der Anbieter (unausgeglichene Marktlage) und / oder
- wettbewerbsbeschränkende Abreden (Mißbrauch).

Innerhalb der Selbstkostenpreise ist wiederum dem *Selbstkostenfestpreis* vor dem *Selbstkostenerstattungspreis* der Vorzug zu geben, um dem Unternehmer einen Anreiz zu wirtschaftlichem Bauen und zu Kosteneinsparungen zu geben, der bei reinen Erstattungspreisen ganz fehlt. Soweit es möglich ist, sollen für einzelne Teilleistungen feste Sätze vereinbart werden, wenn eine Vorkalkulation der Gesamtmaßnahme unmöglich ist. Selbstkostenerstattungspreise sind in Selbstkostenfestpreise umzuwandeln wenn sich während der Bauausführung die Möglichkeit hierzu bietet. 10.4

Stundenlohnabrechnungspreise dürfen nur vereinbart werden, wenn es sich um Arbeiten geringeren Umfangs handelt, die überwiegend Lohnkosten verursachen. Sie scheiden also für alle schwierigen Bauarbeiten aus, bei denen größere Kosten für Baustelleneinrichtung, Baustoffe, Baumaschinen sowie Büro- und Gehaltskosten der Baustelle entstehen.

Stundenlohnabrechnungspreise sollen möglichst im Wettbewerb gebildet werden. Ihr zulässiger Höchstwert ist nach LSP-Bau, Abschnitt IV zu ermitteln.

Alle Selbstkostenpreise dürfen vereinbart werden, wenn die entsprechenden Voraussetzungen vorliegen; ein Zwang hierzu besteht jedoch nicht.

12 6.1.6 Frei vereinbarte Preise

Anstelle von Selbstkostenpreisen können die Vertragsparteien einen Preis vereinbaren, der seinem Charakter nach einen Festpreis darstellt, daneben aber Gleitklauseln unterliegen kann. Wenn die besonderen Verhältnisse es erfordern, kann auf die Veranstaltung eines Wettbewerbs verzichtet und ein Preis frei vereinbart werden. Die auftragvergebende Stelle trägt die Verantwortung, daß die Wirtschaftlichkeit gewahrt bleibt. Die freie Preisvereinbarung dürfte in erster Linie für Zusatz und Anschlußaufträge bestimmt sein, denen bereits ein Wettbewerb vorausgegangen ist.

Wie bei den Wettbewerbspreisen darf kein Mißverhältnis zwischen Preis und Leistung bestehen. Eine Prüfung darf jedoch nur bis zur Auftragserteilung erfolgen.

6.2 Leitsätze für die Ermittlung von Preisen für Bauleistungen aufgrund von Selbstkosten (LSP-Bau)

6.2.1 Preisermittlung aufgrund von Selbstkosten

Die LSP-Bau sind in allen Fällen anzuwenden, in denen die BPVO eine Preisermittlung aufgrund von Selbstkosten vorschreibt. Der Auftragnehmer ist zur Durchführung
2 eines geordneten Rechnungswesens verpflichtet. In die Preiskalkulation dürfen nur
die angemessenen Kosten des Auftragnehmers bei wirtschaftlicher und sparsamer
4.2 Betriebsführung eingehen. Für die Preisermittlung gilt das Verursachungsprinzip,
d.h. es dürfen nur die Kosten angesetzt werden, die der jeweiligen Leistung zuzu-
rechnen sind. Diese Kosten zuzüglich des kalkulatorischen Gewinns ergeben den
4.3 Selbstkostenpreis.

Bei der Ermittlung der Selbstkostenpreise ist von den Kosten des Auftragnehmers auszugehen: Bei Nachkalkulationen werden die tatsächlichen, bei Vorkalkulationen die voraussichtlichen Kosten angesetzt. Für die Bemessung vorkalkulatorischer Zuschläge (z.B. für allgemeine Geschäftskosten) dürfen keine allgemeinen Pauschalwerte verwendet werden. Die Kalkulationszuschläge sind vielmehr unter Berücksichtigung der voraussichtlichen Entwicklung aus dem Rechnungswesen des Auftragnehmers abzuleiten.

6.2.2 Inhalt und Gliederung der Preiskalkulationen

Die LSP-Bau schreiben für die Preiskalkulationen Preismindestgliederungen vor.
8,9 Abweichungen davon sind nur mit Zustimmung der Preisbehörde zulässig, wenn der
Aussagewert der Preiskalkulation dadurch nicht beeinträchtigt wird.

Vorkalkulation von Selbstkostenfestpreisen

Die Vorkalkulation ist mindestens zu gliedern nach:

a) Einzellohn- und Gehaltskosten (Nr. 14 Abs. 2),
b) Einzelstoffkosten (Nr. 17 Abs. 2),
c) Kosten der Einrichtungen, Geräte, Maschinen und maschinellen Anlagen der Baustelle (Nr. 23), soweit sie nicht als Gemeinkosten der Baustelle verrechnet werden,
d) Gemeinkosten der Baustelle (Nr. 11 Abs. 1),
e) Allgemeine Geschäftskosten (Nr. 11 Abs. 2),
f) Sonderkosten (Nr. 13),

Selbstkosten ohne Umsatzsteuer
g) Kalkulatorischer Gewinn (Nr. 42 und 43)

Zwischensumme
h) Umsatzsteuer (Nr. 25 a)

Selbstkostenfestpreis

Nachkalkulation von Selbstkostenerstattungspreisen

Die Nachkalkulation ist mindestens wie folgt zu gliedern:

a) Lohn- und Gehaltskosten der Baustelle (Nr. 14 Abs. 3),
b) Stoffkosten der Baustelle (Nr. 17 Abs. 3),
c) Kosten der Einrichtungen, Geräte, Maschinen und maschinellen Anlagen der Baustelle (Nr. 23),
d) Sonstige Baustellenkosten (Nr. 12),
e) Allgemeine Geschäftskosten (Nr. 11 Abs. 2),
f) Sonderkosten (Nr. 13),

Selbstkosten ohne Umsatzsteuer
g) Kalkulatorischer Gewinn (Nr. 42 und 43)

Zwischensumme
h) Umsatzsteuer (Nr. 25 a)

Selbstkostenerstattungspreis

Kalkulationsverfahren

Als Kalkulationsverfahren kommen sowohl die Zuschlags- als auch die sog. Kalkulation über die Angebotsendsumme in Betracht (s. Opitz: Die Preisermittlung nach Selbstkosten, Bauverlag GmbH). Die Zuschlagskalkulation ist jedoch nur dann geeignet, wenn die dazu notwendige weitgehend gleichartige Kostenstruktur bei den einzelnen Bauaufträgen tatsächlich besteht.

Die Gemeinkosten der Baustelle ergeben sich aus der Differenz zwischen den für die Baustelle insgesamt anfallenden Kosten und den in der Vorkalkulation gesondert ausgewiesenen Einzel- und Sonderkosten.

In Nachkalkulationen werden keine Gemeinkosten der Baustelle ausgewiesen, weil hier keine Zurechnung der Kosten auf die einzelnen Teilleistungen erfolgt. Statt dessen werden diejenigen Kosten der Baustelle als "Sonstige Baustellenkosten" berücksichtigt, die nicht gesondert erfaßt werden können. Um der Gefahr unzulässiger Doppelverrechnungen von Kosten entgegenzuwirken, ist eine konsequente Abgrenzung zwischen Einzel- und Gemeinkosten vorzunehmen.

Kosten, die der Baustelle nicht unmittelbar zugerechnet werden können, aber in der Betriebsbereitschaft des Unternehmens begründet sind, gehen als Allgemeine Geschäftskosten in die Rechnung ein.

Die Vorschriften der LSP-Bau über Mengenansatz und Bewertung der Kosten sind, soweit nicht typische bauwirtschaftliche Besonderheiten zu berücksichtigen waren, den Leitsätzen zur Preisermittlung aufgrund von Selbstkosten "LSP" (Anlage zu VO PR Nr. 30/53) angepaßt worden. Einige der wesentlichen Besonderheiten werden in den nachfolgenden Abschnitten behandelt.

Lsp-Bau Nr.

6.2.3 Lieferungen aus eigenen Betriebsstätten

20 Nr. 20 LSP-Bau legt fest, mit welchem Wertansatz die vom Auftragnehmer aus eigenen Betriebsstätten außerhalb der Baustelle gelieferten Stoffe und Bauteile in der Preiskalkulation zu berücksichtigen sind: Dieser entspricht entweder dem Marktpreis oder, wenn dieser nicht feststellbar ist, Selbstkosten nach Maßgabe von Nr. 20 Abs.
20.2 2 LSP-Bau.

6.2.4 Kosten der Einrichtungen, Geräte, Maschinen und maschinellen Anlagen der Baustelle

Die Kosten der auf der Baustelle eingesetzten eigenen Einrichtungen, Geräte, Ma-
23.1 schinen und maschinellen Anlagen werden über Vorhaltesätze errechnet, die Kosten für Abschreibung und Verzinsung sowie für Instandhaltung und Instandsetzung umfassen. Für die Beurteilung, ob die Vorhaltesätze preisrechtlich zulässig sind, ist die vom Hauptverband der Bauindustrie herausgegebene Baugeräteliste 1981 jedoch nicht maßgebend. Statt dessen sind als Kosten für Einrichtungen, Geräte und Ma-
23.2 schinen marktübliche Mieten anzusetzen.

6.2.5 Gewinn

42,43 Zum kalkulatorischen Gewinn rechnen das allgemeine Unternehmerwagnis und der Leistungsgewinn. Der Ansatz von Leistungsgewinn ist jedoch nur unter bestimmten Voraussetzungen zulässig. Das allgemeine Unternehmerwagnis beträgt für den Fall, daß nichts anderes vereinbart worden ist, bei Selbstkostenfestpreisen 6%, bei Selbstkostenerstattungspreisen 4% der Selbstkosten ohne Umsatzsteuer.

44-47 6.2.6 Vorschriften für die Abrechnung von Stundenlohnarbeiten

45.1 Soweit in diesen nichts anderes bestimmt ist, gelten die Nrn. 4-43 auch für Stundenlohnarbeiten. Nach Nr. 45 Abs. 1 dürfen angesetzt werden:

a) Lohn- und Gehaltskosten der Baustelle (Nr. 14 Abs. 1 Buchstabe a und b),
b) Lohn- und Gehaltskosten der Baustelle (Nr. 14 Abs. 1 Buchstabe d),
c) Stoffkosten der Baustelle (Nr. 14 Abs. 3),
d) Kosten der Einrichtungen, Geräte, Maschinen und maschinellen Anlagen der Baustelle (Nr. 23),
e) Fracht-, Fuhr- und Ladekosten,
f) Sozialkassenbeiträge,
g) Sonderkosten (Nr. 13),
h) Zuschläge für Gemeinkosten und Gewinn (Nr. 46),
i) Umsatzsteuer (Nr. 25 a).

Die Abrechnung ist grundsätzlich nach diesem Schema zu gliedern. Andere Kosten
dürfen nicht verrechnet werden. Für den Gewinn darf höchstens ein Zuschlag von 46.2
4% berechnet werden.

6.3 Preisvorbehalte

6.3.1 Grundsätze für die Anwendung von Preisvorbehalten

Nach § 9.1 VOB/A soll den AN "kein ungewöhnliches Wagnis aufgebürdet werden für Umsätze oder Ereignisse, auf die er keinen Einfluß hat. Größere Preis- und Lohnsteigerungen in länger laufenden Bauverträgen sind in diesem Sinne ungewöhnliche Wagnisse. Man kann sie durch Preisvorbehalte, sog. Gleitklauseln, neutralisieren.

Die VO PR Nr. 1/72 enthält keine Bestimmungen über die Handhabung von Preisvorbehalten. Es darf weder daraus geschlossen werden, daß Preisvorbehalte verboten sind, noch daß Gleitklauseln in beliebiger Form vereinbart werden dürfen. Art und Umfang von Preisvorbehalten wurden kurz nach Inkrafttreten der BPVO vom Bundeswirtschaftsminister in den "Grundsätzen zur Anwendung von Preisvorbehalten bei öffentlichen Aufträgen" vom 4. Mai 1972 allgemein geregelt, die nicht nur für die Bauwirtschaft gültig sind.

Da aber Preissteigerungen grundsätzlich den Überblick bei der Abwicklung öffentlicher Bauaufträge erschweren, sollen sie auf das unumgänglich notwendige Maß beschränkt werden. Außerdem betont der Bundeswirtschaftsminister immer wieder seine Verantwortung für die Geldwertstabilität, die er durch die Dämpfung von Kosten und Preisen erreichen oder fördern will. Daher sind die im Erlaß enthaltenen Grundsätze ein Kompromiß zwischen der Beseitigung ungewöhnlicher AN-Wagnisse auf der einen Seite und der Erhaltung möglichst großer Preisdisziplin und einer sparsamen Verwendung der Haushaltsmittel auf der anderen Seite.

Außerdem besteht die Absicht, möglichst auch die Preisvorbehalte dem Wettbewerb zu unterwerfen, der ja die höchste Priorität in unserem Wirtschaftssystem genießt. Keinesfalls soll die Situation eintreten, daß ein nur scheinbar billiger Anbieter den Auftrag erhält, der unter Ausnutzung aller Preisvorbehalte und Gleitklauseln rückwirkend teuerer abrechnet als die Mitbewerber. Dies kann nicht der Sinn von Gleitklauseln bei öffentlichen Bauaufträgen sein.

Aus diesen Gründen sind gemäß Erlaß vom 4. Mai 1972 die folgenden Voraussetzungen zu beachten:

- Der Vereinbarung von Preisen ohne Vorbehalte ist der Vorzug zu geben.
- Preisvorbehalte sind an bestimmte Kostenfaktoren zu binden.
- Der Zeitraum zwischen Angebotsabgabe und Lieferung bzw. Fertigstellung muß mindestens 10 Monate betragen, in Ausnahmen sechs Monate (Fristenregelung).

Darüber hinaus dürfen Preisgleitklauseln nur angewandt werden

- für Kosten, die den Preis erheblich beeinflussen,
- für den durch Kostensteigerungen betroffenen Teil der Leistung,
- wenn ein bestimmter Mindestbetrag überschritten wird (Bagatellklausel),
- wenn der AN sich an den Mehrkosten angemessen beteiligt,
- wenn die Kostensteigerungen nachgewiesen werden und neben den Mehr- auch Minderkosten Berücksichtigung finden.

6.3.2 Zur Handhabung von Gleitklauseln

Lohngleitklauseln sind nur für die Änderung von tariflichen Löhnen und Gehältern zulässig, einschließlich der gesetzlichen Sozialaufwendungen. Am schwierigsten zu verwirklichen ist die in den Grundsätzen enthaltene Aufforderung, die Berechnungsfaktoren der Gleitklauseln möglichst dem Wettbewerb zu unterwerfen. Dies heißt, daß Preisvorbehalte und Gleitklauseln valutiert und dem Endpreis der Angebote hinzugefügt werden müssen.

Darin ist vermutlich der Grund zu suchen, daß *Stoffpreisgleitklauseln* nur selten zur Anwendung kommen. Bei der Unregelmäßigkeit von Stoffpreisbewegungen ist der Wertende einfach überfordert, eine zuverlässige Prognose für die zukünftige Preisentwicklung von Stahl, Zement, Bitumen oder Holz abzugeben. Ein Festpreis für Stoffe kann auch dadurch gegenüber den Löhnen eher gerechtfertigt werden, daß für Stoffe Lieferverträge mit festen Mengen und Preisen abgeschlossen werden können. Dagegen führen tarifliche wie gesetzliche Erhöhungen von Löhnen oder Lohnanteilen unausweichlich zu Preissteigerungen, deren Anstieg bei der Wertung der Angebote aber in etwa abgeschätzt werden kann. Hierfür hat sich das Prinzip der "Pfennigklausel" durchgesetzt: Der AG schafft im LV eine Position für die Lohnmehrkosten und läßt sich anbieten, um welchen Satz die Preise steigen, wenn ein festgelegter Stundenlohn um 1 Pfg. angehoben wird. Dabei können verschiedene Arten von Arbeiten unterschieden und mehrere Steigerungssätze angeboten werden.

Der Wertende legt dann den Pfennigbetrag der erwarteten Erhöhung fest (z.B. 40 Pfg.) und multipliziert den Teil der nach dem Stichtag zu erbringenden Leistung mit dem angebotenen Satz.

Dazu das folgende Zahlenbeispiel:

Angebotener Änderungssatz : 0,8‰
Erwartete Lohnerhöhung : 40 Pfg.
Geschätzte Restleistung : 250 000 DM

$$\text{Lohnmehrkosten} = \frac{0{,}8 \cdot 40 \cdot 250.000}{1.000} = 8.000,\text{- DM}$$

Die Anbieter müssen bedenken, daß die Anwendung der Pfennigklausel bei der Wertung wie jede andere Position zu Buche schlägt. Daher ist Vorsicht geboten. Natürlich kann sich der Kalkulator Tabellen nach folgendem Muster anfertigen:

Lohnanteil in % der Vergütung	**zuzügl. 70% lohngeb. Gemeinkosten**	**Summe der Lohnkosten (Sp. 1+2)**	**rechnerischer ‰-Satz bei 10,- DM Ecklohn**	**zuzügl. 10% lohnabh. Folgekosten (z.B. für Gehälter)**
(1)	(2)	(3)	(4)	(5)
20	14	34,0	0,340	0,374
25	17,5	42,5	0,425	0,467
30	*21*	51,0	0,510	0,561
35	24,5	59,5	0,595	0,655
40	28	68,0	0,680	0,748
45	31,5	76,5	0,765	0,841
50	35	85,0	0,850	0,935

Solche Werte sind für den internen Gebrauch bestimmt und brauchen dem AG nicht nachgewiesen werden.

Die tatsächlichen Lohnmehrkosten werden vom AN später unabhängig von der Schätzung bei der Auswertung mit der wirklich eingetretenen Lohnerhöhung berechnet, und zwar mit dem angebotenen Promillesatz. Dafür ist es erforderlich, zum Stichtag der Lohnerhöhung ein genaues Leistungsaufmaß für alle Positionen anzufertigen. Liegt eine Baustelle vor den Planterminen, so verursacht sie geringere Lohnmehrkosten als veranschlagt, bei Verspätungen dagegen höhere.

6.4 Das Preisprüfungsverfahren

Das in §§ 16 und 18 BPVO geregelte Preisprüfungsverfahren ist umstritten. Die Preisprüfstellen sind befugt, bei sämtlichen öffentlichen Bauaufträgen Preisprüfungen vorzunehmen. Dabei ist zu unterscheiden zwischen einem Preisaufsichts- und einem Ermittlungsverfahren.

Das (vorbeugende) *Preisaufsichtsverfahren* (§ 16 BPVO) kann ohne dringenden Verdacht für das Vorliegen eines Preisverstoßes durchgeführt werden. Die Befugnisse der Preisprüfer erstrecken sich von der Einholung von Auskünften über die Einsichtnahme in das Rechnungswesen, die Belege und andere betriebliche Unterlagen bis zur Betriebsbesichtigung. Eine "Vernehmung" oder die Einschaltung von Polizei und Gerichten ist im Preisaufsichtsverfahren nicht vorgesehen.

Die Preisprüfungen erstrecken sich auf das Zustandekommen der Preise, d.h. sowohl darauf, ob die Preise im Wettbewerb und mit dem Bewußtsein der Wettbewerbsverantwortung gebildet wurden, als auch auf deren Höhe. Kommt die Preisprüfung zu dem Ergebnis, daß ein Preis preisrechtlich unzulässig ist, soll eine Schlußbesprechung mit dem AN stattfinden, um die gegenseitigen Auffassungen darzulegen. Der AN muß Gelegenheit erhalten, die Kostenansätze der prüfenden Behörde zu erfahren und Einwände gegen das Prüfungsergebnis zu erheben. Das endgültige Ergebnis ist den Firmen danach unverzüglich mitzuteilen. Der AN hat das Recht, eine Abschrift des Prüfberichtes anzufordern, um feststellen zu können, ob seine Gegenargumente berücksichtigt wurden und ob nach den preisrechtlichen Bestimmungen verfahren wurde.

Ein ungerechtfertigt erscheinendes Prüfungsergebnis kann nach geltender Rechtsprechung zivilrechtlich angefochten werden. Bei schwerwiegenden Zuwiderhandlungen gegen das Baupreisrecht kann auch nach dem Zuschlag ein *Ermittlungsverfahren* eingeleitet werden (§ 18 BPVO). Es kommen die Straf- und Bußgeldvorschriften des Wirtschaftsstrafgesetzes zur Anwendung. Verstöße gegen Preisregelungen sind seit 1975 als Ordnungswidrigkeiten eingestuft.

Träger des Verfahrens ist eine von der Landesregierung zu bestimmende Verwaltungsbehörde. Im Ermittlungsverfahren kann sich der Betroffene jederzeit eines Rechtsbeistandes bedienen und ist nicht zur Auskunftserteilung verpflichtet, da er sich nicht selbst belasten muß. Andererseits kann die Ermittlungsbehörde Zeugen vernehmen, Polizei und Gerichte einschalten, notfalls auch Unterlagen beschlagnahmen.

Zuwiderhandlungen gegen die BPVO werden in leichten Fällen nach den Bußgeldvorschriften des Ordnungswidrigkeitsgesetzes (OWIG) und in schweren Fällen nach den Bestimmungen des Wirtschaftsstrafgesetzes (WiStG) geahndet. Die als Ordnungswidrigkeiten oder als Wirtschaftsstraftaten mit Geldbuße bzw. Strafe bedrohten Tatbestände sind in § 18 BPVO im einzelnen aufgezählt.

Die Höchstgrenze für die Geldbuße beträgt nach § 4 Abs. 3 WiStG 50.000 DM. Gegen einen Bußgeldbescheid der Preisbehörde kann der Betroffene innerhalb einer Woche nach Zustellung Einspruch bei dem für den Sitz der Verwaltungsbehörde zuständigen Amtsgericht einlegen. Gegen die Einspruchsentscheidung des Amtsgerichts ist unter bestimmten Voraussetzungen Rechtsbeschwerde beim zuständigen Oberlandesgericht zulässig.

Der preisrechtlich unzulässige Mehrerlös ist die Differenz zwischen dem preisrechtlich zulässigen und dem vertragsrechtlich erzielten Preis. Für die Bereinigung dieses ungerechtfertigten Vermögensvorteiles bestehen folgende Möglichkeiten:

- Der AN zahlt aufgrund der preisrechtlichen Feststellungen im Preisaufsichtsverfahren oder im Ermittlungsverfahren den Mehrerlös zurück.
- Der AG klagt gegen den AN im zivilen Rechtsweg auf Herausgabe des Mehrerlöses.
- Die Preisbehörde ordnet die Abführung des Mehrerlöses an das Bundesland oder die Rückerstattung des Mehrerlöses an den Geschädigten an.

6.5 Kritik der Bauwirtschaft am Baupreisrecht

Die von der Unternehmerseite am Baupreisrecht geübte Kritik läßt sich auf vier wesentliche Gesichtspunkte zurückführen:

a) Das Baupreisrecht ist ein planwirtschaftliches Relikt und paßt nicht in das System der Marktwirtschaft.
b) Die Baupreisprüfung schränkt die Grundrechte ein; daher sind gewisse Praktiken unzulässig.
c) Die gegenwärtig praktizierte Form der Preisprüfung unterläuft § 24 VOB/A und öffnet der Manipulation bei der Vergabe neue Wege.
d) Im Falle einer Herabprüfung von Angebotspreisen kann keine Bindung an die neuen Preise konstruiert werden.

Zu diesen vier Kritikpunkten soll ausführlich Stellung genommen werden:

Zu Punkt a:

Die Rechtsgrundlage des Baupreisrechtes ist das Preisgesetz von 1948. BVerfG und BGH haben keinen Zweifel daran gelassen, daß dieses „Übergangsgesetz" verfassungsmäßig ist, soweit es den für die Preisbildung zuständigen Stellen gestattet, Preise (außer Löhne) festzusetzen, zu genehmigen oder durch Verfügung „den Preisstandard aufrechtzuerhalten."

Unterstellt man eine funktionierende Marktwirtschaft, so haben solche Preisüberwachungsstellen heute jedoch keine Existenzberechtigung mehr. War die Dämpfung der Baupreise in den Jahren bis zur ersten Rezession vielleicht ein öffentliches Anliegen, so muß heute, nachdem die dritte schwere Rezession der Nachkriegszeit überstanden ist, gefragt werden, ob sich nicht das öffentliche Interesse oder Bewußtsein inzwischen gewandelt hat.

Die Baupreisverordnung kennt nur Höchstpreise, jedoch keine Grenze nach unten. Dadurch wird die Vorsorge der Betriebe für die Zeit schlechter Konjunktur und nicht kostendeckender Preise behindert und die Sicherheit der Arbeitsplätze gefährdet. Wenn das Baupreisrecht der öffentlichen Hand ein niedriges Preisniveau sichern soll - schließlich können sogar Wettbewerbspreise einer Prüfung unterzogen werden - sind die Baufirmen gezwungen, bei privaten und gewerblichen Auftraggebern durch überhöhte Preise die für schlechte Zeiten notwendigen Reserven zu erlösen.

Preisprüfungen anhand von Richtsätzen, Tabellen und Daten aus der Rezession sind marktwirtschaftlich fragwürdig. Sofern der Wettbewerb nicht durch Einschränkungen oder Absprachen behindert wurde, ist die Überprüfung von Wettbewerbspreisen völlig ungerechtfertigt. Schließlich wird der Baumarkt global über die Geldmenge und direkt über das stop and go der öffentlichen Hand sowie über noch schärfere Instrumente, wie steuerliche Strafen und Prämien (§ 7b ESTG oder Investitionssteuern bzw. - zulagen) gesteuert.

Hingegen ist es durchaus gerechtfertigt, daß der Staat durch eine Verordnung Preistypen definiert und Grundsätze festlegt, wie z.B., daß Wettbewerbspreise Vorrang vor Selbstkostenpreisen haben sollen.

Zu Punkt b:

Die Kritik richtet sich in erster Linie gegen § 16 BPVO, die „Prüfung der Preise". Dieser lautet:

1) Der Auftragnehmer hat den für die Preisbildung und Preisüberwachung zuständigen Behörden das Zustandekommen des Preises auf Verlangen nachzuweisen. Die hierfür erforderlichen Unterlagen sind, soweit nicht andere Vorschriften eine längere Frist vorsehen, fünf Jahre aufzubewahren; diese Frist beginnt mit dem Tag, an dem der Auftragnehmer bei Selbstkostenerstattungspreisen die Schlußrechnung in allen anderen Fällen das Angebot an den Auftraggeber absendet oder ihm aushändigt.

2) Der Auftragnehmer und die für die Leitung des Unternehmens verantwortlichen Personen sind verpflichtet, den für die Preisbildung und Preisüberwachung zuständigen Behörden die erforderlichen Auskünfte zu erteilen.

3) Die für die Preisbildung und Preisüberwachung zuständigen Behörden sind befugt, zur Prüfung der Preise die betrieblichen Unterlagen einzusehen und Abschriften oder Auszüge aus diesen Unterlagen anfertigen zu lassen. Die Beauftragten der Behörden dürfen zu dem in Satz 1 genannten Zweck während der Geschäftszeiten Grundstücke und Geschäftsräume des Auftragnehmers betreten und die Betriebe besichtigen. Der Auftragnehmer hat diese Maßnahmen zu dulden.

4) Maßnahmen zur Prüfung von Preisen im Sinne des § 5 Abs. 2 Satz 9 und des § 12 sind nur bis zur Erteilung des Zuschlags zulässig. Die für die Preisbildung und Preisüberwachung zuständigen Behörden haben dem Auftragnehmer das Ergebnis der Preisprüfung unverzüglich mitzuteilen.

Bisher konnten sich die Fachleute nicht einigen, welche „Maßnahmen" zulässig sind, um das Informationsbedürfnis der AG-Seite bzw. der Preisprüfer zu befriedigen.

Es ist nicht strittig, daß die Geschäftsbücher und die Finanzbuchhaltung offengelegt werden müssen. Es geht aber weit über den Zweck dieser speziellen Informationsbedürfnisse hinaus, wenn Einblick in sämtliche Geschäftsunterlagen verlangt wird. Dies kommt einer Durchsuchung der Betriebs- und Geschäftsräume gleich, die nach Art. 13 (2) GG nur durch den Richter in der vorgeschriebenen Form angeordnet werden darf. Im weitesten Sinne könnte man hieraus eine Einschränkung der Grundrechte durch die BPVO und damit deren Unzulässigkeit folgern.

In der Tat sollten staatliche Stellen nicht wegen wirtschaftlicher Interessen (auch wenn es sich um Steuergelder handelt) ermächtigt werden, Grundrechte von privaten oder juristischen Personen einzuschränken. Der Ausnahmezustand von Gefahr im Verzug liegt bei Baupreisprüfungen mit Sicherheit nicht vor. Eine Grundsatzentscheidung zu dieser Frage steht bisher noch aus. Durchsuchungen sollten auch für Verwaltungsbehörden nur nach richterlichen Durchsuchungsbefehlen auf Grund von

Ordnungswidrigkeiten oder dringendem Tatverdacht auf Zuwiderhandlungen erlaubt sein.

Die Bestimmungen von § 16 Ziffer 3 und 4 sollten durch eine Novellierung der BPVO ersatzlos abgeschafft werden.

Zu Punkt c:

Jeder in der Bauwirtschaft Tätige weiß, daß dem Nachverhandlungsverbot von § 24 VOB/A, das der ausschreibenden Stelle Preisverhandlungen mit den Bietern untersagt, erhebliche Bedeutung für das Funktionieren des Wettbewerbs beizumessen ist. Nur die strikte Einhaltung des § 24 VOB/A garantiert Wettbewerbsergebnisse. Daher sind auch die genannten Ausnahmetatbestände restriktiv auszulegen und zu handhaben.

Wenn z.B. kommunale AG die Preisprüfungsstelle der Regierungspräsidenten einschalten, um Wettbewerbspreise vor dem Zuschlag preisrechtlich überprüfen zu lassen, kann der Fall eintreten, daß das Angebot des Mindestfordernden nicht beanstandet wird, während das des Zweit- oder Drittplazierten heruntergeprüft wird, denn die Preisprüfer sind verpflichtet, die Situation des Betriebes individuell zu berücksichtigen. Als Folge davon kann der ursprüngliche Wettbewerbssieger auf die 2. oder 3. Stelle abrutschen, d.h. durch die Preisprüfung ist das Wettbewerbsergebnis verändert worden. Damit sind erhebliche Mißbrauchsmöglichkeiten gegeben, etwa um einen auswärtigen Mindestordernden gegenüber den einheimischen Bietern auf einen nachrangigen Platz zu bringen. Es kann aber nicht der Sinn des Preisrechtes sein, Manipulationen dieser Art Vorschub zu leisten, ein Grund mehr, die Prüfung von echten Wettbewerbspreisen abzuschaffen.

Zu Punkt d:

Die Frage, ob der AN gezwungen werden kann, auch zu herabgeprüften Preisen zu arbeiten, ist gleichzusetzen mit der Frage, ob der AG berechtigt ist, hinsichtlich der preisrechtlichen Prüfung einen Vorbehalt in die Ausschreibungsunterlagen aufzunehmen, z.B. mit folgendem Wortlaut:

„Der AG ist berechtigt (behält sich vor), den Angebotspreis auf seine preisrechtliche Zulässigkeit prüfen zu lassen. Die Höhe der Vergütung richtet sich nach den Feststellungen der Preisprüfungsbehörde."

Gegen eine Herabsetzung seiner Preise aufgrund einer solchen Klausel hat sich ein Bauunternehmer vor dem Landgericht Hannover mit Erfolg gewehrt. Als Entscheidungsgrund wurde aufgeführt, daß sich der AG eine Preisprüfung vorbehalten habe, der AN diese aber nicht mit einer Herabsetzung seiner Preise gleichsetzen mußte (Urteil LG Hannover vom 11.6.1963 70 212/67). Damit wendet sich das Gericht eindeutig gegen eine etwaige Vereinbarung gemäß § 317 BGB, nach der die Bestimmung der Leistung einem Dritten, der Preisprüfstelle, überlassen gewesen wäre. Wenn das zitierte Urteil auch auf die Besonderheiten des Einzelfalles zurückgeführt werden muß, ist doch allgemeinverbindlich davon auszugehen, daß keine Verpflichtung zur Ausführung von Leistungen mit herabgeprüften Preisen und somit auch keine Schadenersatzpflicht im Falle der Leistungsverweigerung besteht. Würde man einen solchen Zwang zum Vertragsabschluß bejahen, so wäre damit die Vertragsfreiheit des BGB außer Kraft gesetzt. Nach § 150 Abs. 2 BGB gelten Erweiterungen, Einschränkungen oder sonstige Änderungen als Ablehnung eines Angebotes, verbunden mit einem neuen Antrag, der nunmehr wiederum vom AN angenommen werden muß.

6.6 Kartellrecht

Der ungehinderte Wettbewerb ist der Steuerungsmechanismus unseres Wirtschaftssystems. Der Staat als Gesetzgeber bemüht sich, optimale Bedingungen für den Wettbewerb bzw. die auf dem Wettbewerbsprinzip fußende freie Marktwirtschaft zu schaffen.

Kartelle sind Verträge oder Absprachen zwischen juristisch und wirtschaftlich selbständigen Unternehmen zur Koordination ihres Marktverhaltens, um dadurch untereinander den Wettbewerb auszuschließen. Zwischen Betrieben der gleichen Produktionsstufe sind folgende Typen von Kartellen denkbar:

- Konditionenkartelle, um Lieferungs-, Zahlungs-, Kredit- und sonstige Geschäftsbedingungen zu regeln.
- Gebietskartelle, die jedem Unternehmen ein festes Absatzgebiet zuweisen.
- Preiskartelle, die den Absatzpreis der Produkte fixieren oder Mindestpreise vorsehen.
- Quotenkartelle, die jedem Unternehmen die höchstens zulässigen Angebotsmengen vorschreiben.
- Gewinnverteilungskartelle, die einen Verteilungsschlüssel für die von allen Mitgliedern erzielten Gewinne festlegen.
- Rationalisierungs- (Spezialisierungs-) kartelle, die auf dem Umweg über die Spezialisierung der Fertigung zu Wettbewerbsbeschränkungen führen.
- Submissionskartelle, bei denen die Angebotspreise abgesprochen werden.
- Syndikate als die straffste Form der Kartelle. Sie entstehen durch gemeinsame Beschaffungs- und Vertriebseinrichtungen.
- Exportkartelle als Zusammenschluß mehrerer Produzenten, um den gegenseitigen Wettbewerb auf ausländischen Märkten zu vermeiden.

Durch das seit dem 27.7.1957 bestehende "Gesetz gegen Wettbewerbsbeschränkungen (GWB)", das zwischenzeitlich mehrfach novelliert worden ist, sind alle Arten von Kartellen und Wettbewerbseinschränkungen untersagt. § 1.1 GWB lautet:

GWB §§ 1.1 *„Verträge, die Unternehmen oder Vereinigungen von Unternehmen zu einem gemeinsamen Zweck schließen, und Beschlüsse von Vereinigungen von Unternehmen sind unwirksam, soweit sie geeignet sind, die Erzeugung oder die Marktverhältnisse für den Verkehr mit Waren oder gewerblichen Leistungen durch Beschränkung des Wettbewerbs zu beeinflussen.......“*

Später heißt es:

„Ordnungswidrig handelt, wer sich über die Unwirksamkeit oder Nichtigkeit eines 38.1
Vertrages oder Beschlusses hinwegsetzt.......“

Die gleiche Wirkung haben neben Verträgen auch abgestimmtes Verhalten oder
Empfehlungen als einseitige Einflußnahme sowie das bewußte oder unbewußte 25.1
Parallelverhalten.

Ausnahmen vom generellen Kartellverbot gelten allein für Anmeldekartelle, die 9,12
durch bloße Anmeldung bei der Kartellbehörde wirksam werden und der Miß-
brauchs-aufsicht unterliegen. Dazu gehören

- Normen- und Typenkartelle, 5.1
- Angebots- und Kalkulationsschemakartelle, 5.4
- reine Exportkartelle. 6.1

Als Kartellbehörden sind die obersten Landesbehörden sowie das Bundeskartellamt
in Berlin zuständig. Hier wird das Kartellregister geführt. Eine wichtige Aufgabe der
Kartellbehörden besteht in der Fusionskontrolle, durch die eine Marktbeherrschung 23
verhindert bzw. kontrolliert werden soll. Mißbräuchliches Verhalten kann untersagt
werden. Hierzu können geschlossene Verträge für unwirksam erklärt werden. 22.5

In Streitfällen sind die Kartellsenate bei den OLG bzw. beim BGH anzurufen.

7 Haftung und Versicherung, Zivilprozeß und Strafprozeß

7.1 Haftung und Versicherung

Haftung ist die rechtliche Verpflichtung, für etwas einzustehen oder für einen entstandenen Schaden aufzukommen, ohne daß ein Verschulden vorliegen muß. Damit entsteht die *Haftpflicht*, die in verschiedenen Gesetzen besondere Regelungen findet (z.B. das Straßenverkehrsgesetz für die Haftung beim Betreiben eines Kfz, das Luftverkehrsgesetz für die Haftung beim Betreiben eines Flugzeugs oder §§ 832 ff BGB für die Aufsichtspflicht über Minderjährige und die Haftung des Tierhalters). Die Haftpflicht kann durch eine *Haftpflichtversicherung* abgedeckt werden, die teilweise freiwillig abgeschlossen werden kann und teilweise gesetzlich vorgeschrieben ist (Kfz-Haftpflichtversicherung). Es ist allerdings nicht ungewöhnlich, daß der Versicherer in den Geschäfts- oder Versicherungsbedingungen Haftungsbeschränkungen vornimmt.

Der berufliche Alltag des Ingenieurs ist in jeglicher Position durch Haftungsrisiken bedroht. Die berufliche Tätigkeit Bauen unterliegt vielerlei Gefahren: Der Bauunternehmer, der angestellte und der freiberuflich tätige Ingenieur übernehmen bei ihrer beruflichen Arbeit eine Vielzahl von Haftungsverpflichtungen zivilrechtlicher Art im Rahmen von Dienst- und Werkverträgen oder infolge gesetzlicher Vorschriften. Bei Unfällen mit Körperverletzung oder gar Todesfolge setzen sie sich zudem der strafrechtlichen Verfolgung aus.

7.1.1 Die Haftung des Bauunternehmers bei der Auftragsabwicklung

Haftung aus unerlaubter Handlung

Besondere Bedeutung für die Haftung des Bauunternehmers bei der Bauausführung haben die Bestimmungen über unerlaubte Handlungen; § 823 Abs. 1 BGB lautet:

"Wer vorsätzlich oder fahrlässig das Leben, den Körper, die Gesundheit, die Freiheit, das Eigentum oder ein sonstiges Recht eines anderen widerrechtlich verletzt, ist dem anderen zum Ersatze des daraus entstehenden Schadens verpflichtet."

Der Wortlaut des Gesetzes verpflichtet lediglich zur Unterlassung von Handlungen, die andere schädigen könnten. Jedoch hat die Rechtsprechung aus dieser Vorschrift in einer Reihe von Fällen positive Sicherungspflichten hergeleitet, d.h. es sind ggf. auch aktive Maßnahmen zu ergreifen, um andere Personen vor Schaden zu bewahren.

Der allgemeinste Grundsatz ist die Verkehrssicherungspflicht: Wer für andere eine erhöhte Gefahr schafft, ist gleichzeitig zu Sicherungsvorkehrungen im erforderlichen Umfang verpflichtet, um eine Schädigung Dritter zu verhindern. Weil beim Bauen eine Vielzahl von Gefahrenquellen geschaffen wird (z.B. durch Baugruben, Gerüste, gelagerte Baustoffe, herabfallende Gegenstände usw.) ist die Verkehrssicherungspflicht für den Bauunternehmer besonders schwer zu erfüllen. Die Rechtsprechung geht sogar davon aus, daß ohne Rücksicht auf Vereinbarungen im Bauvertrag eine Verpflichtung des Bauunternehmers zu Sicherungsmaßnahmen allgemein aus der Tatsache der Berufsausübung an sich entsteht. Schafft etwa ein Handwerker ein gefährliches Provisorium auf der Baustelle, so muß er dafür sorgen, daß andere Handwerker, die den Bau betreten müssen, dadurch nicht gefährdet werden.

Nicht weniger gravierend für den Bauunternehmer ist der 2. Absatz des § 823 BGB:

"Die gleiche Verpflichtung (nämlich zum Schadenersatz) trifft denjenigen, welcher gegen ein den Schutz eines anderen bezweckendes Gesetz verstößt. Ist nach dem Inhalte des Gesetzes ein Verstoß gegen dieses auch ohne Verschulden möglich, so tritt die Ersatzpflicht nur im Falle des Verschuldens ein."

Die Zahl der vom Bauunternehmer zu beachtenden Schutzgesetze ist groß:

a) Straßenverkehrsordnung (StVO) zur Sicherung des Straßenverkehrs: So ist z.B. ein Bauunternehmer verpflichtet, vom Baustoffhändler angelieferten und auf der Straße gelagerten Splitt durch Warnlichter zu sichern (folgt aus § 32 StVO). Schadenersatzansprüche entstehen ferner, wenn sich Unfälle an Baustellenausfahrten infolge von Straßenverschmutzungen durch Lkw ereignen. Vor Beginn von Strassenbauarbeiten ist unter Vorlage eines Verkehrszeichenplanes von der zuständigen Behörde die Anordnung einzuholen, wie die Arbeitsstelle abzusperren und zu kennzeichnen bzw. wie der Verkehr zu regeln, zu beschränken oder umzuleiten ist (§ 45 Abs. 6 StVO).
b) § 323 StGB (Baugefährdung). Danach wird bestraft, wer bei der Planung, Leitung oder Ausführung eines Baues so wider die allgemein anerkannten Regeln der Technik handelt, daß hieraus für andere Gefahr entsteht. Bauleiter in diesem Sinne ist allein der Bauunternehmer oder sein Beauftragter, nicht ein Angestellter oder Beauftragter des Bauherrn. Mit Strafe ist nicht die Verletzung der Aufsichtspflicht, sondern die Verletzung der Regeln der Baukunst bedroht. Diese Vorschrift dient ausschließlich dem Schutz von Leben und Gesundheit, nicht dagegen dem Schutz vor Sach- und Vermögensschäden.
c) § 908 BGB (Drohender Gebäudeeinsturz). Diese Bestimmung ist als Schutzgesetz für den Eigentümer bzw. Besitzer eines benachbarten Grundstückes anzusehen, der vor Schäden durch Einsturz oder Abriß eines Gebäudes zu schützen ist.
d) § 909 BGB (Verbot unzulässiger Vertiefungen). Diese Vorschrift ist Schutzgesetz für Sachschäden, die durch Erd- und Bauarbeiten am benachbarten Grundstück entstehen.
e) § 906 BGB (Immissionsschutz). Rechtswidrig handelt, wer durch Immission (vor allem Geräusche und Erschütterungen) das Nachbargrundstück wesentlich beeinträchtigt. Sind solche Beeinträchtigungen jedoch ortsüblich und können sie nicht durch zumutbare Maßnahmen verhindert werden, sind sie zu dulden (§ 906 Abs. 2). Diese Vorschrift dient dem Schutz des Nachbarn. Dagegen werden die Bestimmungen des BImSchG selbst größtenteils nicht als Schutzgesetz zugunsten des Grundstücksnachbarn oder anderer beeinträchtigter Personen angesehen, sondern als immissionsverhindernde Maßnahmen, um die Allgemeinheit vor Gefahren zu schützen. Sie können jedoch helfen, festzustellen, ob eine wesentliche Beeinträchtigung vorliegt.

Nach der Rechtsprechung des BGH sind die Unfallverhütungsvorschriften keine Schutzgesetze, die Schadenersatzansprüche nach § 823 Abs. 2 BGB auslösen.

Die Bauunternehmer bzw. Bauhandwerker tragen für die Erfüllung der jeweiligen Werkverträge die Verantwortung (s. BGB und VOB/B). Der AN hat die Leistung unter eigener Verantwortung nach dem Vertrag auszuführen. Dabei hat er die anerkannten Regeln der Technik und die gesetzlichen und behördlichen Bestimmungen zu beachten. Es ist ferner ausschließlich seine Sache, die Ausführung seiner vertraglichen Bauleistung zu leiten und für die Ordnung auf seiner Arbeitsstelle zu sorgen (§ 4.2.1 VOB/B).
Dem AG ist nach § 4.1.3 VOB/B mitzuteilen, wer jeweils als Vertreter des AN für die Leitung der Ausführung bestellt ist. Dies hat zunächst rein praktische Bedeutung, damit der Bauherr auf der Baustelle den richtigen Ansprechpartner kennt, daneben hat dies aber auch rechtliche Konsequenzen, weil die benannte Person die Verantwortung für die Baufirma trägt.

Die Musterbauordnung (MBO) von April 1991, die inhaltliche Vorgabe für die Länderbauordnungen ist, definiert in § 56 den Unternehmer und seine Verantwortung im gleichen Sinne:

Jeder Unternehmer ist für die ordnungsgemäße, den allgemein anerkannten Regeln der Technik und den genehmigten Bauvorlagen entsprechende Ausführung der von ihm übernommenen Arbeiten und insoweit für die ordnungsgemäße Einrichtung und den sicheren Betrieb der Baustelle verantwortlich...

Falls ein Unternehmer nicht über die erforderliche Sachkunde oder Erfahrung für einzelne Arbeiten verfügt, muß er spezielle Fachunternehmer oder Fachleute einschalten (§ 56.3 MBO).
Alle Gesetze und sonstigen Bestimmungen laufen übereinstimmend darauf hinaus, die Verantwortung des AN nicht zu teilen oder einzuschränken. Inwieweit der Unternehmer seinerseits Rückgriffsrechte z.B. bei seinen Erfüllungs- und Verrichtungsgehilfen hat, ist anderweitig geregelt.

Der Bauunternehmer kann sich durch eine Betriebshaftpflichtversicherung gegen Sach-, Personen- und Vermögensschäden versichern. Diese deckt jedoch infolge von Eigenbeteiligung oder Haftungsbeschränkungen verschiedener Art oft nur Teile der Schäden ab und schützt nicht vor strafrechtlichen Konsequenzen.

Haftung für Hilfspersonen

Da der Bauunternehmer nicht in der Lage ist, auf sämtlichen Baustellen die Bauarbeiten persönlich zu leiten oder zu beaufsichtigen, muß er dies qualifizierten Mitarbeitern überlassen. Der Bauunternehmer muß für ein Verschulden seiner Helfer im gleichen Maße haften wie für eigenes Verschulden. Dabei unterscheiden die Juristen zwischen Verrichtungsgehilfen (§ 831) und Erfüllungsgehilfen (§ 278).
Erfüllungsgehilfe (eher mit Werkvertrag) ist eine Person, deren sich der Schuldner (hier der Bauunternehmer) zur Erfüllung seiner Verbindlichkeit bedient. Erforderlich ist ein schon bestehendes Schuldverhältnis zwischen dem Schuldner und dem Dritten. Der Erfüllungsgehilfe soll zur Erfüllung *dieses Verhältnisses* tätig werden. Erfor-

derlich ist nicht ein soziales Abhängigkeitsverhältnis des Gehilfen zum Schuldner, so kann ein selbständiger Unternehmer Erfüllungsgehilfe sein.
Bei § 831 kann, aber braucht nicht bereits ein Schuldverhältnis zwischen dem Schuldner und dem Dritten zu bestehen. Es reicht aus, daß der Verrichtungsgehilfe (eher mit Dienstvertrag) für den Schuldner tätig wird und dabei ein Rechtsgut des Dritten beschädigt. Anders als beim Erfüllungsgehilfen besteht zwischen dem Verrichtungsgehilfen und dem Schuldner ein Abhängigkeitsverhältnis, der Verrichtungsgehilfe muß in einem gewissen Umfang den Weisungen des Schuldners unterworfen sein, wie es etwa bei einem Angestellten der Fall ist.

§ 278 begründet eine Haftung für *fremdes* Verschulden (der Erfüllungsgehilfe muß schuldhaft handeln, dieses Verschulden wird dem Schuldner zugerechnet), § 831 begründet dagegen eine Haftung für *eigenes* Verschulden. Verletzt der Verrichtungsgehilfe ein Rechtsgut des Dritten, ist es nicht erforderlich, daß er schuldhaft gehandelt hat. Es wird unterstellt, daß der Schuldner seine Hilfsperson nicht sorgfältig ausgesucht und überwacht hat, und für *dieses* (sein eigenes) Versehen hat er einzustehen. Die Haftung des Unternehmers ist ausschließlich, wenn er keinen "Entlastungsbeweis" führen kann, darunter ist der Nachweis ausreichender Betriebsorganisation sowie eigener Aufsichtführung des Unternehmers zu verstehen. Ferner muß für den Verrichtungsgehilfen der weitere Entlastungsbeweis hinsichtlich ordnungsgemäßer Auswahl, Erteilung eindeutiger Anweisungen, Leitung, Kontrolle und Zurverfügungstellung ordnungsgemäßer Gerätschaften erbracht werden. Kann er dagegen nachweisen, daß er doch bei der Auswahl seiner Hilfspersonen sehr vorsichtig war und sie genügend überwacht hat, entfällt eine Haftung nach § 831. Diese sogenannte „Exkulpationsmöglichkeit“ besteht bei § 278 nicht, da ja unabhängig von eigenem Verschulden für fremdes Verschulden gehaftet wird.

Die Rechtsprechung sieht nicht nur die Erstellung der geschuldeten Leistungen selbst als "Erfüllung" an, sondern die Führung des Baubetriebes überhaupt. Die Haftungsfrage für den Gehilfen wird auch dann bejaht, wenn er keine direkte Weisung des Bauunternehmers ausführt oder von seiner Weisung abweicht, sofern die Tätigkeit zu den ihm anvertrauten Aufgaben zählt (z.B. ein Geräteführer leistet einem anderen Fahrer Hilfe und richtet dabei Schaden an).

Es ist nebensächlich, ob der Gehilfe im Rahmen eines Dienstvertrages oder eines Werkvertrages für den Bauunternehmer tätig wird; wesentlich ist im Schadensfall nur, ob ein innerer Zusammenhang zwischen der Tätigkeit des Gehilfen und der Erfüllung von Pflichten des Bauunternehmers vorhanden war. Der innere Zusammenhang ist zweifellos nicht gegeben, wenn die Hilfsperson bei ihrer Verrichtung eine strafbare Handlung mit andersartiger Zielsetzung begeht (z.B. ein Malergeselle stiehlt in der Wohnung eines Kunden). Hierfür muß der Unternehmer nicht haften, wenn für genügende Aufsicht gesorgt war.

Der Geschädigte muß sich ein Mitverschulden Dritter (z.B. des Bauherrn oder des Architekten) auf seine Schadenersatzansprüche anrechnen lassen, so daß diese oft nur z.T. durchdringen. Es ist nicht auszuschließen, daß bei längerwährenden Zivilprozessen der andere Teil des Anspruchs zwischenzeitlich verjährt ist.

Vertragshaftung

Wenn die im Werkvertrag zugesicherte Bauleistung nicht, nicht fristgerecht oder nicht mangelfrei erbracht wird, ist der Bauunternehmer zur Nachbesserung oder zum Schadenersatz verpflichtet.

Ist der Bauunternehmer außerstande, die im Bauvertrag vereinbarte Leistung zu erbringen, so ist der Tatbestand "Unmöglichkeit der Leistung" gegeben (objektive U.: Kein Unternehmer kann die Leistung erbringen; subjektive U.: Nur der beauftragte Unternehmer kann die Leistung nicht erbringen = Unvermögen). Die Rechtsfolgen der U. sind unterschiedlich geregelt, je nachdem, ob anfängliche oder nachträgliche Unmöglichkeit (bzw. Unvermögen) vorliegt (siehe auch Kap. 2).

Die Rechtsprechung geht davon aus, daß der Vertrag grundsätzlich aufrechtzuerhalten ist, daß aber die berechtigten Interessen einer neuen Sachlage anzupassen sind. In Ausnahmefällen haben Gerichte ein nach Vertragsabschluß aufgetretenes vorübergehendes Hindernis einer dauernden Unmöglichkeit gleichgestellt, wenn es den Vertragszweck in Frage stellte und dem Vertragspartner die Erfüllung der Vereinbarungen nach Treu und Glauben nicht mehr zugemutet werden konnte.

Der Bauunternehmer haftet infolge Leistungsverzug, wenn er den vereinbarten Fertigstellungstermin nicht einhält und die Verspätung selbst zu vertreten hat (§§ 284, 285 BGB). Beim Überschreiten der Vertragsfristen, d.h. der Ausführungs- und/oder Einzelfristen muß der Bauunternehmer nachweisen, daß die Überschreitung nicht durch sein Verschulden entstanden ist.

Im Falle des Verzuges hat der AG die Möglichkeit, die evtl. festgelegte Vertragsstrafe sowie den durch die Verspätung entstandenen Schaden (erhöhte Herstellkosten,
286.1 Mietausfälle etc.) geltend zu machen. Daneben kann der AG in VOB-Verträgen auch
den Auftrag entziehen und durch einen Dritten fertigstellen lassen, wobei tatsächlich
VOB/B §8.3 entstandene Mehrkosten dem ersten AN angelastet werden können.

Der Bauunternehmer ist verpflichtet, das Werk so herzustellen, daß es die vertraglich
zugesicherten Eigenschaften besitzt und nicht mit Fehlern behaftet ist, die den Wert
oder die Nutzung mindern. Die Bauleistung muß zum Zeitpunkt der Abnahme man-
BGB §§ gelfrei sein. Diese Fragen sind für VOB-Verträge ausführlich in § 13 VOB/B geregelt.
633ff Der Bauunternehmer haftet dagegen nicht für fehlerhafte Anordnungen des AG oder
seines Architekten sowie mangelhafte Vorleistungen eines anderen Unternehmers.
Dies wird jedoch durch § 4.3 VOB/B eingeschränkt, da der Bauunternehmer infolge
seiner Sachkunde Bedenken gegen die vorgesehene Ausführung oder gegen die
Leistungen Dritter unverzüglich schriftlich anmelden muß. Nur dann entfällt die Gewährleistung nach § 13.3 VOB/B.

Die Beweislast für die Mangelfreiheit der Bauleistung trägt bis zur Abnahme der AN, danach muß der AG die Mängel beweisen.

Kann ein Mangel an einem Bauwerk nicht mehr oder nur mit unverhältnismäßig hohem Aufwand behoben werden, so entsteht durch die Wertminderung für den Bauherrn ein Vermögensschaden. Dies führt zur Minderung des Vergütungsanspruchs des Bauunternehmers gem. § 634 Abs. 1 BGB bzw. § 13.6 VOB/B. Die Rechtsprechung rechnet bei der Ermittlung von Minderwerten Vorteile der anderen Partei auf (z.B. ersparte Baukosten).

Verspricht der Bauunternehmer über die vertragsmäßige Herstellung des Bauwerkes hinaus weitere Eigenschaften (z.B. die Einhaltung von Baukosten) im Sinne einer Garantie, so haftet er ohne Rücksicht für eigene Verschulden für die entstandenen Mehrkosten im Sinne eines Schadens (Garantievertrag).

Im Rahmen seiner Haftung muß der Bauunternehmer über die Mängel des Bauwerkes hinaus auch für Folgeschäden eintreten, die durch einen Herstellungsfehler oder eine Nachlässigkeit bei der Ausführung der Arbeiten entstanden sind (sog. positive Vertragsverletzung). Der Bauunternehmer hat in den üblichen Bauverträgen das Risiko der Beschädigung oder des Untergangs der Bauleistung zu tragen.
Schäden hat der Bauunternehmer auf eigene Kosten zu beseitigen und muß die *644.1*
Bauarbeiten fortsetzen. Von der Verpflichtung zur Leistung kommt er nur frei, wenn die Erbringung der Bauleistung völlig unmöglich wird, was in der Regel durch Eintritt eines Schadensereignisses (Brand, Diebstahl, Beschädigung usw.) nicht der Fall ist.

Zum Schutz vor Beschädigungen der Bauleistung und der Baustelleneinrichtung kann der Bauunternehmer eine Bauwesenversicherung abschließen, wenn sie nicht bereits vom AG für alle Bauwerke abgeschlossen worden ist. Um den praktischen Bedürfnissen der Bauwirtschaft Rechnung zu tragen, sind die versicherbaren Risiken aufgeteilt in

- Bauleistungen (Bauarbeiten aller Art sowie Lieferung von Baustoffen und Bauteilen) sowie
- dazugehörige Einrichtungen (Hilfsbauten, Baugeräte, Baubaracken usw.)

Der Bauunternehmer kann wählen, welche Risiken er in welchen Zeitabschnitten versichern lassen will. Er kann das Risiko in Form einer Selbstbeteiligung an möglichen Schäden zum Teil selbst tragen, um die Versicherungsprämie in Grenzen zu halten. Die Eigenbeteiligung ist insbesondere bei der Versicherung gegen Geräteschäden nach der Art einer Fahrzeugkaskoversicherung üblich.

Im Schadensfall besteht nur dann eine Leistungspflicht des Versicherers, wenn der Unternehmer unverzüglich seiner Anzeigepflicht nachgekommen ist. Höchstgrenze ist die jeweils vereinbarte Versicherungssumme.

7.1.2 Die Haftung des angestellten Ingenieurs

Naturgemäß sind die Haftungsfragen stark davon abhängig, in welcher Position des Baubetriebes der Angestellte tätig ist: Als verantwortlicher Bauleiter, als Kalkulator, als Maschineningenieur usw. Die Verantwortungsbereiche sind innerhalb einer Unternehmung verschieden groß.

Haftung aufgrund des Dienstvertrages

Der zwischen dem Arbeitgeber (ArbG) und Arbeitnehmer (ArbN) bestehende Arbeits- und Dienstvertrag, in dem die Rechte, Pflichten und Nebenpflichten beider Parteien ggf. genau geregelt sind, begründet die Haftung des ArbN gegenüber dem ArbG:

Erbringt der ArbN vorsätzlich die geschuldete Arbeitsleistung nicht oder nur verspätet, dann begeht er *Vertragsbruch* und ist dem ArbG in vollem Umfang zum Ersatz des entstandenen Schadens verpflichtet. Darüber hinaus hat der ArbG ggf. ein Recht zur fristlosen Kündigung.

Schwieriger sind die Fälle der *Schlechterfüllung* zu beurteilen. Darunter sind alle Fälle von Pflichtverletzung einzureihen, wie z.B. Mangel an notwendiger Sorgfalt, Verschwendung, Verletzung von Hinweis-, Auskunfts-, Verschwiegenheits- oder Kontrollpflichten, Verstoß gegen Wettbewerbsverbote u.a.m. Bei schuldhafter Schlechterfüllung ist der Ingenieur dem ArbG zum Ersatz des entstandenen Schadens verpflichtet und muß sich diesen Anspruch gegen seine Gehaltsforderung aufrechnen lassen, soweit dabei die Pfändungsgrenzen eingehalten werden.

Maßgebend für den Grad des Verschuldens ist die Unterscheidung zwischen Vorsatz und Fahrlässigkeit:

- Eine *vorsätzliche Handlung* liegt dann vor, wenn der Betreffende diese Handlung im Bewußtsein ihrer Folgen vornimmt.
- *Fahrlässigkeit* liegt vor, wenn der Täter die Schadensfolgen seiner Handlung hätte erkennen können oder erkennen müssen.
- *Grobe Fahrlässigkeit* liegt vor, wenn die erforderliche Sorgfalt in besonders schwerem Ausmaß verletzt worden ist bzw. wenn naheliegende Überlegungen nicht angestellt oder Abwehrmaßnahmen nicht ergriffen worden sind.

Fahrlässig handelt bereits der Ingenieur, der die "anerkannten Regeln der Baukunst" nicht beachtet (DIN-Normen, VDI-Richtlinien, Unfallverhütungsvorschriften und sonstige spezielle Vorschriften).

Bei Vorsatz und grober Fahrlässigkeit kann der ArbG einen entstandenen Schaden bei seinem ArbN geltend machen.

Haftung aus unerlaubter Handlung und positiver Vertragsverletzung

Durch die Eigenart der Arbeit besteht oft eine hohe Wahrscheinlichkeit, daß dem ArbN gelegentlich einmal ein Versehen unterläuft, obwohl er im allgemeinen die erforderliche Sorgfalt walten läßt. Besteht die Gefahr, daß der durch ein Versehen verursachte Schaden sehr groß ist und nicht im angemessenen Verhältnis zum Entgelt des ArbN steht, dann spricht man von gefahrgeneigter Arbeit. Die Rechtsprechung verfährt bei der Schuldfrage nach folgenden Grundsätzen:

Grad des Verschuldens	Umfang der Haftung
Vorsatz und grobe Fahrlässigkeit	volle Schadenshöhe
mittlere Fahrlässigkeit	Teilung des Schadens zwischen ArbG u. ArbN
leichte Fahrlässigkeit	keine Haftung

Sowohl im Tarifvertrag als auch im einzelnen Dienstvertrag können weitere Haftungsbeschränkungen gegenüber den Grundsätzen des Bürgerlichen Rechtes vereinbart werden.

Ein Mitverschulden des ArbG führt ebenfalls zur Beschränkung der Schadenersatzpflicht des ArbN, und zwar in wesentlich stärkerem Maß als bei anderen zivil- *254*
rechtlichen Schadenersatzansprüchen. Der Gedanke des Ausgleichs des wirtschaftlichen und sozialen Gefälles zwischen ArbG und ArbN hat dazu geführt, daß die Rechtsprechung in der Regel den ArbN von der Haftung völlig freistellt, wenn den ArbG ein erhebliches Mitverschulden trifft. Die Beweislast für ein Verschulden des ArbN und dafür, daß die für den Schadensfall ursächliche Arbeit nicht gefahrgeneigt war, trägt grundsätzlich der ArbG.

Wird ein Arbeitsunfall grob fahrlässig oder vorsätzlich herbeigeführt, so haben die Versicherungsträger das Recht, den Ersatz des Schadens vom ArbN zu verlangen. Im Falle eines Mitverschuldens der Berufsgenossenschaften sollte hierbei § 254 BGB angemessene Berücksichtigung finden.

Für die strafrechtliche Verantwortung und Haftung gelten keinerlei Beschränkungen. Der Unternehmer kann sie seinem Angestellten nicht abnehmen.

7.1.3 Die Haftung des freiberuflichen Ingenieurs (BGB) *BGB §§*

Haftung nach dem Ingenieurvertrag

Freiberufliche Ingenieure werden aufgrund eines Ingenieur- oder Architektenvertrages tätig. Hierfür gibt es keine allgemein gültige Formvorschrift. Um Schwierigkeiten
zu vermeiden, empfiehlt es sich, die zu erbringenden Ingenieurleistungen so klar *631ff*
wie möglich in den Vertrag aufzunehmen. Zumindest ist es aber zweckmäßig, die allgemeinen Bestimmungen der jeweiligen Gebührenordnung (GOI, HOAI usw.) zum Vertragsgegenstand zu erklären. Da der Ingenieurvertrag die Haftungsgrundlage für durch die Tätigkeit des Ingenieurs hervorgerufene Schäden bildet, ist größtmögliche Rechtsklarheit angebracht.

Wo einzelvertragliche Regelungen fehlen, sind Ingenieurverträge "nach Treu und Glauben mit Rücksicht auf die Verkehrssitte" auszulegen. Dabei ist der tatsächliche
Wille der Parteien zu erforschen und nicht der buchstäbliche Sinn des Ausdrucks *157*
zugrunde zu legen.

Ebenfalls hat der Ingenieur für von seinen Mitarbeitern verursachte Schäden zu haften. Es gilt hier zum Erfüllungs- und Verrichtungsgehilfen dasselbe wie oben bzgl. des Bauunternehmers ausgeführt.

Der Umfang der Haftung wird vom Gesetz her durch die Höhe des entstandenen Schadens vorgegeben. Das Werkvertragsrecht läßt allerdings zu, daß zwischen den Parteien Haftungsbeschränkungen vertraglich vereinbart werden können. Darauf bauen auch die Haftungsbegrenzungen auf, die in den §§ 11 ff des Mustervertrages
254 nach der GOI vorgesehen sind. Auch ein Mitverschulden des Geschädigten beschränkt die Schadenersatzpflicht des Ingenieurs, da es die Pflicht jedes Vertragspartners ist, größtmögliche Sorgfalt und Aufmerksamkeit walten zu lassen, um sich selbst vor Schaden zu bewahren.

Schadenersatzansprüche können durch alle für Werkverträge charakteristischen Leistungsstörungen ausgelöst werden:

a) *Terminüberschreitungen:*

Verzögert der Ingenieur seine Leistung schuldhaft durch schleppende Planung,
636 I,2 mangelhafte Organisation auf der Baustelle o.a., so haftet er dem Besteller wegen des eingetretenen Verzuges und wird ggf. schadenersatzpflichtig. Daneben gibt
636 I,1 die Fristüberschreitung dem Besteller das Recht, vom Vertrag zurückzutreten; dies kann bereits vor Ablauf der Frist erfolgen, wenn die nicht rechtzeitige Herstellung sicher feststeht.

b) *Schlechterfüllung:*

Ist die Ingenieurleistung mangelhaft oder fehlen ihr zugesicherte Eigenschaften, dann greifen die Mangelbeseitigungs- und Gewährleistungsvorschriften des Bür-
633 gerlichen Gesetzbuches ein. Jedoch besteht ein Mangelbeseitigungsanspruch an einer geistigen Leistung nur, wenn deren Korrektur auch sinnvoll ist. Ist ein Bauwerk auf Basis einer fehlerhaften Planung bereits erstellt, dann ist dem Bauherrn nicht mit einer nachträglichen Verbesserung der Pläne, sondern allein mit der Beseitigung der körperlichen Mängel am Bauwerk gedient.

Wurde dagegen nach der fehlerhaften Planung noch nicht gebaut, dann kann der Besteller verlangen, daß der Ingenieur die Mängel innerhalb einer bestimmten, angemessenen Frist beseitigt. Geschieht das nicht, und wurde erklärt, daß die Planung zu einem späteren Zeitpunkt nicht mehr abgenommen wird, dann hat der
634 I Besteller ein Recht auf Rückgängigmachung des Vertrages (Wandlung). Der Fristsetzung bedarf es nicht, wenn die Mangelbeseitigung von vornherein unmöglich ist oder der Ingenieur die Aufforderung zurückweist. Auch wenn der Auftraggeber durch die Nachbesserungsfrist mit der Durchführung des Bauvorhabens in Zeitnot geraten würde, ist eine fristlose Wandlung möglich. Mindert dagegen der
634 III Fehler den Wert der Leistung nur unerheblich, dann entfällt der Wandlungsanspuch.

634 IV Als Folge der Wandlung haben sich die Parteien Zug um Zug zurückzugewähren,
467 was sie sich vorher gegenseitig gegeben haben. Ist dies faktisch nicht mehr mög-
346 ff lich, weil z.B. das Bauwerk bereits erstellt ist, dann muß der Ingenieur eine Herab-
634 IV, 472 setzung der vereinbarten Vergütung in Kauf nehmen (Minderung).

Im Regelfall hat der Besteller das Recht, zwischen Wandlung und Minderung zu wählen. Seine Ansprüche erlöschen, wenn er die fehlerhafte Ingenieurleistung oh-
640 ne Vorbehalte abnimmt, obwohl er deren Mängel kennt oder offensichtlich erkennen muß.

c) *Nichterfüllung:*
Hat der Ingenieur einen Mangel an seinem Werk schuldhaft verursacht, dann 276
steht dem Besteller das Recht zu, anstelle der Wandlung oder Minderung Schadenersatz wegen Nichterfüllung zu fordern. Wenn auch dieser Anspruch auf den 635
Ersatz des unmittelbaren Schadens begrenzt ist, Mangelfolgeschäden also ausgeschlossen sind, so kann doch die Schadenshöhe den Honoraranspruch des Ingenieurs weit übersteigen, da die Rechtsprechung einen durch fehlerhafte Planung oder Überwachung entstandenen Bauwerksmangel als unmittelbaren Mangel der zugrundeliegenden Ingenieurleistung ansieht. Aus diesem Grund kann zum Abschluß einer entsprechenden Haftpflichtversicherung nur dringend geraten werden.

Will der Auftraggeber Schadenersatz wegen Nichterfüllung verlangen, dann muß er beweisen, daß der Ingenieur seine Pflichten objektiv verletzt und dadurch den Mangel am Bauwerk verursacht hat.

Hinsichtlich der Verjährungsfristen kommt es darauf an, was als Inhalt der Ingenieurleistung vereinbart wurde: bei reinen Planungen oder Berechnungen beträgt sie sechs Monate; ist dagegen die Ausführungsüberwachung ebenfalls Gegenstand des Ingenieurvertrages, dann gilt für Arbeiten an Grundstücken ein Jahr,
bei Bauarbeiten fünf Jahre als Verjährungszeitraum. Aufgrund vertraglicher Ver- 638 I
einbarungen kann hiervon jedoch abgewichen werden. Zum Beispiel enthält der Mustervertrag nach der GOI in Anlehnung an die VOB eine zweijährige Frist. Eine derartige Verkürzung der Gewährleistung ist stets angezeigt, wenn für die Ausführung der Arbeiten Gewährleistungsfristen gemäß VOB vorgesehen sind, damit der bauleitende Ingenieur nicht darüber hinaus vom AG in Anspruch genommen werden kann. Die Verjährungsfrist beginnt regelmäßig mit der Abnahme der Ingenieurleistung.

d) *Positive Vertragsverletzung:*
Die Folgeschäden schuldhaft verursachter Mängel (z.B. Produktionsausfall durch eine nicht funktionsfähige Industrieanlage, Verderben von Einrichtungsgegenständen durch Feuchtigkeit im Bauwerk o.ä.) gehen über das Erfüllungsinteresse des Ingenieurvertrages hinaus, können aber dennoch in bestimmten Fällen zu Schadenersatzansprüchen infolge positiver Vertragsverletzung führen.

Auch hier trägt der Besteller die Beweislast. Die gesetzliche Verjährungsfrist für
derartige Ansprüche beträgt 30 Jahre. Daher empfiehlt es sich stets, diesen aus- 195
sergewöhnlich langen Zeitraum durch vertragliche Vereinbarung abzukürzen.

Außervertragliche Haftung BGB §§

Neben den nur zwischen den Vertragspartnern bestehenden vertragsrechtlichen Beziehungen hat der Ingenieur gegenüber seinem Auftraggeber und Dritten weitere rechtliche Schutzverpflichtungen. Bei deren schuldhafter Verletzung unterliegt er einer Haftung aus unerlaubter Handlung.

Der Ingenieur ist als Gewerbetreibender insbesondere verkehrssicherungspflichtig, wenn er die Erstellung von Bauwerken zu leiten und zu überwachen hat. Aber auch für den allein planerisch tätigen Ingenieur oder Architekten gibt es Verkehrssicherungspflichten, wenn bei der Planung bereits erkennbar ist, daß bei der Errichtung des geplanten Bauwerkes besondere Gefahrenquellen entstehen werden.

Die Schadenersatzpflicht aus unerlaubter Handlung besteht ebenfalls bei Verletzung
823 II der zum Schutz von Leben, Gesundheit, Freiheit und Vermögen des Bürgers erlassenen Schutzgesetze (s.o.).

Der beamtete oder im Auftrag einer Behörde hoheitlich tätige Ingenieur (z.B. Prüfingenieur für Baustatik) unterliegt der Haftung für Amtspflichtverletzungen, sofern der entstandene Schaden auf grobe Fahrlässigkeit oder Vorsatz zurückzuführen ist. Jedoch wird der Haftungsumfang dadurch eingeschränkt, daß gemäß Artikel 34 des Grundgesetzes der Staat anstelle des Beamteten dem Dritten gegenüber haftet, er kann in den vorgenannten Fällen aber von seinem Rückgriffsrecht Gebrauch machen. Erfüllt der Beamte keine hoheitlichen Aufgaben, sondern wird er innerhalb des privaten Geschäftsverkehrs seiner Behörde tätig, dann ist er im Verschuldensfall dem Geschädigten unmittelbar ersatzpflichtig (Eigenhaftung).

7.2 Der Zivilprozeß

Zivilprozeß ist die Bezeichnung des Verfahrens zur Feststellung und Durchsetzung privatrechtlicher Ansprüche mit Hilfe der ordentlichen Gerichtsbarkeit. Aufbau und Geschäftsgang der ordentlichen Gerichte sind im Gerichtsverfassungsgesetz (GVG) geregelt, der Verfahrensgang des Zivilprozesses in der Zivilprozeßordnung (ZPO).

Der Zivilprozeß entsteht durch Klageerhebung beim zuständigen ordentlichen Gericht (Amts- oder Landgericht). Mit der Einreichung einer Klageschrift, aus der der Beklagte, die Begründung der Klage sowie der Klagegegenstand, z.B. die Höhe der Forderung hervorgehen müssen, und nach Einzahlung des Prozeßkostenvorschusses ist die Sache bei Gericht "anhängig". Die Vorschüsse und späteren Gebühren richten sich nach dem Streitwert, der entweder aus der Klageschrift unmittelbar hervorgeht (z.B. Höhe der Forderung, Wert des geschuldeten Gegenstandes) oder durch Beschluß des zuständigen Gerichtes festgesetzt wird (insbesondere bei Rechten).

Das angerufene Gericht prüft seine Zuständigkeit und die Zulässigkeit des Klagebegehrens. Bei Nichtzuständigkeit des Gerichtes oder Nichtzulässigkeit der Klage wird das Verfahren nicht eröffnet, im anderen Falle wird dem Beklagten die Klageschrift zur Erwiderung zugestellt. Der Beklagte oder der von ihm inzwischen beauftragte Rechtsanwalt erwidern innerhalb der vom Gericht gesetzten Frist auf die Klage und stellen ihrerseits Anträge, meistens die Maximalforderung, die Klage abzuweisen. Klageschrift und Klageerwiderung sollten sorgfältig ausgearbeitet und mit allen möglichen Dokumenten versehen werden (wie z.B. Rechnungen, Aktenvermerke, Briefe, Tagesberichte, Zeichnungen und Auszüge daraus) sowie Beweisangebote (z. B. Zeugen oder Sachverständige mit ladungsfähiger Anschrift) enthalten.

Danach setzt das Gericht einen Termin zur mündlichen Verhandlung an, in dem die ZPO §§
Parteien den Streitstoff vortragen und ihre Anträge stellen. Über bestrittene und für
die Entscheidung bedeutsame Tatbestände erhebt das Gericht Beweis durch Zeu- 373ff
genvernehmungen, Augenschein (= Ortsbesichtigung), Urkunden oder Sachver- 402ff
ständigengutachten. Die Beweisaufnahme kann auch vor nur einem Mitglied des 138
Prozeßgerichtes (beauftragten Richter) erfolgen. 361

Eine Zivilkammer kann in einfach gelagerten Fällen auch das Verfahren einem der 349 I
drei Richter als Einzelrichter übertragen, um ihre Arbeitskraft effizienter einzusetzen. 349 IV
Bei der Handelskammer geht dies natürlich nicht, da ja dort keine drei Berufsrichter sitzen, sondern nur ein Berufsrichter und zwei Handelsrichter, deren Sachkunde benötigt wird.

Das Gericht bzw. bei Kollegialgerichten der Vorsitzende kann Verfügungen erlassen; das sind Anordnungen (wie z.B. Gerichtstermine, Ladungen, vorbereitende 272
Maßnahmen usw.), die den Parteien entweder formlos mitgeteilt oder zugestellt
werden. Beschlüsse sind dagegen zumeist prozeßleitende Entscheidungen des Gerichtes (z.B. Beweisbeschluß) ohne oder mit mündlicher Verhandlung, ohne oder mit 329
Begründung. Wenn ein Rechtsmittel zugelassen ist, muß stets eine Begründung
gegeben werden. Beschwerde ist das Rechtsmittel gegen Beschlüsse. 567 ff

Für die Zivilprozesse gelten folgende Grundsätze:

1. Beibringungsgrundsatz (Verhandlungsmaxime): Die Parteien bestimmen durch ihr Vorbringen selbst, welchen Tatsachenstoff sie dem Gericht zur Entscheidung vorlegen. Darstellungen, die bestritten werden, bedürfen des Beweises. Unstreitige Punkte werden als wahr hingenommen (formale Wahrheit). Das Gericht kann grundsätzlich nur Beweis erheben, wenn eine Partei ihn angeboten hat.

2. Dispositionsgrundsatz, d.h. Gang und Inhalt des Verfahrens unterliegen weitgehend der freien Verfügung der Parteien: Der Prozeß wird keineswegs von Amts
wegen eingeleitet, sondern nur durch Parteiantrag (Klage). Der Umfang der rich- 308
terlichen Prüfung wird durch die Anträge begrenzt. Klagerücknahme, Anerkennt- 536
nis und Vergleich können eine Entscheidung überflüssig machen. 559

3. Öffentlichkeit von Verhandlungen: Grundsätzlich sind alle Verfahren öffentlich, soweit nicht der Schutz der Intimsphäre Vorrang genießt (z.B. Ehe- und Kindschaftssachen). Im Einzelfall kann die Öffentlichkeit durch Gerichtsbeschluß ganz oder für einen Teil der Verhandlung ausgeschlossen werden (z.B. bei Gefährdung der Staatssicherheit oder der Sittlichkeit).

4. Mündliche Verhandlungen: Außer im schriftlichen Verfahren dürfen Urteile nur 128 I,II
nach mündlicher Verhandlung ergehen, die unter der Leitung des Vorsitzenden
steht. Dieser erteilt oder entzieht das Wort und sorgt für eine erschöpfende Erör-
terung der Sache in tatsächlicher und rechtlicher Hinsicht. Über den Verlauf wird
ein Protokoll aufgenommen. f.

308 355 5. Der Unmittelbarkeitsgrundsatz besagt, daß Verhandlungen und Beweisaufnahmen unmittelbar vor dem erkennenden Gericht stattfinden sollen, damit die Grundlagen der Entscheidung nicht durch Mittelspersonen beeinflußt werden können.

Widerklage nennt man die in einem anhängigen Prozeß erhobene Gegenklage des Beklagten gegen den Kläger. Mit diesem Gegenangriff sollen nicht nur Einwendungen vorgebracht, sondern selbständige Ansprüche (z.B. durch Aufrechnung) durchgesetzt werden, die höher sein können als die Forderung der Klage. Die Widerklage
253 wird erhoben durch Zustellung eines Schriftsatzes, der einer Klageschrift entspricht
281 oder durch Antragstellung in der mündlichen Verhandlung. Die Verhandlungen und die Entscheidung erfolgen i.d.R. gemeinsam mit der Klage. Die Gebühren des Gerichts und der Anwälte fallen daher nur einmal an, sie können aber wegen eines höheren Streitwertes höher ausfallen.

72 ff Durch eine Streitverkündung kann eine Partei, die im Falle des Unterliegens einen Anspruch (Gewährleistungs-, Schadenersatzanspruch usw.) gegenüber einem Dritten zu haben glaubt, diese Rechte wahren. Dadurch wird die Verjährung unterbrochen oder das Recht auf Mängeleinreden aufrechterhalten.

Die Streitverkündung kann in jeder Lage des Rechtsstreites durch Einreichen eines Schriftsatzes beim Prozeßgericht erfolgen. Dem Empfänger steht es frei, dem Rechtsstreit auf einer der beiden Seiten beizutreten oder untätig zu bleiben. Tritt der Streitverkündete dem Streit bei, so hat bei Obsiegen „seiner" Partei die unterlegene
101 I Partei die Kosten auch des Streitverkündeten zu tragen, bei Unterliegen muß er seine Kosten selbst tragen. Tritt er nicht bei, so muß er eventuell anfallende Kosten selbst tragen.

271 Der Zivilprozeß wird entweder durch Klagerücknahme, durch Vergleich oder durch Urteil beendet.

Durch den freiwilligen Abschluß eines Vergleiches können die Parteien einen Rechtsstreit jederzeit ganz oder teilweise beilegen (z.B. um den Prozeß abzukürzen, um Kosten zu sparen usw.). Das Gericht soll in jeder Lage auf Vergleiche hinwirken
495 II oder einen sog. Sühnetermin ansetzen. Vergleiche sind oft bedingt oder befristet,
296 I d.h. daß sie innerhalb einer Frist schriftlich bestätigt werden müssen. In der Praxis wird i.d.R. eine Widerrufsfrist vorbehalten, wonach der Vergleich nur wirksam wird, wenn er nicht innerhalb der Frist von einer oder beiden Parteien widerrufen wird. Dies geschieht zur eingehenden Beratung der Mandantschaft sowie zur Darlegung der Argumente und Gründe.

Das Urteil ist die in besonderer Form ergehende richterliche Entscheidung. Es wird
300 ff gefällt nach geheimer Beratung und Abstimmung des Gerichtes. Es besteht aus dem
311 I – Rubrum, welches die Eingangsformel " Im Namen des Volkes", das Aktenzeichen, das entscheidende Gericht und seine Spruchkörper, die Namen der Richter und den Tag der Schlußverhandlung (oder den Vermerk "im schriftlichen Verfahren") beinhaltet,
– Tenor, das ist eine knappe Urteilsformel,
– Tatbestand: Hier werden ohne jede Wertung die Vorträge der Parteien mit den gestellten Anträgen sowie die Prozeßgeschichte mit allen Vorentscheidungen und

Beweisergebnissen dargestellt, soweit sie für die Entscheidung bedeutsam sind. üblicherweise werden die unstreitigen Tatsachen vorangestellt und danach das streitige Vorbringen und die Anträge der Parteien gegenübergestellt.

- Entscheidungsgründe: Sie geben die rechtliche Begründung für den im Tenor bereits ausgedrückten Urteilsspruch. Ausführungen zur Zulässigkeit werden vor- 311 I
angestellt, während die anspruchsbegründenden Rechtsnormen und die vorgebrachten Einwendungen oder Erwägungen nachfolgen. Stilistisch wird nicht (wie in einem Gutachten) zum Ergebnis hingeführt, sondern es wird von der getroffenen Entscheidung ausgegangen.
- Unterschriften aller Richter, die an der Entscheidung mitgewirkt haben, auch wenn sie überstimmt worden sind.

Eine Anfechtung von Entscheidungen mit dem Ziel der Aufhebung oder Abänderung zugunsten des Anfechtenden ist möglich durch Einlegen der zulässigen Rechtsmittel oder Rechtsbehelfe . Dies sind nach ZPO Berufung, Revision und Beschwerde. Sie müssen zulässig sein sowie rechtzeitig und formgerecht eingelegt werden, ohne daß zuvor ein Rechtsmittelverzicht stattgefunden haben darf. Sofern eine dieser Voraussetzungen nicht erfüllt ist, wird das Rechtsmittel durch Urteil oder Beschluß verworfen, ohne daß die Richtigkeit der Entscheidung nachgeprüft wird.

Berufung ist das Rechtsmittel gegen Urteile der ersten Instanz. Im Gegensatz zur 511 ff
Revision führt sie zu einer Neuaufrollung des Prozesses in tatsächlicher und rechtlicher Hinsicht. Berufungsgerichte sind entweder das LG (für erstinstanzliche Urteile des AG) oder das OLG (für erstinstanzliche Urteile des AG in Kindschafts- und Familiensachen und erstinstanzliche Urteile des LG). Im Gegensatz zum Amtsgericht herrscht an diesen beiden Gerichten Anwaltszwang. Die bloße Bezugnahme 529 II
auf das Vorbringen in erster Instanz genügt nicht, sondern es ist darzulegen, weshalb die Entscheidung als falsch angesehen wird. Kann man neue Tatsachen und Beweismittel vorlegen, so sind diese innerhalb der Berufungsbegründungsfrist anzugeben, da späteres Vorbringen zurückgewiesen werden kann. Bleibt die Berufung ohne Erfolg, wird sie durch Urteil kostenpflichtig zurückgewiesen; hat sie Erfolg, wird das
Ersturteil aufgehoben und durch eine neue Sachentscheidung ersetzt. Bei unrichtigen Urteilen oder schweren Verfahrensmängeln kann das Berufungsgericht das Verfahren ausnahmsweise zur erneuten Verhandlung zurückverweisen.

Revision ist das Rechtsmittel gegen Berufungsurteile der OLG. Sie kann nur mit der 545 ff
Verletzung von Rechtsnormen begründet werden, darf sich also nicht auf neue Tatsachen oder Beweismittel stützen. Revisionsgericht ist der BGH.

Durch den Eintritt der Rechtskraft (Ablauf der Rechtsmittelfrist, ohne daß das Rechtsmittel eingelegt wird bzw. bei Entscheidung einer höheren Instanz kein Rechtsmittel mehr möglich) wird eine gerichtliche Entscheidung unabänderlich und 705
maßgeblich, gleichgültig, ob richtig entschieden wurde. Man unterscheidet zwischen der formellen Rechtskraft, d.h. eine Entscheidung ist unanfechtbar geworden und darf in demselben Prozeß nicht mehr umgestoßen werden, und der materiellen Rechtskraft, die besagt, daß die getroffene Entscheidung maßgeblich und daß ein neuer Prozeß mit dem gleichen Streitgegenstand unzulässig ist.

Nach dem Urteil kann die Zwangsvollstreckung betrieben werden. Diese muß gesondert beantragt werden. In einem eigenständigen Verfahren werden Leistungs- und Haftungsansprüche mit staatlichem Zwang durchgesetzt. Bei Vorliegen der Voraussetzungen hat der Gläubiger gegenüber dem Schuldner einen Vollstreckungsanspruch durch die Vollstreckungsorgane des Staates, das sind die Gerichtsvollzieher.
755 Deren Legitimation ist der Besitz der vollstreckbaren Ausfertigung des Urteils. Hat eine Partei im Prozeß gewonnen, beantragt sie die Zwangsvollstreckung und bekommt nach Prüfung der Angelegenheit eine Abschrift des Urteils, das mit der Vollstreckungsklausel versehen ist: „Vorstehende Ausfertigung wird dem ...(Bezeichnung der Partei) zum Zwecke der Zwangsvollstreckung erteilt". Von dieser vollstreckbaren Ausfertigung gibt es im Regelfall nur eine, und sie ist nach der Vollstreckung dem Schuldner zu übergeben.

7.3 Bedeutung des Selbständigen Beweisverfahrens im Bauwesen und Stellung des Sachverständigen

In jeder Phase der Bauausführung sollten zur Dokumentation der jeweiligen Situation Beweismittel gesammelt werden. Dafür kommen in Frage:
- Zeichnungseingangsbuch,
- Bautagebuch,
- regelmäßige fotografische Aufnahmen.

7.3.1 Zweck des Selbständigen Beweisverfahrens

Die Beweissicherung dient der Feststellung und Festhaltung von Tatsachen zur späteren Verwendung als Beweismittel in einem Zivilprozeß oder zur Abwendung eines gerichtlichen Verfahrens. Eine solche Beweissicherung kommt mithin für Streitigkeiten auf jeglichem Rechtsgebiet in Betracht. Hier werden jedoch speziell die Fragen der Beweissicherung in Bausachen angesprochen.

Beweissicherung ist möglich durch:

- Einnahme des Augenscheins, (d.h. Betrachtung der Situation vor Ort)
- Vernehmung von Zeugen,
- Begutachtung durch Sachverständige.

Selbständige Beweisverfahren sind bei Gericht zu beantragen; gemäß § 487 ZPO muß der Antrag enthalten:

- die Bezeichnung des Gegners,
- die Tatsachen, für die die Beweisaufnahme gewünscht wird,
- die Beweismittel (einschl. Zeugen und Sachverständigen),
- die Gründe, die die Besorgnis rechtfertigen.

Anwaltszwang besteht nicht, jedoch ist in der juristischen Vorprüfung zu klären, welcher konkrete Anspruch im Einzelfall gegen wen geltend gemacht werden soll. Um die eigentliche Streitfrage nicht zu verfehlen, ist hierbei äußerst sorgfältig vorzugehen. Die Praxis zeigt nämlich häufig, daß in Selbständigen Beweisverfahren eingeholte Gutachten später für die Entscheidung des Hauptprozesses nicht ausreichen, was keineswegs an dem Gutachten liegt, sondern daran, daß die Beweisthemen falsch oder ungenügend beschrieben waren.

Im Selbständigen Beweisverfahren besteht meist die Schwierigkeit, daß der Antragsteller, wenn er den Antrag abfaßt, häufig die Argumente noch nicht kennt, die der Antragsgegner später vortragen wird. Zwar wird die Beweisanordnung von einem Richter formuliert, diesem liegt in aller Regel aber auch nur der Antrag selbst vor und noch keine Erwiderung des Antragsgegners. Der Richter muß den Antragsgegner auf jeden Fall hören, im Eilfall kann dieses rechtliche Gehör aber auch erst nach Anordnung der Beweisaufnahme gewährt werden. Zumal der betreffende Richter später den Prozeß nicht entscheiden wird, ist er nach der gesetzlichen Systematik auch nicht berechtigt, die Beweisanträge des Antragstellers auf ihre Zweckmäßigkeit und Vollständigkeit zu überprüfen. Er darf Beweisanträge weder ändern noch ergänzen.

Wird in einem Prozeß durch das Gericht die Einholung eines Sachverständigengutachtens beschlossen, dann treten derartige Schwierigkeiten kaum auf. In diesem Fall geht der Formulierung des Beweisbeschlusses zunächst eine tatsächliche und rechtliche Diskussion der Parteien voraus. Auf dieser Grundlage entscheidet dann das zur Entscheidung berufene Gericht selbst, welche Tatsachen der Aufklärung bedürfen, um den Streitfall nach der einen oder nach der anderen Seite entscheiden zu können.

7.3.2 Möglichkeiten der Einleitung von Selbständigen Beweisverfahren

Gemäß § 485 ZPO ist die Beantragung eines Selbständigen Beweisverfahrens während oder außerhalb eines Streitverfahrens zulässig, wenn der Gegner zustimmt oder zu befürchten ist, daß das Beweismittel verlorengeht oder seine Benutzung erschwert wird (Abs. 1). Daneben kann, wenn ein Rechtsstreit nicht anhängig ist, eine Partei ein schriftliches Sachverständigengutachten beantragen, wenn sie ein rechtliches Interesse an einer Tatsachenfeststellung hat. Als Beispiel nennt das Gesetz die Vermeidung eines Rechtsstreits (Abs. 2).

Beweissicherung mit Zustimmung des Antragsgegners

Ein Selbständiges Beweisverfahren ist stets dann zulässig, wenn der "Antragsgegner" zustimmt. Nur wenn der Beweisführer glaubhaft machen kann, daß er ohne sein Verschulden außerstande sei, einen Gegner zu bezeichnen, kann einem Antrag ohne Nennung eines Gegners stattgegeben werden. Wer jedoch als Antragsgegner anzusehen ist, läßt sich nicht immer leicht beantworten: Wenn beispielsweise ein Bauherr zu beklagen hat, daß sich im Keller seines Hauses Feuchtigkeit zeigt, und wenn er daran denkt, wegen dieses Baumangels ein Beweisverfahren zu beantragen, dann muß er zunächst überlegen, wen er als Antragsgegner dieses Beweisverfahrens bezeichnen will. Er entscheidet sich möglicherweise für den Bauunternehmer, wenn er glaubt, daß ein Ausführungsfehler vorliegt und deshalb der Bauunternehmer verantwortlich sein wird, oder möglicherweise für den Architekten, wenn er glaubt, daß die Feuchtigkeit auf einen Planungsfehler zurückzuführen ist. Möglicherweise benennt er auch beide, wenn er nicht weiß, ob die Ursache in einem Planungsfehler des Architekten oder einem Ausführungsfehler des Bauunternehmers liegt. In jedem Fall muß er den vorgesehenen Antragsgegner um seine Erklärung bitten, ob dieser einem Beweisverfahren zustimmen will.

Beweissicherung wegen Besorgnis, daß das Beweismittel verloren geht

Erlangt der Antragsteller die Zustimmung des oder der Antragsgegner nicht, ist damit noch nichts verloren. Denn ein Beweisverfahren ist auch ohne Zustimmung des Antraggegners zulässig, wenn Besorgnis besteht, daß das Beweismittel verloren geht oder seine Benutzung erschwert wird.

Da sich das Beweisverfahren durch ein Mindestmaß an Förmlichkeit und ein Höchstmaß an Schnelligkeit auszeichnet, darf es nicht mit der zusätzlichen Streitfrage belastet werden, ob der Bauherr mit der Mängelbeseitigung noch warten kann oder nicht. Die erklärte Absicht des Bauherrn zur alsbaldigen Mängelbeseitigung reicht aus, um die Verlustbesorgnis zu begründen, die das Beweisverfahren zulässig macht.

Beweissicherung zur Feststellung des gegenwärtigen Zustandes einer Sache

Wenn in dem schon erwähnten Beispiel die Außendrainage entweder nicht vorhanden oder nicht funktionstüchtig ist und wenn weiterhin die Außenabdichtung des Mauerwerks entweder nicht vorhanden oder schadhaft ist und wenn deshalb Grundwasser oder Niederschlagswasser von außen in das Kellermauerwerk eindringt, dieses Kellermauerwerk durchströmt und an der Innenseite austritt, dann bilden die gesamten Umstände den gegenwärtigen Zustand der Sache.

Die Feststellung dieses gegenwärtigen Zustandes kann nicht allein durch äußere Besichtigung getroffen werden, sondern dazu ist z.B. eine entsprechende Untersuchung (hier Aufgrabung) notwendig und nach richtiger Auffassung auch im Beweisverfahren ohne weiteres zulässig. Die im Gutachten zu treffende Feststellung des gegenwärtigen Zustandes muß beispielsweise enthalten, daß

- eine Drainage nicht vorhanden ist,
- eine Außenisolierung des Kellermauerwerkes fehlt,
- Niederschlagswasser von außen in das Mauerwerk eindringt, das Mauerwerk durchströmt und innen austritt.

Eine solche Feststellung enthält keinerlei Wertung und keinerlei Hinweise auf das Verschulden, was in einem solchen Beweisverfahren nicht zulässig wäre. Es bleibt völlig offen, ob eine Drainage nicht vorhanden ist, weil sie der Architekt nicht ausgeschrieben und nicht in Auftrag gegeben hat oder ob sie deshalb nicht vorhanden ist, weil der Bauunternehmer trotz entsprechenden Auftrages ihre Herstellung unterlassen hat. Es bleibt völlig offen, ob der Bauunternehmer ggf. gegen die vorgeschriebene Ausführungsart hätte Bedenken haben und schriftlich äußern müssen und ob er das evtl. getan hat oder nicht. All diese Fragen sind ausschließlich im späteren Prozeß abzuhandeln und zu entscheiden.

7.3.3 Reaktion des Antragsgegners im Selbständigen Beweisverfahren

Der Antragsgegner kann das Beweisverfahren nicht verhindern. Der vom Gericht verkündete Beweisbeschluß ist bindend und nicht anfechtbar, selbst wenn er inhaltlich teilweise unzulässig oder unvollständig ist. Man kann auch keine Einwendungen gegen die Person des Gutachters geltend machen, selbst wenn er nach eigener Meinung ungeeignet oder gar befangen ist. Man kann jedoch auf Gang und Ergebnis dieses Verfahrens durch den Kunstgriff Einfluß nehmen, daß man sich selbst ebenfalls zum Antragsteller macht.

Wenn man selbst beantragt, den Beweisbeschluß des Gerichts durch weitere Beweisthemen zu ergänzen und einen weiteren Sachverständigen eigener Wahl zu berufen, so darf man diesen selbst benennen. Der Richter muß derartigen Anträgen stattgeben, und wenn er das ablehnen sollte, besteht hiergegen ein Beschwerderecht. Auf diese Weise kann man dafür sorgen, daß nicht nur diejenigen Beweisthemen aufgeklärt werden, auf die der Gegner Wert legt, und daß nicht nur der Sachverständige tätig wird, den der Gegner ausgewählt hat, sondern daß auch die eigenen Argumente berücksichtigt werden und daß auch der Sachverständige des eigenen Vertrauens tätig wird.

7.3.4 Stellung des Sachverständigen

Ein Sachverständiger, der vom Antragsteller namentlich benannt worden ist, wird nicht in dessen Auftrag als Parteigutachter tätig, sondern er wird vom Gericht berufen und bestellt und ist mithin Gerichtsgutachter. Inhaltlich wird seine Aufgabe bestimmt durch den Beweisbeschluß des Gerichts. Es mag sein, daß dieser Beweisbeschluß inhaltlich ungenügend erscheint, weil er Aspekte unberücksichtigt läßt, die nach sachkundiger Beurteilung für eine Entscheidung sehr wichtig erscheinen. Das muß der Sachverständige hinnehmen und sich darauf beschränken, die Fragen des Beweisbeschlusses zu beantworten.

Gerade in solchen Fällen mag es sein, daß die bei einer Ortsbesichtigung anwesenden Parteien oder deren Vertreter Fragen stellen, die über den Inhalt des Beweisbeschlusses hinausgehen. Der Sachverständige sollte die Beantwortung solcher Fragen, die durch den Beweisbeschluß nicht gedeckt sind, schlicht verweigern. Er ist zu ihrer Beantwortung nicht verpflichtet und wenn er es gleichwohl tut, setzt er sich der Gefahr einer Befangenheit aus. Denn die Partei, zu deren Nachteil die Antwort ausfällt, wird leicht dazu neigen, in der Antwort eine pflichtwidrige Beratung der Gegenpartei zu sehen.

Es mag andererseits auch häufig der Fall sein, daß der richterliche Beweisbeschluß zu weit geht, indem er beispielsweise die Frage enthält, von wem ein bestimmter Baumangel zu vertreten sei. Eine solche Frage ist im Beweisverfahren schlicht unzulässig, aber es kommt in der Praxis gar nicht so selten vor, daß sie tatsächlich gestellt wird. Wenn sie im richterlichen Beweisbeschluß enthalten ist, so ist der Sachverständige zu ihrer Beantwortung berechtigt und verpflichtet. Eine Überprüfung des Beweisbeschlusses ist ihm verwehrt. Der Sachverständige ist Gehilfe des Richters und muß deshalb die Fragen pflichtgemäß und gewissenhaft beantworten.

Im späteren Zivilprozeß hat jede Partei das Recht, die Beweisaufnahme zu benutzen. Das bedeutet, daß ein im Beweisverfahren eingeholtes Gutachten in dem späteren Hauptprozeß dieselbe Bedeutung hat, wie ein in diesem Prozeß selbst eingeholtes Gerichtsgutachten.

Zwei Besonderheiten sind zu beachten:

1. Der Antragsgegner des früheren Beweisverfahrens kann im Hauptprozeß nachholen, was ihm im Beweisverfahren selbst verwehrt war, nämlich die Ablehnung des Sachverständigen wegen Befangenheitsbesorgnis, wenn es hierfür Gründe gibt. Das Gericht des Hauptprozesses hat über diesen Ablehnungsantrag zu entscheiden. Wenn es ihn für begründet erklärt, wird das Gutachten damit in seiner Gesamtheit unverwertbar.

   Darin liegt grundsätzlich die Gefahr eines Beweisverfahrens. Wenn nämlich tatsächlich im späteren Hauptprozeß eine erfolgreiche Befangenheitsablehnung des Sachverständigen erfolgt und inzwischen die begutachteten Baumängel durch Nachbesserung beseitigt sind, dann hat der Bauherr zwar ein Sachverständigengutachten, das aber unverwertbar ist, und die Baumängel selbst sind als Beweismittel nicht mehr vorhanden. Nach dem Gesetz hat der Antragsteller eines Beweisverfahrens dieses Risiko zu tragen. Er hat das alleinige Recht, die Person des Sachverständigen zu bestimmen, und er muß auch die Folgen tragen, wenn er sich dabei falsch verhalten hat.

2. Gutachten, bei denen der Beweisbeschluß im Beweisverfahren zu weitgehend war, also beispielsweise die Frage enthielt, wer einen bestimmten Baumangel zu vertreten hatte, können im Hauptprozeß nicht verwertet werden. Der Antragsgegner des früheren Beweisverfahrens kann im Hauptprozeß geltend machen, daß es unzulässig gewesen sei, die Frage überhaupt zu stellen. Mit dieser Begründung kann er der Verwertung des Gutachtens in diesem Punkte widersprechen. Das Gericht des Hauptprozesses darf daraufhin diesen Teil des Gutachtens tatsächlich nicht beachten und wird neu entscheiden.

Ansonsten hat das Gutachten des Beweisverfahrens im Hauptprozeß keine geringere, aber auch keine höhere Bedeutung als ein im Prozeß selbst eingeholtes Gutachten. Es ist also insbesondere nicht etwa wie ein Schiedsgutachten verbindlich und allen sachlichen Angriffen entzogen. Es ist viel mehr nur ein normales Beweismittel, das mithin Gegenstand der Beweiswürdigung des Prozeßgerichtes ist, und beide Parteien können durchaus neue und weitere Beweismittel benennen, um das Gutachten des Beweisverfahrens etwa in dem einen oder anderen Punkte zu widerlegen. Sie können auch die Vorladung des Gutachters durch das Prozeßgericht erwirken, damit ihm in der Verhandlung mündliche Fragen gestellt werden können, um etwa Zweifelspunkte aufzuklären oder mögliche Unklarheiten zu beseitigen.

Beweissicherung in der VOB/B

Ist ein Vertrag nach VOB vereinbart worden, gilt folgendes: die VOB/B verlangt in § 3, Nr. 4, falls erforderlich, zu Baubeginn den Zustand der Straßen, Geländeoberflächen, Vorfluter, Vorflutleitungen und baulicher Anlagen im Baubereich schriftlich festzuhalten, um späteren Beweisschwierigkeiten zu begegnen. Solche örtlichen Gegebenheiten können von wesentlichem Einfluß auf die ordnungsgemäße Baudurchführung sein. Diese Beweissicherung hat unter Beteiligung beider Parteien stattzufinden: hält ein Vertragspartner eine solche Feststellung für nötig, so hat der andere nach Aufforderung an den Feststellungen mitzuwirken. Von dieser *vertraglich vereinbarten* Beweissicherung ist das Selbständige Beweisverfahren in der Zivilprozeßordnung (ZPO) zu unterscheiden. Ersteres ist die Feststellung unter den Parteien, letzteres bedeutet die Begutachtung durch einen Dritten aufgrund eines richterlichen Beweisbeschlusses und ist nicht auf den Zustand vor Baubeginn beschränkt.

7.4 Das Schiedsgerichtsverfahren

Wenn zwischen AG und AN bei der Baudurchführung Streitigkeiten entstehen und nicht gemäß § 18.2 oder 18.3 VOB/B beigelegt werden können, dann sind diese entweder durch ein ordentliches Gericht zu klären oder durch ein speziell für diese Streitigkeiten zu bildendes Schiedsgericht. Letzteres ist allerdings nur dann möglich, wenn die Parteien im Rahmen des Bauvertrages eine Schiedsvereinbarung getroffen haben.

Schiedsgerichtsverfahren sollen u.a. die ordentlichen Gerichte entlasten. Bei der Vielzahl der gerichtlich anhängigen Bausachen (z.B. im Jahre 1979 vor dem LG Düsseldorf 11,6% und vor dem OLG Düsseldorf gar 12,4% aller Prozesse) ist den Parteien mit der meist rascheren außergerichtlichen Klärung ihrer Differenzen am ehesten gedient.

7.4.1 Schiedsvertrag

Für die Bildung eines Schiedsgerichtes genügt es nicht, wenn im Bauvertrag eine Bestimmung enthalten ist, wonach im Falle von Streitigkeiten ein Schiedsgericht entscheiden soll. Vielmehr ist erforderlich, daß ein besonderer Schiedsvertrag abgeschlossen wird, beispielsweise mit dem folgenden Wortlaut:

Schiedsvertrag

Zwischen (*Auftraggeber*) und (*Auftragnehmer*)

wird hiermit vereinbart, daß alle Streitigkeiten aus dem Vertrag betreffend das Bauvorhaben unter Ausschluß des ordentlichen Rechtswegs durch ein Schiedsgericht nach der Schiedsordnung für das Bauwesen in der jeweils gültigen Fassung erledigt werden.

Das Schiedsgericht entscheidet auch über die Rechtswirksamkeit und den Geltungsbereich der Schiedsgerichtsvereinbarung.

Sollte ein ordentliches Gericht den Schiedsspruch aufheben oder einen Schiedsvergleich für unwirksam halten, so kann der Partner, der einen Anspruch gegen den anderen Partner auch weiterhin geltend machen will, dies nur dadurch tun, daß er von neuem das Schiedsverfahren einleitet. Für das neue Schiedsgericht gelten Absatz 1 und 2 dieser Schiedsvereinbarung entsprechend.

Als Gerichtsstand für die Niederlegung des Schiedsspruchs oder Schiedsvergleichs und für die Vornahme gerichtlicher Handlungen wird die Zuständigkeit des .... Gerichts in .... vereinbart.

.................., den ....

(*Unterschrift des Auftraggebers*) (*Unterschrift des Auftragnehmers*)

Ist eine derartige Schiedsvereinbarung beim Abschluß des Bauvertrages nicht getroffen worden, so kann dies zu jedem beliebigen Zeitpunkt später nachgeholt werden, sofern sich beide Parteien darüber einig sind. Falls jedoch keine Einigung erzielt wird, muß der Weg über die ordentliche Gerichtsbarkeit eingeschlagen werden.

7.4.2 Bildung des Schiedsgerichtes nach der Schiedsordnung für das Bauwesen

Die im Mustervertrag erwähnte Schiedsordnung für das Bauwesen ist auf die besonderen Belange eines bauwirtschaftlichen Schiedsgerichtsverfahrens abgestimmt. Darin ist die Bildung eines Schiedsgerichtes wie folgt festgelegt:

Durch einen Einschreibebrief zeigt eine Partei der anderen an, daß sie infolge von Streitigkeiten die Durchführung eines Schiedsgerichtsverfahrens verlangt. Außerdem ist in diesem Schreiben ein Schiedsrichter zu benennen. Gleichzeitig wird die andere Partei aufgefordert, ebenfalls einen Schiedsrichter zu nominieren. Daraufhin muß sie innerhalb von 14 Tagen ebenfalls durch einen eingeschriebenen Brief den Namen des von ihr ernannten Schiedsrichters mitteilen.

Die Schiedsrichter beider Parteien sind ihrerseits verpflichtet, innerhalb eines Monats einen Obmann zu berufen. Damit ist nach einer Anlaufzeit von nur sechs Wochen das Schiedsgericht für die zu klärende Streitigkeit gebildet. Als Schiedsrichter kann jeder Techniker, Kaufmann, Sachverständige oder Jurist, der das Vertrauen der jeweiligen Partei genießt, benannt werden. Der Obmann muß in jedem Falle Volljurist sein.

Läßt nach der Schiedsordnung für das Bauwesen die aufgeforderte Partei die Frist von 14 Tagen zur Benennung eines Schiedsrichters ungenutzt verstreichen, sei es aus Nachlässigkeit oder mit der Absicht der Verzögerung des Schiedsgerichtsverfahrens, oder weigert sie sich, einen Schiedsrichter zu benennen, so ist ihr nochmals eine Nachfrist von 14 Tagen zu setzen. Falls diese wieder ungenutzt verstreicht, wird dann ein Schiedsrichter durch den Deutschen Betonverein verbindlich ernannt.

Nach der Schiedsordnung für das Bauwesen kann in Anlehnung an die ZPO der Vorschlag eines Schiedsrichters oder des Obmanns wegen Befangenheit abgelehnt werden. Ein solcher Fall von Befangenheit würde beispielsweise dann vorliegen, wenn der von einer Partei ernannte Schiedsrichter bereits mit dem Bauvorhaben befaßt war, sei es als Sachverständiger im Rahmen eines Beweisverfahrens oder zur Beurteilung bereits aufgetretener Mängel. Ist eine Partei mit der Ablehnung ihres Schiedsgutachters nicht einverstanden, so hat das zuständige Amts- oder Landgericht über die Ablehnungserklärung zu entscheiden. Die ablehnende Partei hat binnen einer Woche nach Äußerung der anderen Partei beim zuständigen Amts- oder Landgericht die Entscheidung herbeizuführen. Erfolgt dies nicht oder nicht fristgerecht, so wird daraus gefolgert, daß die Partei ihr Ablehnungsrecht nicht weiter geltend machen will.

Im Gegensatz zu einem Anwalt, der vor einem ordentlichen Gericht als Parteivertreter tätig wird, sind die Schiedsrichter und ihr Obmann keine Interessenvertreter der Parteien, sondern neutrale Schlichter, die zur objektiven Beurteilung des Sachverhaltes verpflichtet sind. Natürlich wird in den meisten Fällen ein Schiedsrichter der Partei näher stehen, die ihn vorgeschlagen hat. Daß er aber die Auffassung dieser Partei in der Angelegenheit uneingeschränkt teilt, ist sicher ein Ausnahmefall, zumal es sich bei den technischen Sachverständigen meist um vereidigte Sachverständige handelt, die aufgrund ihres Eides verpflichtet sind, eine objektive Meinung zu vertreten. Außerdem würden Schiedsrichter keinerlei Beitrag zur Klärung der Streitigkeiten leisten, wenn sie im Schiedsgerichtsverfahren lediglich bereits von den Parteien formulierte Standpunkte wiederholen. Hingegen ist es Aufgabe der Schiedsrichter, Erfahrung und Sachverstand einzubringen, um zusammen mit dem Obmann die Streitigkeiten zu schlichten bzw. eine Entscheidung herbeizuführen.

7.4.3 Arbeitsweise eines Schiedsgerichtes

Das Schiedsgericht wird tätig, indem der Obmann der klagenden Partei eine Frist für die Einreichung der Klageschrift setzt. Diese muß enthalten:

1. Genaue Bezeichnung der Partei und ihrer gesetzlichen Vertreter, zumal es sich in der Regel um Firmen handelt,
2. Genauen Antrag, d.h. beispielsweise welche Summe die Klägerin weswegen von der Beklagten fordert,
3. Schilderung des Sachverhaltes und Begründung des Anspruches der Klägerin (dazu gehören auch Kopien wichtiger Schriftstücke, gegebenenfalls Auszüge aus Bauverträgen, Bauzeichnungen, Auftragsschreiben, Schlußrechnungen oder sonstige Urkunden, die für die Sachentscheidung von Bedeutung sein können),
4. Benennung von Zeugen und sonstigen Beweismitteln.

Dem Original der Klageschrift sind Kopien für die Gegenpartei und die beiden Schiedsrichter beizufügen. Der Obmann stellt die Klageschrift der Beklagten zu und fordert sie auf, innerhalb einer angemessenen Frist zu der Klage Stellung zu nehmen. Nach Eingang dieser Stellungnahme kann der Obmann den ersten Verhandlungstermin anberaumen, der möglichst binnen vier Wochen stattfinden soll. Wenn die Beklagte sich nicht fristgerecht zur Klageschrift äußert oder sie trotz ordnungsgemäßer Ladung dem Verhandlungstermin unentschuldigt fernbleibt, entscheidet das Schiedsgericht nach freiem Ermessen.

Der Obmann bestimmt den Verhandlungsort für das Schiedsgericht. Er wird in der Regel den Tagungsort so festlegen, daß ihn beide Parteien gleich gut erreichen können. Häufig tagt auch das Schiedsgericht an dem Ort, wo das Bauvorhaben ausgeführt worden ist, um die Kosten für eine notwendige Ortsbesichtigung gering zu halten oder den Fortgang der Verhandlungen zu erleichtern. Das Schiedsgericht kann das Verfahren entweder durch einen Schiedsspruch (Urteil) oder durch einen Schiedsvergleich beenden.

Der Schiedsspruch ist schriftlich zu begründen, falls die Parteien hierauf nicht ausdrücklich verzichten (vgl. § 1041). Ein Schiedsspruch kann sich auch auf einen Teil der Klage erstrecken oder eine Zwischenentscheidung in Form eines Grundsatzurteils darstellen. Er ist nur wirksam, wenn er Datum und die Unterschrift aller Schiedsrichter trägt. Der unterschriebene Schiedsspruch ist den Parteien möglichst mit Rückschein zuzustellen.

Wenn das Verfahren mit einem Vergleich endet, ist dieser ebenfalls in der Niederschrift über die Verhandlung des Schiedsgerichtes festzuhalten und von den Parteien oder deren bevollmächtigten Vertretern sowie allen Schiedsrichtern zu unterschreiben. Außerdem ist eine Klausel in den Vergleich mit aufzunehmen, daß sich der Schuldner in diesem Vergleich der sofortigen Zwangsvollstreckung unterwirft, selbst wenn diese erst nach einer entsprechenden Erklärung eines ordentlichen Gerichtes möglich ist. Wie bei gerichtlichen Vergleichen können sich die Parteien bereits in der Niederschrift ein Widerspruchsrecht vorbehalten. Der Widerruf kann dann innerhalb einer festgesetzten Frist durch schriftliche Anzeige beim Obmann des Schiedsgerichtes erfolgen.

Nach § 1040 ZPO und § 8 Nr. 4 der Schiedsordnung für das Bauwesen hat der Schiedsspruch bzw. Schiedsvergleich die Wirkung eines rechtskräftigen gerichtlichen Urteils, wenn der Schiedsspruch für vollstreckbar erklärt wurde. Dies geschieht auf entsprechenden Antrag bei dem Amts- oder Landgericht, das im Schiedsvertrag vorgesehen ist. Wenn kein derartiges Gericht im Schiedsvertrag festgelegt ist, so ist das Amts- oder Landgericht zuständig, das normalerweise den Zivilprozeß hätte durchführen müssen. Gegen den Vollstreckbarkeitsbeschluß kann innerhalb einer Frist von zwei Wochen Widerspruch erhoben werden.

Für die Aufhebung des Schiedsspruches nennt § 1041 ZPO fünf Gründe:

1. Es existiert kein gültiger Schiedsvertrag, oder der Schiedsspruch beruht auf einem unzulässigen Verfahren.
2. Die Anerkennung des Schiedsspruches würde gegen die guten Sitten oder die öffentliche Ordnung verstoßen.
3. Eine Partei hatte keine Möglichkeit, ihre Ansicht dem Schiedsgericht ordnungsgemäß vorzutragen.

4. Der Schiedsspruch ist vom Schiedsgericht nicht begründet worden, bzw. die Begründung ist nicht schriftlich abgefaßt worden.
5. Der Schiedsspruch beruht auf gefälschten Unterlagen oder auf vereidigten Zeugenaussagen, die sich später als Meineid herausstellen.

7.4.4 Kosten des Schiedsgerichtsverfahrens

Es ist statthaft, mit den Schiedsrichtern über die Höhe ihrer Vergütung eine freie Vereinbarung zu treffen. Falls zwischen den Parteien keine einvernehmliche Regelung zustande kommt, richten sich die Kosten des Schiedsgerichtsverfahrens nach den in der Schiedsordnung für das Bauwesen aufgestellten Richtlinien. Danach ist vorgesehen, daß die Tätigkeit der Mitglieder des Schiedsgerichtes nach der Bundesgebührenordnung für Rechtsanwälte vergütet wird. Die Höhe dieser Gebühren beträgt für den Obmann des Schiedsgerichtes 15/10, für die beisitzenden Schiedsrichter je 13/10 des dort ausgewiesenen Satzes. Außerdem sind alle erforderlichen Auslagen wie Reisekosten, Tagegelder, Telefongebühren, Porti, Mehrwertsteuer usw. zu erstatten.

Ebenso wie bei einem ordentlichen Gericht hat der unterliegende Teil die Kosten des Verfahrens zu tragen. Sie sind nicht zu unterschätzen. Dementsprechend ist eine Kostenentscheidung in den Schiedsspruch oder den Schiedsvergleich mit aufzunehmen, nach der im Vergleichsfall eine Kostenaufteilung zwischen den Parteien stattzufinden hat.

Das Schiedsgericht kann von den Parteien einen Vorschuß bis zur Höhe der voraussichtlich entstehenden Kosten verlangen. Während bei den staatlichen Gerichten die klagende Partei den Vorschuß einzahlen muß, können die Schiedsrichter nach der Schiedsordnung für das Bauwesen von den Parteien je die Hälfte des Vorschusses verlangen. Ebenso wie ein staatliches Gericht kann das Schiedsgericht den Beginn seiner Tätigkeit vom Eingang des Vorschusses abhängig machen. Der Obmann kann Zahlungen für alle Mitglieder des Schiedsgerichtes anfordern und in Empfang nehmen.

7.4.5 Unterschiede zwischen Schiedsgerichtsverfahren und Zivilprozeß

Hinsichtlich der Arbeitsweise bei der Sachaufklärung und der Beurteilung von Tatbeständen unterscheiden sich die Verfahren nicht; bei beiden werden die Vorschriften der ZPO angewandt. Ein Unterschied besteht jedoch darin, daß vor einem Schiedsgericht Zeugen nicht zur Aussage verpflichtet und auch nicht vereidigt werden können. Falls eine Partei die Vereidigung eines Zeugen wünscht, kann dies nur vom zuständigen ordentlichen Gericht durchgeführt werden. Ferner kann ein Schiedsgericht keine einstweilige Verfügung erlassen. Dies ist ebenfalls den Staatsgerichten vorbehalten.

Im Gegensatz zu ordentlichen Gerichten tagen Schiedsgerichte grundsätzlich unter Ausschluß der Öffentlichkeit. Dies ist aber in den meisten Fällen im Sinne der Parteien, weil die Verfahren in der Regel Geld- oder Vermögensstreitigkeiten betreffen, die nicht an die Öffentlichkeit gelangen sollen. Da die Parteien Einfluß auf die Auswahl der Schiedsrichter nehmen können, sind ihre Belange auch unter Ausschluß der Öffentlichkeit gewahrt.

Die Vorteile des Schiedsgerichtsverfahrens lassen sich in drei Punkten zusammenfassen:

1. Zeitersparnis,
2. Kostenersparnis,
3. Bestmöglicher Sachverstand.

Die Zeit- und Kostenersparnisse resultieren daraus, daß der Schiedsspruch des Schiedsgerichtes endgültig ist und keine Berufung zuläßt, es sei denn, daß eine Anfechtung wegen formaler Mängel des Verfahrens möglich ist. Demgegenüber muß bei Zivilprozessen in Kauf genommen werden, daß ggf. mehrere Gerichtsinstanzen mit jeweils neuen Wartezeiten und Verzögerungen durchlaufen werden müssen.

Ein Höchstmaß an Sachverstand ist durch das Schiedsgericht deshalb gewährleistet, weil für jede Streitigkeit ein neues Schiedsgericht gebildet wird, in das jeweils Fachleute berufen werden können, die mit der Materie bestmöglich vertraut sind. Vorteilhaft kann sich auch die räumliche Flexibilität des Schiedsgerichtes auswirken, da seine Sitzungen nicht an das Gerichtsgebäude gebunden sind.

7.5 Die strafrechtliche Verantwortung des Bauingenieurs

7.5.1 Straftatbestände im Bauwesen

Während in den zivilrechtlichen Haftungsfragen i.d.R. die Firma für die von ihren Gehilfen verursachten Schäden aufkommt, sind die Ermittlungen und Verfahren bei strafbaren Handlungen stets gegen die verantwortlichen Personen gerichtet. Im Falle einer Verurteilung zu einer Freiheitsstrafe kann auch niemand anderes als der Betroffene selbst die Strafe verbüßen, selbst wenn die Handlung im Interesse der Firma begangen wurde und die Geschäftsleitung ggf. alles Erdenkliche zur Abwehr der Strafe getan hat. Die strafrechtliche Verantwortung bzw. ihre Folgen sind auch nicht versicherbar.

Viele Dinge, wie z.B. alle Ordnungswidrigkeiten (im Zusammenhang mit StVO, Länderbauordnungen, BImSchG, Arbeitskräfteverleih u.a.m.) werden nur mit Geldstrafen (Bußgeldern) geahndet, andere Dinge mit Geld- oder Freiheitsstrafen, deren Höhe nach der Bedeutung des Vergehens gestaffelt ist.

Von den planenden und bauleitenden Ingenieuren sowie von den Handwerkern auf der Baustelle ist stets § 323 StGB besonders zu beachten:

1. Wer bei der Planung, Leitung oder Ausführung eines Baues oder des Abbruchs eines Bauwerkes gegen die allgemein anerkannten Regeln der Technik verstößt und dadurch Leib und Leben eines anderen gefährdet, wird mit Freiheitsstrafe bis zu zwei Jahren oder Geldstrafe bestraft.

2. Ebenso wird bestraft, wer in Ausübung eines Berufes oder Gewerbes bei der Planung, Leitung oder Ausführung eines Vorhabens, technische Einrichtungen in ein Bauwerk einzubauen oder eingebaute Einrichtungen dieser Art zu ändern, gegen die allgemein anerkannten Regeln der Technik verstößt und dadurch Leib und Leben eines anderen gefährdet.
3. Wer die Gefahr fahrlässig verursacht, wird mit Freiheitsstrafe bis zu drei Jahren oder mit Geldstrafe bestraft.
4. Wer in den Fällen der Absätze 1 und 2 fahrlässig handelt und die Gefahr fahrlässig verursacht, wird mit Freiheitsstrafe bis zu zwei Jahren oder mit Geldstrafe bestraft.
5. Das Gericht kann von Strafe nach den Absätzen 1 bis 3 absehen, wenn der Täter freiwillig die Gefahr abwendet, bevor ein erheblicher Schaden entsteht. Unter denselben Voraussetzungen wird der Täter nicht nach Absatz 4 bestraft.

Zweierlei ist daran bemerkenswert:

- Die Strafbarkeit setzt also nicht voraus, daß tatsächlich ein Schaden eingetreten ist.
- Die anerkannten Regeln der Technik (häufig auch als anerkannte Regeln der Baukunst bezeichnet) sind der Maßstab, nach dem ggf. ein Verstoß zu beurteilen ist.

Bei den anerkannten Regeln der Baukunst handelt es sich um die technischen Regeln für Entwurf und Ausführung von Bauleistungen, die in der Wissenschaft als richtig anerkannt und im Kreise der Ausführenden (bei einem durchschnittlichen Kenntnisstand) bekannt sind. Normen, Vorschriften, Bestimmungen und Richtlinien erfüllen diese Voraussetzungen in der Regel, jedoch nicht zwangsläufig. Hat ein AN diese eingehalten, so kann vermutet werden, daß die anerkannten Regeln eingehalten wurden, das Gegenteil ist ggf. zu beweisen. Neuartige Bauweisen (z.B. das Taktschieben im Brückenbau) müssen zunächst sorgfältig vorbereitet und erprobt werden, bevor sie Bestandteil der anerkannten Regeln der Baukunst werden können. In Zweifelsfällen werden unabhängige Sachverständige über die Regeln der Baukunst bzw. deren Verletzung befragt. Die Definition derartiger Regeln darf keinesfalls Vereinen, Kammern oder Verbänden überlassen werden, da diese allesamt Interessenvertretungen sind.

Verantwortlich für die Einhaltung der anerkannten Regeln ist nach den Länderbauordnungen der Bauunternehmer bzw. sein Beauftragter. Im Verschuldensfalle können beide strafrechtlich belangt werden.

Zwar hat der Bauherr neben seiner Koordinierungsaufgabe auf der Baustelle auch eine Überwachungsfunktion wahrzunehmen, für die er - sofern er selbst nicht über genügend Sachverstand verfügt - einen verantwortlichen sachkundigen Bauleiter bestellen muß. Doch bezieht sich diese Pflicht primär auf die Überwachung der vertragsgemäßen Leistungserstellung und sekundär auf die Kontrolle der Einhaltung der polizeilichen Vorschriften. Damit bringt der Bauleiter des Bauherrn die "Regeln der Baukunst" nicht persönlich zur Anwendung, sondern kann nur durch entsprechende Hinweise an den Bauunternehmer oder seinen Beauftragten mittelbar auf ihre Einhaltung hinwirken.

Befolgt der Unternehmer diese Hinweise nicht, so muß der Bauleiter des Bauherrn die Weiterführung der Arbeiten verhindern und notfalls dafür die Hilfe der Bauaufsichtsbehörde in Anspruch nehmen. Seine Ordnungspflicht ist demnach geringer als die des Unternehmers; folglich unterliegt er nur in besonders gravierenden Fällen, wenn er wissentlich von dieser Hinweispflicht keinen Gebrauch gemacht hat, unbeschadet der strafrechtlichen Haftung des Bauunternehmers, selbst einer strafrechtlichen Verantwortung.

StGB §§ Nach den Bestimmungen des Strafgesetzbuches (StGB) kann bei Unfällen auf der
223 Baustelle eine strafbare Handlung der am Bau Beteiligten hinsichtlich fahrlässiger
222 Körperverletzung oder fahrlässiger Tötung vorliegen. Solche Unfälle ergeben sich meist aus der Nichteinhaltung der Unfallverhütungsvorschriften, weil auch bei gefahrgeneigter Arbeit die Gleichgültigkeit und der Leichtsinn der Arbeitnehmer mit der Zeit wachsen und zu Unfällen führen können. Wer bei seiner Aufsicht nicht die erforderliche Sorgfalt und Umsicht gezeigt hat, kann bei Unfällen mit fahrlässiger Körperverletzung bis zu drei Jahren, bei fahrlässiger Tötung mit bis zu fünf Jahren Freiheitsstrafe belegt werden.

Auch Untreue und Betrug können empfindliche Strafen zur Folge haben (jeweils
266 Freiheitsstrafen bis zu fünf Jahren oder Geldstrafe, in besonders schweren Fällen
263 Freiheitsstrafen zwischen ein und 10 Jahren).

Die Übertretung einer Reihe weiterer Bestimmungen kann im Baubetrieb ebenfalls strafrechtliche Verfolgung nach sich ziehen, z.B.:
- Bauen unter Nichtbeachtung von Sicherheitsauflagen,
- Bauen ohne Baugenehmigung oder Abweichen vom genehmigten Bauplan,
- Errichten einer neuen Feuerstätte ohne polizeiliche Erlaubnis,
- Gefährdung des Fernmeldebetriebes.

7.5.2 Der Strafprozeß

Die Klärung der Schuldfrage und die Bestimmung des Strafmaßes erfolgen im Strafprozeß, der nach der Strafprozeßordnung (StPO) durchzufahren ist. Ein solches Strafverfahren läuft in mehreren Etappen ab:

1. Das staatsanwaltliche Ermittlungsverfahren steht am Beginn eines jeden Strafverfahrens. Der Anstoß dazu erfolgt zumeist durch eine Anzeige, ist aber auch schon durch Gerüchte oder Pressemitteilungen gegeben worden. Im strafrechtlichen Ermittlungsverfahren werden der Verdacht einer strafbaren Handlung überprüft und der genaue Sachverhalt erforscht, damit die Staatsanwaltschaft entscheiden kann, ob Anklage zu erheben ist oder nicht. Dabei hat die Staatsanwaltschaft nicht nur belastende, sondern auch alle entlastenden Umstände zu ermitteln. Sie bedient sich bei Vernehmungen und anderen Ermittlungsmaßnahmen der ihr unterstellten Kriminalpolizei. Auch die Behörden der Polizei und deren Beamte sind verpflichtet, von sich aus strafbare Handlungen zu erforschen und insbesondere in dringenden Fällen Untersuchungen darüber einzuleiten. Entweder setzt die Polizei die Staatsanwaltschaft über ihre Feststellungen oder Ermittlungen unverzüglich in Kenntnis oder sie erstattet Anzeige. Staatsanwaltschaft und Polizei bedienen sich bei der Erkundigung von Sachverhalten, für die Spezialkenntnisse erforderlich sind, der Hilfe von Sachverständigen.

Nach Abschluß ihrer Ermittlungen hat die Staatsanwaltschaft drei Entscheidungsmöglichkeiten:

- Einstellung des Verfahrens,
- Anklage beim zuständigen Gericht oder
- Beantragung einer gerichtlichen Voruntersuchung.

In vielen Fällen kommt es zur Einstellung des Verfahrens, weil das Verschulden des Täters so gering ist, daß kein öffentliches Interesse an der Strafverfolgung besteht. Damit bleibt den Betroffenen Anklage und Hauptverhandlung erspart, die zwar mit einem Freispruch enden können, aber Zeit kosten und Verdruß bereiten.

2. Eine gerichtliche Voruntersuchung beantragt die Staatsanwaltschaft in allen schwierigen Fällen. Sie soll darüber Aufschluß geben, ob das Hauptverfahren zu eröffnen oder der Beschuldigte außer Verfolgung zu setzen ist. Die Entscheidung trifft der Untersuchungsrichter nach Abschluß der Untersuchungen auf Antrag der Staatsanwaltschaft. Er ist unabhängig von jeglichen Weisungen.

   Sachverständigengutachten im Rahmen der Voruntersuchung sind als Vorausmaßnahme einer späteren Hauptverhandlung anzusehen.

3. Im *Eröffnungsverfahren* prüft und entscheidet das Gericht, ob das Strafverfahren
   gegen den "Angeschuldigten" gemäß den Anträgen der Staatsanwaltschaft
   durchgeführt werden soll. Wenn das Gericht den Angeschuldigten der strafbaren
   Handlung für hinreichend verdächtig hält, eröffnet es im Sinne der Anklage das
   Hauptverfahren und bestimmt gleichzeitig das Gericht, vor dem die Hauptver- *StPO §§*
   handlung stattfinden soll. Auch im Eröffnungsverfahren kann weitere Beweiser- *202*
   hebung zur Aufklärung der Sache angeordnet werden, z.B. wenn das Gericht der
   Meinung ist, daß die Sachkunde der Staatsanwaltschaft nicht ausreicht, oder
   wenn ein wichtiges Gutachten in der Gerichtsakte nicht überzeugend erscheint.

4. Die *Hauptverhandlung* ist das Kernstück des Strafverfahrens. Das Gericht entscheidet allein aus der durch die Verhandlung gewonnenen Überzeugung. Die
   Ergebnisse aller bisherigen Ermittlungen dienen lediglich zur Vorbereitung der *261*
   stattfindenden Hauptverhandlung. Als Urteilsgrundlage darf nur das herangezogen werden, was bei der Beweisaufnahme in Gegenwart der Richter, des Ange-
   klagten, seines Verteidigers und des Staatsanwaltes zur Sprache kommt. Auch
   Gutachten sind daher bis auf besondere Ausnahmefälle stets mündlich vorzutragen. Die Berufs- und Laienrichter sollen unmittelbar aus dem Munde des Ange-
   klagten, sowie der Zeugen und Sachverständigen das vernehmen, was später *251*
   Grundlage des Urteils sein wird. Aus dem Ergebnis der Beweisaufnahme in der *256*
   Hauptverhandlung müssen sich die Richter ein unbefangenes Urteil bilden kön- *325*
   nen.

   Im Anschluß an die Beweisaufnahme stellen Staatsanwalt und Verteidiger ihre Anträge und begründen sie in ihren Plädoyers. Bevor sich das Gericht zur Beratung über das Urteil zurückzieht, hat der Angeklagte das Recht zu einer abschliessenden Äußerung. Das Hauptverfahren endet mit der Verkündung des Urteils, seiner Begründung sowie der Rechtsbehelfsbelehrung für den Verurteilten durch den vorsitzenden Richter.

8 Umweltrecht zum Umweltschutz

8.1 Umwelt und Umweltschutz

Grundlage ist das 1971 von der Bundesregierung verabschiedete Umweltprogramm mit seiner Fortführung in den Umweltberichten der Bundesregierung von 1976 und 1990. Danach ist Umweltpolitik die Gesamtheit der Maßnahmen,

- die dem Menschen eine Umwelt sichern, wie er sie für seine Gesundheit und ein menschenwürdiges Dasein braucht,
- um Boden, Luft und Wasser, Pflanzen- und Tierwelt vor nachteiligen Wirkungen menschlicher Eingriffe zu schützen und
- um die schädlichen Folgen menschlicher Eingriffe zu beseitigen.

Nach Art. 3 der Richtlinie über die Umweltverträglichkeitsprüfung der EG sowie nach § 2 UVPG vom 12.02.1990 gehören zur Umwelt: Menschen, Tiere, Pflanzen, Boden, Wasser, Luft, Klima und Landschaft sowie deren Wechselwirkungen untereinander, ferner Kultur- und Sachgüter. Der weiteste Umweltbegriff umfaßt also nicht nur die Biosphäre der natürlichen Umwelt, sondern auch die vom Menschen gestaltete Umwelt.

Umweltschutz ist die Verhütung, Verringerung und möglichst Beseitigung von Umweltbelastungen, das Streben nach einem befriedigenden ökologischen Gleichgewicht und eine gute Bewirtschaftung der natürlichen Hilfsquellen.

Die Umweltbeeinträchtigungen lassen sich allgemein in Abgaben an die Umwelt und in den Verbrauch von Umweltressourcen unterteilen. Alle Arten der Luftbelastung werden vorwiegend mit Grenzwerten bekämpft, die Bodenbelastung mit Definition des Schadstoffeintrags oder der ökologischen Funktionsbeeinträchtigung (Versiegelungen, Einsatz von Düngemitteln und Pestiziden, Schwermetalleintrag, Ölbelastung etc.), ähnlich auch die Gewässerbelastungen.

8.2 Das Umweltrecht

Das Umweltrecht ist Teil verschiedener Rechtsgebiete und ist nach heutigem Stand ein Querschnittsthema aller Lebensreiche und aller Rechtsgebiete. Der Umweltschutz ist zwar seit den 80er Jahren ein Staatsziel, ist jedoch bis heute nicht in der Verfassung verankert.

Einige Bundesländer haben aber den Umweltschutz zum Staatsziel bzw. zur Staatsaufgabe erklärt und in die Landesverfassungen aufgenommen (BW, Bayern und Hessen). Die Schutzpflichten des Staates sind aber aus dem Grundgesetz abzuleiten.

Das Umweltrecht basiert auf vier wichtigen Prinzipien, die durchgängig in die Einzelgesetze eingearbeitet worden sind:

- das Vorsorgeprinzip (Gefahren abwehren, Risiko mindern, richtige Prognosen stellen, Alternativstoffe entwickeln usw.)
- das Verursacherprinzip (Zurechnung von Umweltbelastungen bzw. von Kosten der Abwehrmaßnahmen, Verantwortung etc.)
- das Gemeinlastprinzip soweit das Verursacherprinzip nicht anwendbar ist (Autoabgase, Abwasserbeseitigung...)
- das Kooperationsprinzip zur Konsensförderung bei Entscheidungen und Verfahren für Staat und Gesellschaft (Umweltverpflichtungen der Wirtschaft, Eigenverantwortlichkeit, Gemeinschaftseinrichtungen etc.)

Die entwickelten Instrumente des Umweltrechtes haben vielfältige Ausprägungen. Wichtig war es, auf den Bereich der Planungen Einfluß zu nehmen, (Planfeststellungsverfahren mit Abwägungsgebot), behördliche Zulassungen zu definieren, Rechtsgrundlagen für die Umweltverträglichkeitsprüfung zu schaffen (UVPG) und das Verhalten der Menschen unmittelbar zu beeinflussen durch finanzielle Subventionen oder Abgaben, durch Umweltzertifikate oder durch die Androhung von Strafen (Umweltstrafrecht).

8.3 Besonderes Umweltrecht

Die folgenden Gebiete haben in der Vergangenheit die Aufmerksamkeit der Gesetzgeber gefunden und zu speziellen Regelungen geführt:

- Immissionsschutzrecht,
- Gewässerschutzrecht,
- Abfallrecht,
- Gefahrstoffrecht,
- Gentechnikrecht,
- Atom- und Strahlenschutzrecht,
- Natur- und Landschaftspflegerecht.

Insbesondere die ersten drei Gebiete beeinflussen die Arbeit in der Bauunternehmung und bedürfen daher eingehender Betrachtung.

8.3.1 Bundesimmissionsschutzgesetz (BImSchG)

Das BImSchG ist in seinen wesentlichen Teilen seit beim 1.4.1974 in Kraft. Es löste die Regelungen über die Anlagengenehmigung der Gewerbeordnung für das deutsche Recht aus dem Jahre 1900 (§§ 16 - 28) ab, welche auf den Vorschriften der preußischen Gewerbeordnung von 1845 beruhten. Das BImSchG gehört zum Kernbereich des modernen Umweltrechts und gliedert sich in sieben Teile:
- allgemeine Vorschriften (§§ 1 - 3)
- wichtige Regelungen über Anforderungen für die Errichtung und den Betrieb von Anlagen (§§ 4 - 31)

- Regelungen über die Beschaffenheit von Anlagen, Stoffen, Erzeugnissen, Brennstoffen und Treibstoffen (§§ 32 - 37)
- Beschaffenheit und Betrieb von Kraftfahrzeugen und den Bau sowie die Änderung von Straßen- und Schienenwegen (§§ 38 - 43)
- Überwachung von Luftverunreinigungen und Luftreinhaltepläne (§§ 44 - 47)
- gemeinsame Vorschriften für die vorangegangenen Teile (§§ 48 - 62)
- Verhältnis des BImSchG zu anderen Rechtsnormen.

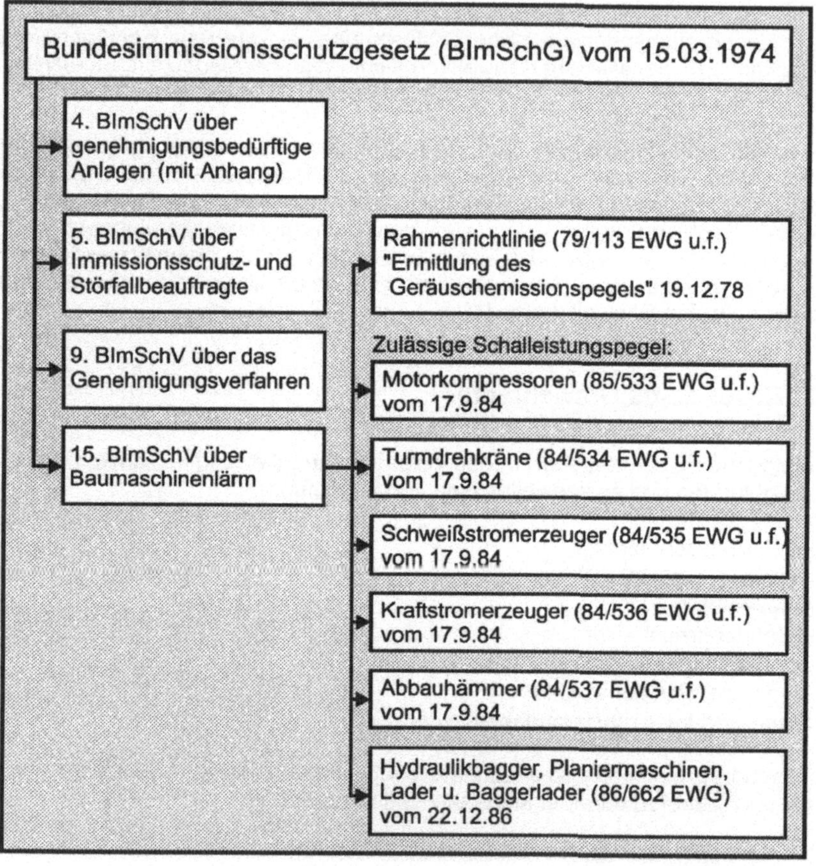

Bild 8.1 Die wichtigsten Verordnungen zum BImSchG für die Bauwirtschaft und zum Baulärm

Das BImSchG verfolgt das Ziel, Menschen, Tiere, Pflanzen und andere Sachen vor schädlichen Umwelteinwirkungen (Luftverschmutzungen, Geräuschen, Erschütterungen) zu schützen. „Immissionen" sind nach § 3 Abs. 2 BImSchG Umwelteinwirkungen aller Art auf Menschen, Tiere, Pflanzen, Boden, Wasser, Luft usw. Demgegenüber sind die von einer Anlage ausgehenden Verunreinigungen, Geräusche, Erschütterungen, Licht, Wärme, Strahlen u.a.m. nach § 3 Abs. 3 BImSchG die „Emissionen" dieser Anlage. Je größer der Emissionswert desto höher ist die Immission am gleichen Ort. Sie nimmt mit wachsender Entfernung zwischen Emissionsort und Immissionsort ab.

ANLAGEN			
Genehmigungsbedürftigkeit	genehmigungsbedürftig (§§ 4-21 BImSchG)		nicht genehmigungsbedürftig (§§ 22-25 BImSchG)
Genehmigungsverfahren	förmlich (§§ 6, 8-15 BImSchG)	vereinfacht (§§ 6, 10, Abs.1, 5, 7, 10-12; §12, Abs.1u.2; §§ 15 u. 19 BImSchG)	
Art der Anlagen nach der 4. BImSchV	– Brech- und Klassieranlagen von Gestein aus Steinbrüchen (§ 2, Nr.3) – Beton-Fertigteilwerke mit Produktionsleistung 1t/h (§ 2, Nr.16) – Misch- und Aufbereitungsanlagen für bituminöse Straßenbaustoffe u. Teersplittanlagen, Verweildauer 6 Monate an einem Ort (§ 2, Nr.33)	– Brech- und Klassieranlagen von Kies (§ 4, Nr.7) – Stationäre Beton- und Mörtelanlagen (§ 4, Nr.8) – Beton-Fertigteilwerke mit Produktionsleistung 1t/h (§ 4, Nr.9) – Anlagenarten mit Erfordernis eines förmlichen Genehmigungsverfahren als Versuchsanlagen (§ 3)	übrige Anlagen
Anforderungen an die Anlagen	§ 7 BImSchG 1. Die Anlagen müssen bestimmten technischen Anforderungen genügen 2. Die Emissionen der Anlagen dürfen bestimmte Grenzwerte nicht überschreiten 3. Die Betreiber von Anlagen haben Emissions- und Immissionsmessungen nach bestimmten Verfehren vorzunehmen oder vornehmen zu lassen		§ 23 BImSchG
Pflichten der Betreiber	Die Anlagen sind so zu errichten und zu betreiben, daß – schädliche Umwelteinwirkungen und sonstige Gefahren sowie erhebliche Nachteile und erhebliche Belästigungen für die Allgemeinheit und die Nachbarschaft nicht hervorgerufen werden können, und – Vorsorge gegen schädliche Umwelteinwirkungen getroffen wird, insbesondere durch die dem Stand der Technik entsprechenden Maßnahmen zur Emissionsbegrenzung § 5 BImSchG		– schädliche Umwelteinwirkungen verhindert werden, die nach dem Stand der Technik vermeidbar sind, und – nach dem Stand der Technik unvermeidbare Umwelteinwirkungen auf ein Mindestmaß beschränkt werden § 22 BImSchG

Bild 8.2 Übersicht über genehmigungsbedürftige und nicht genehmigungsbedürftige Anlagen des Baubetriebs.

Das BImSchG unterscheidet zwischen genehmigungsbedürftigen und nicht genehmigungsbedürftigen Anlagen. Es regelt das Genehmigungsverfahren für derartige Anlagen sowie die Rechtsfolgen von einmal erteilten Genehmigungen. Dabei wird zwischen einem förmlichen und einem vereinfachten Genehmigungsverfahren für die genehmigungsbedürftigen Anlagen unterschieden. Welche Anlagen des Baubetriebes genehmigungsbedürftig sind und nach welchem Verfahren die Genehmigung gemäß der 4. BImSchV durchzuführen ist, geht aus Bild 8.2 hervor. Sowohl genehmigungsbedürftige als auch nicht genehmigungsbedürftige Anlagen müssen bestimmten Anforderungen genügen, damit die Betreiber der Anlagen die im BImSchG vorgeschriebenen Pflichten erfüllen können. Anforderungen und Pflichten sind ebenfalls in Bild 8.2 abzulesen, soweit sie für den Baubetrieb maßgebend sind.

8.3.2 Gewässerschutzrecht

Das Wasserrecht zum Schutz des Wassers als Wirtschaftsgut schafft eine Benutzer- und Kreislaufordnung. Umweltrechtliche Fragen sind vor allem im Wasserhaushaltsrecht verankert, das insbesondere die folgenden Gesetze und Verordnungen umfaßt:

- Wasserhaushaltsgesetz (WHG) i.d.F.v. 27.6.94
- Abwasserabgabengesetz (AbwAG) i.d.F.v. 3.11.94
- Wasch- und Reinigungsmittelgesetz (WRMG) i.d.F.v. 27.6.94.

Hierzu gehören die Klärschlammverordnung sowie die Abwasserherkunftsverordnung und die Wassergesetze der Bundesländer sowie die gewässerschützenden Richtlinien der EU.

Das WHG gilt nach § 1 Abs.1 für oberirdische Gewässer, Küstengewässer und Grundwasser. Nach § 1a WHG gelten folgende drei Grundprinzipien:

- Das Bewirtschaftungsprinzip verlangt, Gewässer so zu bewirtschaften, daß das Wohl der Allgemeinheit und der Nutzen einzelner im Einklang stehen und daß jede vermeidbare Beeinträchtigung unterbleibt. Das ökologische Gleichgewicht der Gewässer soll geschützt oder wiederhergestellt werden.
- Jedermann ist zu allgemeiner Sorgfalt verpflichtet, um Verunreinigungen oder nachteilige Veränderungen zu verhüten; ferner soll Wasser sparsam verwendet werden.
- Grundeigentum schafft weder besondere Rechte der Gewässernutzung noch zum Ausbau oberirdischer Anlagen. Vielmehr wird das private Eigentum überlagert von der öffentlich-rechtlichen Ordnung der Gewässernutzung, z.B. mit den Erlaubnis- und Bewilligungspflichten des WHG.

Benutzungen sind nach § 3 WHG

- das Entnehmen oder Ableiten aus oberirdischen Gewässern,
- das Aufstauen oder Absenken oberirdischer Gewässer
- das Entnehmen fester Stoffe
- das Einbringen oder Einleiten von Stoffen
- das Zutagefördern oder Ableiten von Grundwasser
- Maßnahmen, die schädliche Veränderungen an der physikalischen, chemischen oder biologischen Beschaffenheit des Wassers herbeiführen.

Die §§ 4 - 18c beschäftigen sich detailliert mit den Nutzungsbedingungen, d.h. Erlaubnissen, Auflagen, Versagungen, älteren Rechten, Widerruf von Bewilligungen, usw.

Für den Baubetrieb besonders bedeutsam ist auch § 19 WHG über Wasserschutzgebiete, deren Einrichtung und spätere Beachtung. Da die erste Fassung des WHG bereits 1986 entstand, sind insbesondere alle öffentlichen Stellen wie Gemeinden, Straßenbauämter, Neubauämter usw. seit langem bemüht, gewissenhafter zu planen und auszuschreiben und strengere Kontrollen bei der Bauausführung vorzunehmen als sonst. Die Baufirmen tragen dem Rechnung durch vorsichtigeren Umgang mit Kraftstoffen und Ölen. Soweit möglich werden biologisch abbaubare Substanzen und umweltverträgliche Baustoffe verwendet. Die Schäden, die etwa zur Schließung eines Wasserwerkes oder von Gewinnungsstellen führen könnten, sind so außerordentlich hoch, daß die Existenz von Baufirmen dadurch gefährdet wäre. Deshalb wird bei besonders exponierten Bauaufträgen häufig vom AN eine Gewässerschadenshaftpflichtversicherung abgeschlossen.

8.3.3 Abfallrecht

Mit dem Abfallbeseitigungsgesetz von 1972 wurde dieses Thema erstmals bundeseinheitlich geregelt. Dieses Gesetz wurde bereits 1986 durch das neue Abfallgesetz (AbfG) zur „Vermeidung und Entsorgung" abgelöst. Die Erfahrungen auf diesem Gebiet und die verschiedenen EG-Richtlinien führten zu weitergehender Gesetzgebung: am 27. Sept. 94 wurde das „Gesetz zur Förderung der Kreislaufwirtschaft und Sicherung der umweltverträglichen Abfallbeseitigung" (KrW-/AbfG) vom Bund verabschiedet, das seit 7. Okt. 96 in Kraft ist. Gemessen an der Statik des Rechtssystems insgesamt hat also der Gesetzgeber sehr intensiv an der Abfallproblematik gearbeitet. Vermutlich ist auch jetzt noch kein Abschluß erreicht, weil weitere Verordnungen und Detailregelungen erforderlich sind. Die Bauwirtschaft als der größte Abfallerzeuger und -verwender ist davon sehr stark betroffen.

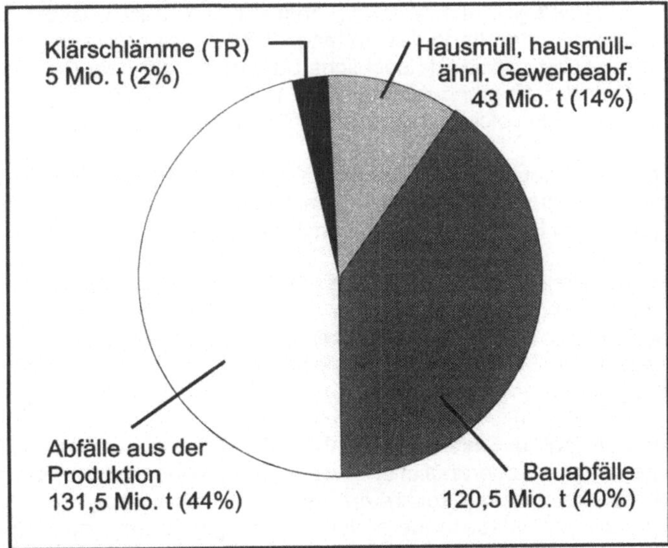

Bild 8.3 Abfallaufkommen BRD 1990 nach Abfallarten (Stat. Bundesamt)

Von der gesamten Abfallmenge von 300 Mio. T. sind rund 40% durch Bauarbeiten verursacht, fast so viel wie die gesamte übrige Industrie einschließlich Bergbau jährlich erzeugt. Die Gesamtmenge ist in vier Blöcke aufzuteilen:

- Bodenaushub 70 - 80%
- Straßenaufbruch 5 - 10%
- Bauschutt 10 - 15%
- Baustellenabfälle 5 - 10%

Der Geltungsbereich des KrW-/AbfG (im weiteren KWAG abgekürzt) richtet sich nach § 2 auf die Vermeidung, Verwertung und Beseitigung von Abfällen. Mit einem neuen Abfallbegriff setzt das KWAG die EG-Abfallrichtlinie begrifflich um: Abfälle im Sinne des KWAG sind danach alle beweglichen Sachen, die unter die in Anhang I zum KWAG aufgeführten 16 Gruppen fallen und deren sich ihr Besitzer entledigt, entledigen will oder entledigen muß. Abfälle zur Verwertung sind Abfälle, die verwertet werden; Abfälle, die nicht verwertet werden, sind Abfälle zur Beseitigung. Anders als das EU-Abfallrecht definiert das KWAG in den § 3 Abs. 2 bis 4 auch die Begriffe „Entledigung", „Wille zur Entledigung", sowie „Entledigen müssen".
Das KWAG enthält damit einen neuen Abfallbegriff, der gegenüber der bisherigen Begriffsbestimmung stark erweitert ist und Materialien erfaßt, die bislang unter die Begriffe „Reststoff" oder „Wirtschaftsgut" fielen. Als Abfall gelten danach auch alle Produkte und Reststoffe, die weder zielgerichtet produziert noch zweckentsprechend eingesetzt werden: Metallspäne in der Metallverarbeitung, Giftstoffe aus der chemischen Industrie, alte Autos, alte Zeitungen, ausgedroschenes Stroh in der Landwirtschaft usw. Der neue Abfallbegriff umfaßt auch solche Stoffe, die bisher als „Wirtschaftsgüter" frei handelbar waren.

Eine Entledigung gemäß § 3 Abs. 2 KWAG liegt vor, wenn der Besitzer bewegliche Sachen einer Verwertung im Sinne des Anhangs II B oder einer Beseitigung im Sinne des Anhangs II A zuführt oder die tatsächliche Sachherrschaft über sie unter Wegfall jeder weiteren Zweckbestimmung aufgibt. Der „Wille zur Entledigung" ist nach § 3 Abs. 3 KWAG hinsichtlich solcher beweglichen Sachen anzunehmen,

1. die bei der Energieumwandlung, Herstellung, Behandlung oder Nutzung von Stoffen oder Erzeugnissen oder bei Dienstleistungen anfallen, ohne daß der Zweck der jeweiligen Handlung hierauf gerichtet ist, oder

2. deren ursprüngliche Zweckbestimmung entfällt oder aufgegeben wird, ohne daß ein neuer Verwendungszweck unmittelbar an deren Stelle tritt.
Für die Beurteilung der Zweckbestimmung ist nach dem KWAG die Auffassung des Erzeugers oder Besitzers unter Berücksichtigung der Verkehrsanschauung zugrundezulegen.

Ein „Entledigen müssen" im Sinne des § 3 Abs. 4 KWAG liegt vor, wenn die Materialien entsprechend ihrer ursprünglichen Zweckbestimmung nicht mehr verwendet werden können, aufgrund ihres konkreten Zustandes gegenwärtig oder künftig das Wohl der Allgemeinheit, insbesondere die Umwelt gefährden und deren Gefährdungspotential nur durch ordnungsgemäße und schadlose Beseitigung nach den Vorschriften des KWAG und seiner Rechtsverordnungen ausgeschlossen werden kann. Hierunter fallen vor allem schadstoffverunreinigte Materialien aus dem Baubereich. Abgrenzungsprobleme tauchen hier nur insoweit auf, als noch keine einheitlichen Grenzwerte für die Abgrenzung von schadstoffbelastetem und unbelastetem Material vorliegen. Hilfestellung dürften insoweit aber die von der Länderarbeitsgemeinschaft Abfall (LAGA) Anfang März 1994 beschlossenen „Anforderungen an die stoffliche Verwertung von mineralischen Reststoffen/Abfällen" geben, die den Ländern zur Einführung empfohlen wurden.

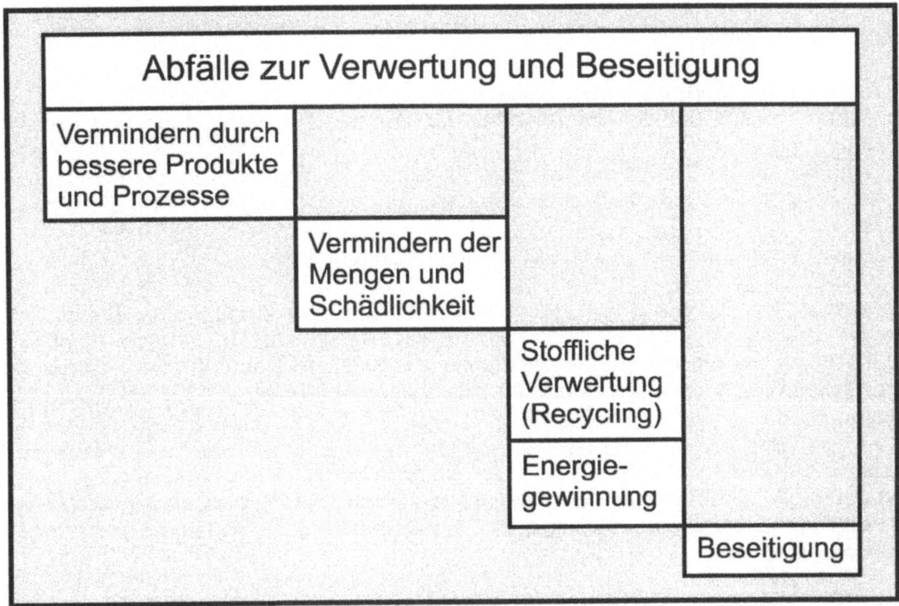

Bild 8.4 Gebot des § 4 KWAG der Kreislaufwirtschaft

Die Kreislaufwirtschaft umfaßt alle Phasen und Teilsysteme, wie z.B. das Sammeln, das Transportieren oder das Zwischenlagern von Abfällen.

Das KWAG ist im weiteren ein umfassender Katalog der Nachweispflichten und Überwachungsverfahren (§§ 40 - 52).
Dazu wird unterschieden in

- besonders überwachungsbedürftige Abfälle zur Beseitigung,
- überwachungsbedürftige Abfälle zur Beseitigung,
- besonders überwachungsbedürftige Abfälle zur Verwertung,
- überwachungsbedürftige Abfälle zur Verwertung,
- nicht überwachungsbedürftige Abfälle zur Verwertung.

Nicht überwachungsbedürftige Abfälle zur Beseitigung sind im KWAG nicht vorgesehen.

Abfallwirtschaftskonzepte und Abfallbilanzen

Nach § 19 KWAG werden Abfallwirtschaftskonzepte von den Betrieben verlangt, wenn jährlich mehr als 2.000 t überwachungsbedürftige Abfälle der gleichen Kategorie oder 2 t besonders überwachungsbedürftige Abfälle aller Art anfallen. Das Abfallwirtschaftskonzept gilt als internes Planungsinstrument, das über die Vermeidung, Verwertung und Beseitigung der Abfälle Auskunft gibt, und ist der zuständigen Aufsichtsstelle auf Verlangen vorzulegen.

Es hat zu enthalten:

1. Art, Menge und Verbleib der Abfälle,
2. Getroffene und geplante Maßnahmen für Vermeidung, Verwertung und Beseitigung,
3. Begründung der Notwendigkeit der Abfallbeseitigung, insbesondere wenn die technischen und wirtschaftlichen Voraussetzungen für die Verwertung günstig wären,
4. Planung der Entsorgungswege für die nächsten fünf Jahre.

Bei diesen Abfallwirtschaftskonzepten sind die regionalen Vorgaben der Bundesländer zu berücksichtigen (§ 29 KWAG). Erstmalig zum 31. Dez. 99 sind die Abfallwirtschaftskonzepte mit der 5-Jahresvorschau zu erstellen. Dabei ist die Verordnung über Abfallwirtschaftskonzepte und Abfallbilanzen (AbfKoBiV) v. 13. Sept. 96 zu beachten.

Nach § 20 KWAG hat jeder Betrieb, der ein Abfallwirtschaftskonzept nach § 19 anfertigen muß, die Pflicht, jährlich rückschauend quasi als Rechenschaftsbericht eine Abfallbilanz zu erstellen, erstmalig zum 1.4.1998, und auf Verlangen der zuständigen Behörde vorzulegen.

TA Abfall und TA Siedlungsabfall

TA ist die Abkürzung für „Technische Anleitung".
Diese beiden Verordnungen von 1991 bzw. 1993 haben weitreichende Folgen für die Wirtschaft im Punkt Lagerung, Verwertung, Behandlung und Entsorgung von Abfall. Die erstgenannte Verordnung beschäftigt sich mit den besonders überwachungsbedürftigen Abfällen und die zweite mit den sonstigen Siedlungsabfällen. Ziel der TA Abfall ist die größtmögliche Sicherheit bei der Handhabung und Entsorgung sowie die Sicherheit der Entsorgungsbetriebe. Dagegen möchte die TA Siedlungsabfall Technische Anleitung sein für die Verwertung nicht vermiedener Abfälle, für die Minimierung der Schadstoffgehalte in den Abfällen sowie für die umweltverträgliche Behandlung und Ablagerung der nicht verwertbaren Abfälle.

Abfallkataloge

Der Gesetzgeber darf es nicht der Auslegung örtlicher Stellen überlassen, was als Abfall anzusehen ist und was nicht. Der TA Abfall war deshalb ein ausführlicher „Abfallkatalog" beigefügt (Anhang C), der mehrere hundert Einzelpositionen nennt.

Seit Sept. 96 ist der Europäische Abfallkatalog durch Verordnung eingeführt (EAKV), der eine etwas andere Aufteilung und Gruppierung als der etwa fünf Jahre ältere nationale Abfallkatalog bringt und spätestens ab 1.1.99 für alle Zulassungen, Genehmigungen, Planfeststellungen etc. verbindlich ist. Von den 20 Hauptgruppen können für den Baubetrieb folgende Punkte Bedeutung erlangen (Auszug):

01 01 02	Abfälle aus dem Abbau von nichtmetallhaltigen Mineralien
01 02 02	Abfälle aus der Nachbearbeitung von nichtmetallhaltigen Mineralien
01 05 04	Schlämme und Abfälle aus Frischwasserbohrungen
03 01 02	Sägemehl
03 01 03	Späne, Abschnitte, Verschnitt von Holz, Spanplatten und Furnieren
10 01 12	Verbrauchte Auskleidungen und feuerfeste Materialien
10 02 01	Abfälle aus der Verarbeitung von Schlacke
10 11 02	Altglas
10 11 03	alte Glasfasermaterialien
15	Verpackungen, Tücher, Filter, Schutzkleidung
16 06	Batterien und Akkumulatoren
17	Bau- und Abbruchabfälle (mit über 30 Unterscheidungen!)
19	Abfälle aus der Verbrennung und Abwasserbehandlung
20	Siedlungsabfälle (gewerblich und industriell)

Das Spektrum zur Differenzierung der Stoffe und Abfälle ist breit. Die Abfallwirtschaftskonzepte und Abfallbilanzen der Betriebe werden je nach ihren Schwerpunkten ähnliche Gliederungen haben müssen.

Entwurf einer Bauschutt-Verordnung

Bereits seit 1990 gibt es Entwürfe der Bundesregierung für eine weitere Verordnung zur Vermeidung, Verringerung oder Verwertung von Bauschutt, Baustellenabfällen und Straßenaufbruch mit folgenden Regelungsthemen:

- recyclinggerechtere Baukonzepte
- Verwertungsgebote
- Planmäßige Stofftrennung und getrennte Entsorgung
- Verwertungsquoten:
  - Bauschutt 60%
  - Baustellenabfälle 40%
  - Straßenaufbruch 90%
- Abbruchgenehmigung nur mit Vorlage eines Abbruchkonzeptes und mit Stofftrennung
- Vorrang für Recyclingprodukte bei öffentlichen Aufträgen

Tatsächlich sind mit diesem Entwurf wesentliche Schwachpunkte angerissen: Die Recyclingquoten haben noch nicht die angestrebte Größe, und die öffentlichen Auftraggeber vergeben in der Regel an den Billigstbieter, egal wie dieser die Abfallentsorgung löst.

Diese Bauschutt-Verordnung ist bisher nicht verabschiedet und wird eigentlich nicht benötigt. Die geplanten Verwertungsquoten können auch ohne VO demnächst erreicht werden, zumal die Entsorgungskosten dramatisch ansteigen.

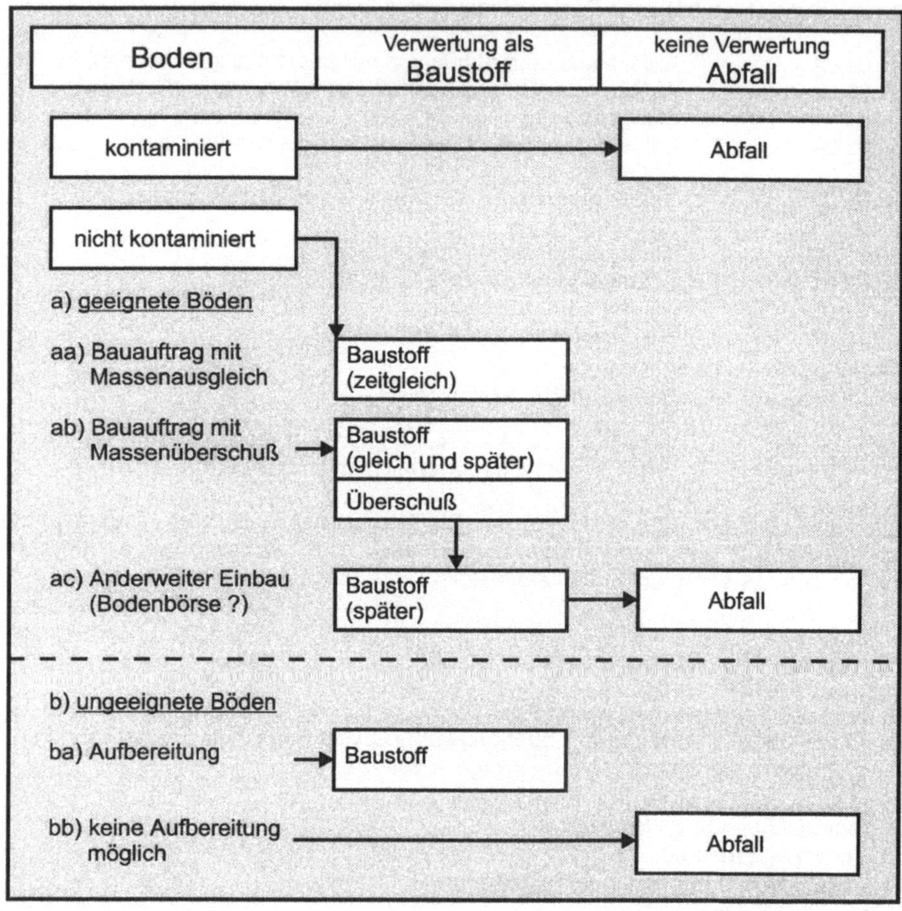

Bild 8.5 Aushubmaterial als Baustoff oder Abfall

Bis auf weiteres ist Baugrubenaushub in der Regel kein Abfall. Anders ist es beim Bauschutt aus Abbrüchen, der auch bei frühzeitiger Trennung der Hauptkomponenten in der Regel eine Mischung mehrerer Baustoffe beinhaltet (Ziegel, Mörtel, Putz, Farben etc.). Dies ist Abfall zur Verwertung.

8.3.4 Altölentsorgung

Beim Bauen werden Baumaschinen und Kraftfahrzeuge benötigt. Diese erfordern Motor-, Getriebe- und Hydrauliköle, die von Zeit zu Zeit erneuert werden müssen. Die Maschinenhersteller haben Werksnormen für den Ölwechsel, damit die Additive des Öls den Verschleiß der jeweiligen Maschinenart möglichst stark verringern. Außerdem ist bei Alternativangaben dem qualitativ besseren Öl der Vorrang zu geben, um den Ölverbrauch und die Altölmenge klein zu halten. Die Additive können bis zu 25% Anteil am Mineralöl erreichen und bestehen aus verschiedenen Kohlenwasserstoffen wie Paraffine, Olefine, Polyglykole, Carbonsäure - und Phosphorsäure - Ester u.a.m., die jeder für sich Gefahrstoffe darstellen vom Grad giftig, gesundheitsschädlich, ätzend oder reizend. Deshalb sind wichtige Gesundheits- und Schutzmaßnahmen zu beachten, wie

- Hautschutz vor Arbeitsbeginn,
- Hautkontakt vermeiden,
- nach Hautkontakt schnelle Hautreinigung,
- ölgetränkte Arbeitskleidung wechseln,
- Ölnebel / Öldämpfe (Aerosole) nicht einatmen,
- nicht rauchen, essen oder trinken bei Umgang mit Mineralöl.

Motor-, Getriebe- und Hydrauliköle auf Mineralölbasis sind nach dem WHG als wassergefährdende Flüssigkeiten eingestuft (Einstufung nach drei Wassergefährdungsklassen WGKL). Mineralöl ist nicht wasserlöslich und schwimmt auf dem Wasser. Daher kann es mit Ölabscheidern weitgehend erfaßt und rein mechanisch eliminiert werden. Wegen seiner Umweltgefährdung darf Öl nicht in Boden, Gewässer und Kanalisation eindringen. Eine ständige Gefährdung entsteht aber durch Unfälle und zu spät entdeckte Leckagen beim Betrieb der Baumaschinen. Die Altöl-Verordnung (AltölV) vom 27. Okt. 1987 stellt die gesetzliche Grundlage für die Handhabung bzw. Aufarbeitung von Altöl dar. Daneben gilt selbstverständlich das KWAG mit den zugehörigen Verordnungen.
Die §§ 2 und 3 AltölV unterscheiden Altöl zur Aufbereitung, Altöl zur energetischen Nutzung und Altöl, das wegen zu hoher Schadstoffanteile in einer Sonderabfall-Verbrennungsanlage entsorgt werden muß. § 4 spricht ein Vermischungsverbot für Altöle verschiedener Art aus.
§ 5 verlangt Rückstellungsproben, während sich § 6 mit den Nachweispflichten beschäftigt. Die Bauunternehmungen haben zu prüfen und zu entscheiden, ob sie die Altölentsorgung auf einzelnen Baustellen zulassen (Vorsicht: Kontrollprobleme) oder ob sie dies nicht eher zentral auf dem Bauhof organisieren sollen, wo ein Verantwortlicher die Proben, Nachweise und Übergabescheine verwahren muß.

8.3.5 Asbest

Asbest ist ein Sammelbegriff für faserförmige Silikate mit hoher Beständigkeit gegen Hitze und Chemikalien sowie mit hoher Zugfestigkeit. Die Asbestfasern sind ein Naturprodukt, das aus seiner ursprünglichen Gesteinsform herausgelöst und mit Bindemitteln erneut verfestigt wird. Die Fasern mit einer durchschnittlichen Länge von 5 μm und einer Dicke von 3 μm entweichen in großer Zahl in die Luft, mit der sie eingeatmet werden. Erst nach längerer Beobachtungszeit wurde erkannt, daß durch eine hohe und länger andauernde Belastung mit Asbestfaser verschiedene Karzinome entstehen können.

Der schlimmste Baustoff ist der Spritzasbest, weil er die Fasern nur sehr gering bindet; aber auch der Zementasbest (z.B. Rohre, Dachplatten, Fensterbänke etc.) gibt bei seiner Alterung an der Oberfläche u.U. sehr große Mengen der Fasern an die Luft ab. Asbest ist in Deutschland nicht mehr im Handel, ist aber wegen seiner vielen guten Eigenschaften früher viel verbaut worden und ist im Ausland teilweise auch heute noch nicht durch andere Baustoffe abgelöst. Nach und nach wurde Asbest aus den öffentlichen Gebäuden, insbesondere Schulen und Kindergärten, mit hohen Kosten entfernt. Die Sanierung derartiger Bauten ist Spezialarbeit mit Atemschutzmasken und Schutzkleidung.

Maßgeblich sind die Technischen Regeln für Gefahrstoffe (TRGS) 519 mit dem Titel: „Asbest, Abbruchsanierungs- und Instandhaltungsarbeiten (März 1995)". Nach TRGS 519 ist davon auszugehen, daß mit derartigen Arbeiten die kritische Schwelle von 15.000 Faser je m^3 Luft überschritten wird. Erforderlich sind folgende Sondermaßnahmen:

- Anzeige der geplanten Asbest-Arbeiten (Formular)
- Betriebsanweisungen für die Belegschaft
- Arbeitsplan
- arbeitsmedizinische Vorsorgeuntersuchung
- persönliche Schutzausrüstungen.

Die möglichst unzerstört ausgebauten Asbestzementprodukte sind anzunässen oder mit faserbindenen Stoffen zu besprühen und zu stapeln. Sie müssen in Folie abgepackt und nach bestimmten Vorschriften auf Deponien abgelagert werden.

8.4 Umweltstraf- und Ordnungswidrigkeitenrecht

Die Fülle der Gesetze und Vorschriften gibt den jeweiligen Überwachungsstellen Instrumentarien an die Hand, die Einhaltung zu überwachen bzw. zu erzwingen. Dem Gesetzgeber ist die Einhaltung der umweltrechtlichen Vorschriften so wichtig, daß er sie wie andere kriminelle Handlungen mit Geld- und Freiheitsstrafen bedroht. Anfang der 90er Jahre richteten die Staatsanwaltschaften und Polizeibehörden personell und sachlich gut ausgestattete Sonderdezernate ein, und die Landgerichte erhielten spezielle Strafkammern für Umweltdelikte. In der Bevölkerung und Gesellschaft hat ein bemerkenswerter Wertewandel stattgefunden.

Strafrechtlich belangt werden kann stets nur der einzelne Mitarbeiter, nicht die Firma als ganzes, und zwar vom Bauarbeiter bis zum Vorstandsvorsitzenden. Wichtige Straftatbestände sind:

- Gewässerverunreinigung (§ 324 StGB)
- Bodenverunreinigung (§ 324a StGB)

- Luftverunreinigung (§ 325 StGB)
- Verursachen von Lärm, Erschütterungen, Strahlen (§ 325a StGB)
- Umweltgefährdende Abfallbeseitigung (§ 326 StGB)
- Unerlaubtes Betreiben von Anlagen (§ 327 StGB)
- Unerlaubter Umgang mit radioaktiven oder anderen gefährlichen Stoffen (§ 328 StGB)
- Gefährdung schutzbedürftiger Gebiete (§ 329 StGB).

Besonders schwere Taten nach §§ 324 bis 329 mit Vorsatz werden von 6 Monaten bis zu 10 Jahren bestraft. Ein besonders schwerer Fall liegt u.a. vor bei Tod oder schweren Gesundheitsschäden (§ 330 S.2 Nr. 1 StGB).

Das Ordnungswidrigkeitengesetz (OWiG) erlaubt Geldbußen gegen juristische Personen und seine Organe bei vorsätzlichen Straftaten bis 1 Mio. DM und bei fahrlässigen Straftaten bis zu 500 TDM. Aber auch ohne eine Geldbuße nach § 30 OWiG kann ein durch eine Umweltstraftat erlangter Vermögensvorteil gem. § 73 StGB abgeschöpft werden.

Betriebe und Unternehmen (auch öffentliche), in denen durch Verletzung der Aufsichtspflicht Zuwiderhandlungen begangen werden, sind nach § 130 OWiG wegen Pflichtverletzung mit Geldstrafen bis zu 1 Mio. DM bedroht.

9 Einführung in das Arbeitsrecht

Das Arbeitsrecht gilt als das Sonderrecht der Arbeitnehmer. Der Begriff des abhängigen Arbeitnehmers (ArbN) hat darin zentrale Bedeutung. Derjenige, der Arbeit im Dienst eines anderen leistet, d.h. fremdbestimmte Arbeit erbringt, genießt den besonderen Schutz des Arbeitsrechts, das nicht nur eigene Gesetze, sondern auch eine eigene Gerichtsbarkeit hat. Wer seine Arbeit selbständig gestalten kann (z.B. der Inhaber eines Ingenieurbüros, der Arzt, Rechtsanwalt, Bauunternehmer, Spediteur usw.) ist nicht ArbN.

Vertragspartner des ArbN ist der Arbeitgeber (ArbG) in Form einer natürlichen oder juristischen Person. Obwohl die Beschäftigung des ArbN i.d.R. in einem Betrieb erfolgt, entstehen mit diesem keine rechtlichen Beziehungen, sondern maßgebend ist allein das Rechtsverhältnis mit dem ArbG.

Das Arbeitsverhältnis wird durch einen privatrechtlichen Vertrag begründet. Wer in einem öffentlich-rechtlichen Dienstverhältnis steht (z.B. Beamte, Richter oder Soldat) ist kein ArbN, sondern unterliegt anderen Gesetzen. Das Arbeitsrecht enthält auch öffentlich-rechtliche Bestandteile, soweit der Staat oder die Gesellschaft auf Grund ihrer Verantwortung Einfluß auf die Gestaltung der Arbeitsverhältnisse nehmen wollen (z.B. Kündigungsschutz, Arbeitssicherheit, Mitbestimmung usw.). Allgemeine gesetzliche Regelungen brauchen in privaten Arbeitsverträgen nicht besonders erwähnt werden, vielmehr sind gegenteilige Abmachungen ggf. wirkungslos.

Unser derzeit gültiges Arbeitsrecht blickt auf eine über hundertjährige Tradition zurück, dennoch ist es bisher nicht in einem einheitlichen Gesetzbuch niedergelegt, sondern besteht aus einer Vielzahl von Einzelgesetzen, die naturgemäß im betrieblichen Alltag sehr unterschiedliches Gewicht haben. Daneben spielt die Sozialgesetzgebung eine große Rolle im Arbeitsleben, weil jeder ArbN in erheblichem Maße an einer sozialen Absicherung interessiert ist. Arbeitsgesetzgebung und Sozialgesetzgebung sind nicht immer scharf zu trennen.

Die Frage der Altersversorgung, der Hinterbliebenenversorgung und der Versorgung im Krankheitsfalle können im weiteren Sinne ebenfalls dem Arbeitsrecht zugerechnet werden, in dem nachfolgenden Abriß sollen sie jedoch nicht behandelt werden.

Hilfreich für das Verständnis und den Überblick auf dem Gebiet des Arbeitsrechtes ist eine Aufteilung in fünf Hauptkapitel:

1. Aufbau der Arbeitsgerichtsbarkeit und ihres speziellen Rechtswesens; Verfahrensordnung (=Arbeitsgerichtsgesetz/ArbGG)
2. Arbeitsvertragsrecht und materielle Absicherung des ArbN
3. Tarifautonomie und Mitbestimmung
4. Arbeitsschutz mit der physischen und psychischen Sicherung des ArbN (Arbeitsschutz, Unfallschutz usw.)
5. Berufsbildungsrecht (=Berufsbildungsgesetz/BBiG)

Da die Punkte 1 und 5 jeweils durch ein umfassendes Gesetz geregelt sind, während die anderen Gebiete einer Vielzahl von Bestimmungen unterliegen und daher recht unübersichtlich sind, konzentriert sich die weitere Darstellung auf diese Punkte.

Wenn auch nur wenige Bereiche des Arbeitsrechtes ausschließlich für die ArbN des Baugewerbes gelten (z.B. die Schlechtwetterregelung des AFG), haben jedoch viele allgemeine Bestimmungen spezielle Auswirkungen auf die ArbN in diesem Wirtschaftszweig (z.B. Unfallschutz, Arbeitsstättenverordnung u.a.m.).

9.1 Arbeitsvertrag und Arbeitsverhältnis

9.1.1 Der Dienstvertrag nach §§ 611-630 BGB sowie §§ 59-84 HGB

Jedes Arbeitsverhältnis wird durch einen Arbeitsvertrag (Dienstvertrag) zwischen ArbG und ArbN begründet. Darin werden die Dienste der einen Partei und die Vergütung und/oder sonstige Leistungen der anderen Partei fixiert. Der ArbG stellt Räume, Vorrichtungen und Gerätschaften zur Verfügung und unterhält sie. Er erteilt Weisungen und trägt die Verantwortung, das Risiko und die Haftung für die vom ArbN geleistete Arbeit.

Für Arbeitsverträge schreiben die Gesetze keine bestimmte Form vor, aus Gründen der Rechtssicherheit empfiehlt sich jedoch die Schriftform. Dem Vertragsschluß gehen in der Regel Vorverhandlungen in Gestalt von Vorstellungsgesprächen voraus. Hierdurch werden Rechtsbeziehungen begründet, die zu wechselseitigen, auf Treu und Glauben begründeten Pflichten führen. Bei Vertragsabschluß haben beide Vertragspartner *Offenbarungspflichten*:

Der ArbN hat ggf. auf ansteckende Krankheiten hinzuweisen; ansonsten ist er nicht verpflichtet, für ihn nachteilige Umstände (Gesundheitszustand, Schwangerschaft, Vorstrafen usw.) offenzulegen, jedoch muß er auf diesbezügliche Fragen wahrheitsgemäß antworten. Die persönlichen Eigenschaften und Verhältnisse des ArbN unterliegen nur insoweit der Offenbarungspflicht, wie Berührungen mit dem künftigen Arbeitsverhältnis bestehen. Häufig ist hierzu ein besonderer Personalfragebogen des ArbG auszufüllen.

Der ArbG muß den Bewerber wahrheitsgetreu über die Einzelheiten seines künftigen Arbeitsplatzes informieren, insbesondere bei starken gesundheitlichen Belastungen. Weitergehende Aufklärung ist jedoch erforderlich, wenn erkennbar wird, daß die Wünsche und Erwartungen des ArbN nicht mit den tatsächlichen Gegebenheiten übereinstimmen.

Pflichten des Arbeitnehmers

Der ArbN ist zur *Leistung der übernommenen Arbeit* verpflichtet (BGB §§ 611 ff), er hat diese im Zweifel in eigener Person zu erbringen. Umgekehrt hat nur der ArbG persönlich den Anspruch auf die Arbeitsleistungen. Für Art und Umfang der zu leistenden Arbeit ist, soweit keine zwingenden gesetzlichen und kollektivrechtlichen

Normen eingreifen, in erster Linie der Einstellungsvertrag maßgebend. Einzelheiten zu den Arbeitsleistungen werden aber, wenn überhaupt, regelmäßig nur in Grundzügen vertraglich geregelt.

Für die Bestimmung des näheren Inhalts der Arbeitspflicht kommt es, von Notfällen (z.B. Naturkatastrophen) abgesehen, darauf an, welche Arbeiten hinsichtlich ihrer Vorbildung und ihren bisherigen Tätigkeiten, mit dem ArbN vergleichbare Personen, nach der Verkehrssitte in dem betreffenden Wirtschaftsbereich zu leisten pflegen. Nur innerhalb des auf diese Weise bestimmten Rahmens darf der ArbG den ArbN einsetzen und ihm Weisungen erteilen.

Neben dem Recht zur näheren Ausgestaltung der Arbeitspflichten beinhaltet das Weisungsrecht des ArbG die Befugnis, Anweisungen zur notwendigen Ordnung im Betrieb zu geben. Vor allem handelt es sich um Regeln über die Benutzung von Maschinen, Werkzeugen und Material sowie über das Verhalten der ArbN untereinander.

Mehr-, Feiertags-, Sonntags- oder Nachtarbeit kann vom ArbN nur auf Grund ausdrücklicher Vereinbarung verlangt werden. Überdies besteht hierzu die Verpflichtung, wenn angesichts der besonderen betrieblichen Verhältnisse von einer entsprechenden stillschweigenden Vereinbarung auszugehen ist. Der ArbG darf allerdings auch bei Vorliegen eines solchen Falles nicht willkürlich handeln, der Grundsatz von Treu und Glauben (BGB § 242) verlangt, daß er alle seine ArbN gleichmäßig heranzieht.

Unter der Treuepflicht des ArbN ist die aus dem personenrechtlichen Charakter des Arbeitsverhältnisses folgende Pflicht des ArbN zu verstehen, die Interessen des ArbG und des Betriebes zu fördern. Außerdem ist alles zu unterlassen, was diesen Interessen entgegensieht, insbesondere sind Schäden vom ArbG bzw. Betrieb abzuwenden. Die Treuepflicht verbietet dem ArbN jedoch im Einzelfall nicht, seine eigenen Interessen, etwa durch die Teilnahme an einem rechtmäßigen Streik, zu verfolgen.

Verletzt der ArbN vorsätzlich oder fahrlässig seine Verpflichtungen aus dem Arbeitsverhältnis, insbesondere indem er seiner Arbeitspflicht überhaupt nicht oder nur schlecht nachkommt, macht er sich schadenersatzpflichtig. Bei der Höhe des zu ersetzenden Schadens ist jeweils zu prüfen, ob den ArbG ein mitwirkendes Verschulden trifft (BGB § 254), etwa weil er den ArbN falsch eingesetzt, für die besondere Arbeit nicht genügend Arbeitskräfte zur Verfügung gestellt oder notwendige Anweisungen und Kontrollen unterlassen hat.

Pflichten des Arbeitgebers

Die wichtigste Pflicht des ArbG ist die Zahlung des Entgelts für die geleistete Arbeit. Auch wenn eine ausdrückliche Vereinbarung hierfür fehlt, gilt die Entgeltzahlung als stillschweigend vereinbart, wenn den Umständen nach die Arbeitsleistung nur gegen eine Vergütung zu erwarten ist. Dies ist bei abhängiger Arbeit grundsätzlich der Fall. Für die Höhe des Lohnes sind der jeweilige Tarifvertrag, die betriebliche Übung oder der Einstellungsvertrag maßgebend.

Zu unterscheiden sind Geldlohn und Naturallohn (z.B. in Form von Gewährung von Wohnung und Verpflegung). Geldlohn kann gewährt werden in Form von Zeitlohn (Stundenlohn, Wochenlohn, Monatslohn), Akkordlohn, Prämien, Provisionen, Gratifikationen, Ergebnis- bzw. Gewinnbeteiligungen und vermögenswirksamen Leistungen.

Das Arbeitsverhältnis als ein besonderes personenrechtliches Verhältnis verpflichtet den ArbG über die Lohnzahlung hinaus, im Rahmen des Zumutbaren auf den ArbN Rücksicht zu nehmen, ihm Schutz und Fürsorge zukommen zu lassen und nicht seinen Interessen entgegenzuhandeln. Diese *Fürsorgepflicht* des ArbG (BGB § 618) bildet das Gegenstück zur Treuepflicht des ArbN. Ihr Umfang läßt sich nicht in jeder Richtung erschöpfend festlegen. Der ArbG ist beispielsweise auf Grund der Fürsorgepflicht vertraglich verpflichtet, sämtliche im Interesse des ArbN erlassenen öffentlichen Vorschriften zu beachten, einschließlich des Arbeitsschutzes. Die Fürsorgepflicht des ArbG erstreckt sich auch auf die mitgebrachten Sachen des ArbN, die durch zumutbare Maßnahmen vor Beschädigung und Diebstahl zu schützen sind.

Beendigung von Arbeitsverhältnissen

Die Arbeitsleistung ist an die Person des ArbN gebunden; stirbt er, so endet das Arbeitsverhältnis. Die Gegenleistungen des ArbG sind an den Betrieb gebunden; stirbt beispielsweise ein Firmeninhaber, so besteht das Arbeitsverhältnis mit dem Rechtsnachfolger, z.B. den Erben, fort. Wehrpflicht und Wehrübungen des ArbN beenden das Arbeitsverhältnis nicht, sondern bewirken, daß es ruht.

Ein Arbeitsverhältnis, das nur auf bestimmte Zeit geschlossen wurde, endet mit Ablauf der vereinbarten Frist (z.B. Dauer der Baustelle, zwei Jahre Auslandsaufenthalt o.ä.). Wird dagegen das Arbeitsverhältnis mit Wissen und ohne Widerspruch des ArbG über den Stichtag hinaus fortgesetzt, so gilt es als auf unbestimmte Zeit verlängert.

Ein Arbeitsverhältnis kann jederzeit durch wechselseitige einvernehmliche Vereinbarung beider Vertragspartner (Aufhebungsvertrag oder Vergleich) in Form einer gütlichen Einigung beendet werden. Die meisten Arbeitsverhältnisse enden jedoch durch Kündigung, das ist eine einseitige, auf Aufhebung des Arbeitsvertrages gerichtete Erklärung (BGB §§ 620-627).

Das Arbeitsrecht stellt den ArbN als den sozial Schwächeren unter eine Reihe von Schutzbestimmungen. Diese sind vom ArbG zu beachten, wenn er von sich aus einen Arbeitsvertrag kündigt:

1. *Anhörung des Betriebsrates*
   Der Betriebsrat muß Gelegenheit erhalten, vor fristgerechten Kündigungen innerhalb von sieben Kalendertagen Stellung zu nehmen. Die bloße Information des Vorsitzenden oder einzelner Mitglieder des Betriebsrates reicht nicht aus. Erst nach Eingang der schriftlichen Stellungnahme des Betriebsrates darf der ArbG kündigen, unterläßt er die Anhörung des Betriebsrates, so ist die Kündigung unwirksam.

Äußert sich der Betriebsrat innerhalb der festgelegten Fristen nicht, so ist das Mitspracherecht verwirkt oder es wird kein Einspruch geltend gemacht. Verweigert er seine Zustimmung, so kann die Kündigung trotzdem erfolgen; der ArbG muß jedoch binnen drei Tagen beim zuständigen Arbeitsgericht beantragen, die vorläufig vollzogene Maßnahme für berechtigt zu erklären.

2. *Kündigungsgrund*
Es ist zu prüfen, ob ein Kündigungsgrund nach dem Kündigungsschutzgesetz (KSchG) vorliegt:
a) persönliche Gründe wie z.B. Bummelei, mangelnde Eignung, mangelnde Leistung oder
b) dringende betriebliche Erfordernisse, wie z.B. Auftragsmangel oder Betriebseinschränkungen.

Das KSchG gilt für ArbN über 18 Jahre mit einer Betriebszugehörigkeit von mindestens sechs Monaten. Besondere Kündigungsschutzvorschriften gelten für Jugendliche, Schwerbehinderte und Betriebsratsmitglieder.

3. *Kündigungsfristen*
Für die Bauwirtschaft gelten nach dem Bundesrahmentarif (§ 12 BRTV) folgende Fristen:
a) Tägliche Kündigungsfrist: Während der ersten drei Arbeitstage beiderseits jeweils bei Arbeitsbeginn zum Arbeitsschluß.
b) Allgemeine Kündigungsfrist: Für Arbeiter sechs Werktage, für Hilfspoliere und Hilfsschachtmeister 14 Tage. Dabei zählen Samstage als Werktage; die Frist beginnt jeweils am Tag nach Empfang der Kündigung.
c) Verlängerte Kündigungsfrist: Wenn der ArbN das 35. Lebensjahr vollendet hat und das Arbeitsverhältnis länger als fünf Jahre besteht, sieht das KSchG die folgenden Fristen vor:

4. *Fristlose Kündigung*
Nur wenn es dem ArbG unter Berücksichtigung aller Umstände des Einzelfalles und unter Abwägung der Interessen beider Vertragsparteien unzumutbar ist, das Arbeitsverhältnis bis zum Ablauf der ordentlichen Kündigungsfrist fortzusetzen, kommt die fristlose Kündigung in Frage. Derartige wichtige Gründe können sein:

- Diebstahl, Unterschlagung, Betrug,
- beharrliche Arbeitsverweigerung trotz Verwarnung,
- unentschuldigtes Fehlen trotz Verwarnung,
- Tätlichkeiten oder grobe Beleidigung,
- vorsätzliche Sachbeschädigung (auch von Eigentum der Kollegen),
- Schwarzarbeit nach schriftlicher Verwarnung.

Die fristlose Kündigung kann nur innerhalb von zwei Wochen nach Bekanntwerden der Gründe ausgesprochen werden.

Tabelle 9.1 Kündigungsfristen gemäß KSchG

Status des ArbN	Betriebs-zugehörigkeit (Jahre)	Kündigungsfrist für den Arbeitgeber	Kündigungsfrist für den Arbeitnehmer
Arbeiter	5	1 Monat zum Monatsende	2 Wochen zum Monatsende
	10	2 Monate zum Monatsende	1 Monat zum Monatsende
	20	3 Monate zum Monatsende	6 Wochen zum Quartalsende
Angestellte	5	3 Monate zum Quartalsende	6 Wochen zum Quartalsende oder nach Vereinbarung
(einschl. Poliere)	8	3 Monate zum Quartalsende	
	10	3 Monate zum Quartalsende	
	12	3 Monate zum Quartalsende	

5. *Kündigungsform*
Eine Kündigung muß eindeutig und unmißverständlich formuliert sein. Mündliche Kündigungen sollten in Gegenwart von Zeugen ausgesprochen werden; schriftliche Kündigungen sollten durch Boten oder als Einschreibebrief mit Rückschein übermittelt werden, damit der Empfang durch den ArbN sichergestellt ist.

6. *Sozialauswahl bei Kündigungen*
Stehen mehrere Betriebsangehörige bei Kündigungen "aus dringenden betrieblichen Erfordernissen" zur Auswahl, so sind soziale Gesichtspunkte wie Lebensalter, Familienstand, Betriebszugehörigkeit usw. mit zu berücksichtigen.

7. *Krankheit des Arbeitnehmers*
Grundsätzlich sind Krankheiten kein Hinderungsgrund für Kündigungen, Unterliegt der ArbN jedoch dem KSchG, so kann ihm wegen seiner Krankheit nur gekündigt werden, wenn im Augenblick der Kündigung folgende Tatbestände erfüllt sind:

a) der Arbeitsplatz des Erkrankten muß aus betrieblichen Gründen dringend besetzt werden,
b) es findet sich niemand, der den Arbeitsplatz vorübergehend ausfüllen kann oder will,
c) mit der Genesung kann nicht in einer dem ArbG zumutbaren Zeit gerechnet werden,
d) der ArbG kann den Erkrankten nach dessen Wiederherstellung nicht an anderer Stelle beschäftigen.

8. *Massenentlassungen*
Nach § 17 KSchG hat der ArbG dem Arbeitsamt Anzeige zu erstatten, bevor er Massenentlassungen vornimmt: Tabelle 9.2 gibt an, wann die Voraussetzungen für das Eingreifen dieser Bestimmung vorliegt:

Tabelle 9.2 Voraussetzungen für das Vorliegen von Massenentlassungen gemäß KSchG.

Zahl der Beschäftigten	Entlassene ArbN
21-59	mehr als 6
60 - 499	10% der Beschäftigten oder mehr als 25
500 und mehr	mindestens 30

Die Kündigung wird einen Monat nach Eingang des schriftlichen Antrages beim Arbeitsamt wirksam. Die Stellungnahme des Betriebsrates muß dem Antrag beigefügt sein. Die Kündigungen dürfen bereits vor Ablauf der Frist ausgesprochen werden. Längere Kündigungsfristen einzelner ArbN werden jedoch durch das Verfahren nicht verkürzt.

9. *Änderungskündigungen*
Wenn die Arbeitsbedingungen geändert werden sollen und das Direktionsrecht des ArbG hierzu nicht ausreicht, ist eine Änderungskündigung auszusprechen. Dafür gelten dieselben Form- und Fristvorschriften wie für die ordentliche Kündigung, da die Änderungskündigung rechtlich eine Vollkündigung mit einem neuen Arbeitsangebot darstellt.

Der ArbN hat bei Beendigung des Arbeitsverhältnisses ein Recht auf ein schriftliches Zeugnis über die Art und Dauer seiner Beschäftigung. Das Zeugnis kann auf sein Verlangen auch auf die Führung und Leistung ausgedehnt werden (§ 73 HGB). Am letzten Arbeitstag sollen dem ArbN seine Arbeitspapiere ausgehändigt und der ihm zustehende Restlohn ausgezahlt werden.

9.1.2 Lohnfortzahlungsgesetz (LohnfortzG)

Ein Gesetz, das maßgeblich zur sozialen Sicherheit der gewerblichen ArbN beigetragen hat, ist das "Gesetz über die Fortzahlung des Arbeitsentgelts im Krankheitsfalle" vom 27. Juli 1969 (seit 1.1.1970 in Kraft). Sein § 1 gewährt auch dem Arbeiter Anspruch auf Lohn bei Krankheit. Hier heißt es:

„Wird ein Arbeiter nach Beginn der Beschäftigung durch Arbeitsunfähigkeit infolge einer unverschuldeten Krankheit arbeitsunfähig, so verliert er dadurch den Anspruch auf Arbeitsentgelt während der Arbeitsunfähigkeit bis zu einer Dauer von sechs Wochen nicht..."

Die Kosten der Lohnfortzahlung hat der Betrieb zu tragen. Damit stellt das Gesetz Arbeiter und Angestellte bezüglich der 6-Wochen-Frist gleich. Ein Unterschied besteht jedoch darin, daß beim Arbeiter gemäß LohnfortzG eine Arbeitsunfähigkeit infolge Krankheit vorliegen muß, während beim Angestellten der Anspruch auf Gehaltsfortzahlung bereits entsteht, wenn ihm die Dienstausübung nicht zugemutet werden kann, z.B. im Zusammenhang mit einer ärztlich verordneten Schonzeit. Diese mußte theoretisch bei einem arbeitsfähigen Arbeiter auf den Erholungsurlaub angerechnet werden, beim Angestellten dagegen nicht.

Die Rechtsprechung hat im vergangenen Jahrzehnt eine Vielzahl von Fällen entschieden, in denen der ArbG von der Lohnfortzahlung freigestellt wurde, sofern es sich um grobe Verstöße gegen das im eigenen Interesse gebotene Verhalten von verständigen Menschen gehandelt hat und bei denen es unbillig gewesen wäre, die Folgen auf den ArbG abzuwälzen (z.B. Sportunfälle, Trunkenheitsunfälle u.a.m.). Die Arbeitsgemeinschaft selbständiger Unternehmer hat diese Urteile gesammelt und veröffentlicht.

Die Lohnfortzahlung ist deshalb problematisch, weil dem ArbN zu wenig bewußt ist, daß das sog. "Krankfeiern" auf Kosten des Betriebes geht und damit zwangsläufig die Produkte oder Dienstleistungen verteuern muß. Die Leistungen des Gesetzes werden oft weniger als Absicherung für schwere Krankheitsfälle, sondern leider vielmehr als allgemeine soziale Vergünstigungen aufgefaßt.

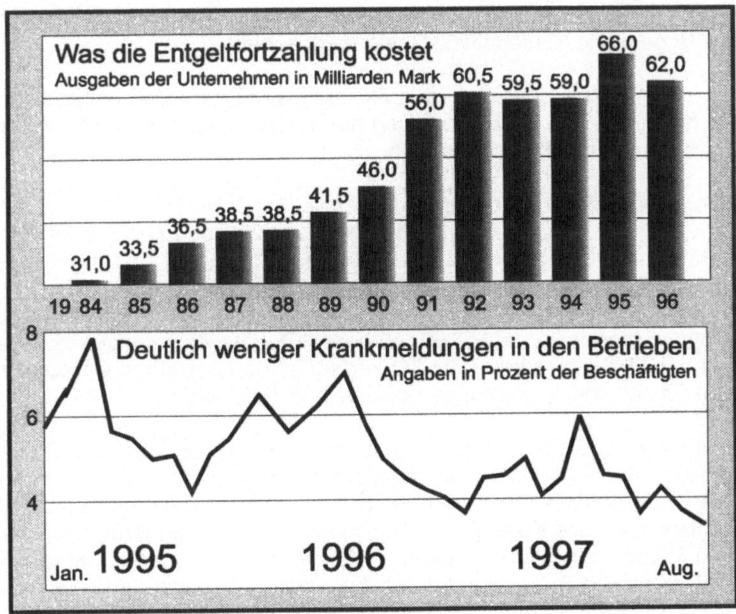

Bild 9.1 Krankheit und Lohnfortzahlung 1984-1996.

Wie Bild 9.1 zeigt, ist mit zunehmender sozialer Absicherung der ArbN die Zahl der Krankmeldungen deutlich angestiegen. Andererseits ist aber auch ein Zusammenhang zwischen Konjunktur und Krankenstand zu beobachten: die derzeit rezessionsbedingte Unsicherheit der Arbeitsplätze hat in vielen Betrieben zu einem spürbaren Rückgang der "Krankheitsfälle" geführt.

Ein Mißbrauch im größeren Umfang läßt sich nicht durch strengere Vorschriften und Kontrollen verhindern, sondern nur durch die Wiedereinführung von Karenztagen, um die große Zahl der Bagatellfälle abzubauen und die Absicherung bei ernsthaften Erkrankungen aufrechtzuerhalten.

9.1.3 Arbeitsförderungsgesetz

Das Arbeitsförderungsgesetz (AFG) vom 25. Juni 1969 (i.d.F. vom 25. Juni 1975) hat gleichermaßen große Bedeutung für die ArbN wie für die ArbG. Es regelt die Verteilung von Steuergeldern für die Arbeitsbeschaffung bzw. für den Arbeitsausfall.

Winterbauförderung (AFG §§ 74-89)

Ziel der Winterbauförderung ist, daß auch bei witterungsbedingten Erdbauarbeiten fortgeführt und die Beschäftigungsverhältnisse der baugewerblichen ArbN aufrecht erhalten werden. Um dies zu erreichen, sind sowohl Zuwendungen an die Baubetriebe in Form von Investitions- und Mehrkostenzuschüssen als auch an die ArbN in Form von Wintergeld und Schlechtwettergeld vorgesehen.

Die produktive Winterbauförderung ist z.Zt. ausgesetzt, um die Lohnkosten abzusenken. Gleichwohl werden die Regelungen hier besprochen, um die Ziele und Wege dieser Förderungen bekannt zu machen.

a) *Investitionskostenzuschuß (IKZ):*
   Den ArbG des Baugewerbes werden Zuschüsse für den Erwerb oder die Miete von Geräten und Einrichtungen gewährt, die für die Durchführung von Bauarbeiten in der Schlechtwetterzeit *zusätzlich* erforderlich sind.
   Die Winterbaugeräte sind entsprechend ihrer Bedeutung für den Winterbau in drei Gruppen eingeteilt, die mit 50, 40 oder 30% des Kaufpreises bzw. des angemessenen Mietsatzes bezuschußt werden. Zu den einzelnen Gruppen zählen folgende Geräte und Einrichtungen einschließlich Zubehör:

   Der Höchstbetrag je Gerät bzw. je Einrichtung beträgt bei Kauf 100.000,- DM und bei Miete 20.000,- DM pro Schlechtwetterperiode (inkl. Verpackung und Transport, jedoch ohne Mehrwertsteuer). Ersatzbeschaffungen sind erst nach Ablauf von fünf Kalenderjahren zulässig. Winterbaugeräte zur erwerbsmäßigen Vermietung werden jedoch nicht gefördert. Für Bauunternehmungen mit weniger als 20 Beschäftigten erhöhen sich die genannten Investitionskostenzuschüsse um jeweils 10%. Winterbaugeräte mit einem angemessenen Kaufpreis von weniger als 500,- DM je Einzelgerät sind vom IKZ ausgeschlossen.

Tabelle 9.3 IKZ-förderungsfähige Gruppen von Winterbaugeräten.

Gruppe I IKZ: 50 %	Gruppe II IKZ: 40 %	Gruppe III IKZ: 30 %
a) Selbsttragende Winterbauschutzhallen, b) Dachbinder für Winterbauschutzhallen, c) Dach- und Seitenverkleidung für Winterbauschutzhallen, d) Dampferzeuger, e) Warmwasserbereiter, f) Heizaggregate, Lufterhitzer u. Heizstrahler.	a) Tragekonstruktionen für Winterschutzhallen einschl. der hierfür erforderl. Beleuchtungseinrichtung, wenn sie zusammen mit der Dach- und Seitenverkleidung erworben werden, b) Flammgeräte, c) Dampfstrahlreiniger, d) Heizmatten und Fugenheizgeräte ohne Heizdrähte, aber einschl. der Transformatoren.	a) Kleine Schneeräumgeräte für den Einsatz auf firmeneigenen Baustellen, b) Heizeinrichtungen für den Einsatz auf stationären Anlagen, c) Straßentrocknungsmaschinen für Markierungsarbeiten, d) Wasserabsauggeräte (Hochleistungssauger) zum Absaugen von Wassermengen auf Flachdächern, e) nur für Betriebe, die am letzten Werktag im Okt. vor der Antragstellung weniger als 5 Arbeiter beschäftigten: Geräte und Einrichtungen für Waschzwecke und zum Trocknen der Bekleidung

Der Antrag auf IKZ soll vor Abschluß des Kauf- oder Mietvertrages bei dem am Firmensitz zuständigen Arbeitsamt eingereicht werden. Liegen die Voraussetzungen zur Förderung vor, erhält der Antragsteller einen Anerkennungsbescheid mit einem Jahr Gültigkeit, in dem die Förderung dem Grunde (nicht der Höhe) nach zugesagt wird. Innerhalb von drei Monaten nach Rechnungsdatum ist der Leistungsantrag zu stellen. Der Zuschußbetrag kann entweder an den Antragsteller oder an die Lieferfirma überwiesen werden. Für jede Schlechtwetterperiode, in der das Gerät schuldhaft nicht oder zweckentfremdet eingesetzt wird, sind 20% des Zuschusses zurückzuzahlen. Entsprechende Verwendungsnachweise müssen vom Erwerber vorgelegt werden.

b) *Mehrkostenzuschuß (MKZ):*
Wenn Bauarbeiten unter Voll-, Teil- oder Einzelschutz gegen Witterungseinflüsse während der Förderungszeit ausgeführt werden, entstehen zusätzliche Kosten für den Aufbau der Schutzeinrichtung, sowie Heizung und etwaige Arbeitserschwernisse. Dafür werden unter bestimmten Voraussetzungen MKZ gewährt:

- Es handelt sich um eine offene Baustelle mit Voll- oder Teilschutz oder um Arbeiten in einem geschlossenen Bauwerk, das ggf. mit Folien abgedichtet wurde.
- Die Arbeiten werden innerhalb des Förderungszeitraumes, 1. Dez. bis 31. März, ausgeführt.
- Die Schutzvorkehrungen sind u.a. durch Anhörung der Betriebsvertretung als ausreichend anerkannt.

Der Mehrkostenzuschuß je geleisteter Arbeitsstunde beträgt dann für den ArbG

- im Hoch-, Ingenieur- und Industriebau für den Rohbau 7,- DM, für den Ausbau 2,- DM,
- im Straßen- und U-Bahn-Bau (offene Bauweise) 3,50 DM, im Leitungsbau 7,- DM (Ausbau 2,- DM),
- für sonstige Bauarbeiten 3,- DM.

Der MKZ ist vom ArbG vor Beginn der Förderung bei dem Arbeitsamt zu beantragen, das für den Bezirk der Baustelle zuständig ist. Auch hier erfolgt im positiven Falle zunächst ein Anerkennungsbescheid, dem später ein Leistungsantrag folgen kann. Dieser muß spätestens drei Monate nach Ablauf der Schlechtwetterzeit (d.h. bis spätestens 30. Juni) bei dem Arbeitsamt eingereicht sein, in dessen Bezirk die Lohnstelle des Betriebes liegt. Hauptunternehmer können den MKZ für ihre Nachunternehmer mit beantragen, wenn diese den Zuschuß nicht selbst in Anspruch nehmen. Die Aufzeichnungen über die auf der Baustelle geleisteten Arbeitsstunden sind mindestens zwei Jahre aufzubewahren.

c) *Wintergeld (WG):*
WG in Höhe von 2,- DM je geleisteter Arbeitsstunde erhalten die ArbN abgabenfrei zusätzlich zum normalen Lohn, wenn

- sie auf einem witterungsabhängigen Arbeitsplatz beschäftigt sind,
- bei einem witterungsbedingten Ausfall Anspruch auf SWG hätten und in der Förderungszeit (1. Dez. bis 31. März) Arbeitsstunden leisten.

Witterungsabhängig sind Arbeitsplätze dann, wenn der ArbG den ArbN unter freiem Himmel beschäftigen muß, so daß seine Arbeitsleistung maßgeblich vom Witterungsverlauf beeinflußt sind. Die Frage der Witterungsabhängigkeit wird auch dann bejaht, wenn die Bauarbeiten unter Schutzvorkehrungen ausgeführt werden.

Sofern die genannten Voraussetzungen vorliegen, wird das WG auf Antrag des ArbG oder des Betriebsrates an die betroffenen ArbN ausgezahlt. Der Antrag ist innerhalb von drei Monaten nach Ablauf der Förderungszeit (d.h. bis spätestens 30. Juni) an das Arbeitsamt zu richten, in dessen Bezirk das Lohnbüro des Betriebes liegt.

d) *Schlechtwettergeld (SWG):*
Das SWG ist die wohl älteste und bekannteste Leistung aus dem AFG: Sie kommt den ArbN des Baugewerbes bei witterungsbedingtem Arbeitsausfall auf Baustellen innerhalb der Schlechtwetterzeit (1. Nov. bis 31. März) zugute, wenn die folgenden betrieblichen und persönlichen Voraussetzungen erfüllt sind:

- Der Betrieb/die Betriebsabteilungen sind zum Bezug von SWG zugelassen.
- Der Arbeitsausfall entsteht ausschließlich durch zwingende Witterungsgründe.
- Am Arbeitstag ist wenigstens eine Stunde der tariflichen Arbeitszeit ausgefallen.
- Der ArbN ist im Rahmen seines Arbeitsverhältnisses auf einem witterungsabhängigen Arbeitsplatz beschäftigt.
- Der ArbN bezieht für die Ausfallstunden kein Arbeitsentgelt.

" Zwingende Witterungsgründe" liegen vor, wenn die atmosphärischen Einwirkungen (Regen, Schnee, Frost usw.) so stark oder nachhaltig sind, daß trotz einfacher oder geförderter Schutzvorkehrungen die Fortführung der Arbeit technisch unmöglich oder wirtschaftlich unvertretbar ist oder den Arbeitern nicht zugemutet werden kann.

Die Höhe des SWG richtet sich einmal nach dem "Bemessungsentgelt", das ist normalerweise der Zeitlohn ohne Zuschläge. Im Falle von Akkordarbeit wird der durchschnittliche Stundenlohn aus dem Quartal vor dem ersten Arbeitsausfall durch Schlechtwetter errechnet, oder es wird das durchschnittliche Arbeitsentgelt eines gleichartigen Beschäftigten herangezogen. Weiterhin gibt es je nach der Eintragung auf der Lohnsteuerkarte fünf Leistungsgruppen A bis E, die zur Anwendung der Schlechtwetter-Tabelle des Arbeitsamtes benutzt werden. Schließlich ist die Zahl der ausgefallenen Arbeitsstunden maßgebend. Dabei können nicht mehr Stunden berechnet werden als betriebsüblich sind. Tatsächlich geleistete Arbeitsstunden sind abzusetzen. SWG ist nicht lohnsteuerpflichtig und kein Entgelt der Sozialversicherung.

Die Baustellen können den Arbeitsausfall entweder durch tägliche Anzeige schriftlich mitteilen oder unter bestimmten Voraussetzungen durch Sammelanzeige (Wochenmeldung).

Für die Beantragung von SWG beim für den Betrieb zuständigen Arbeitsamt gibt es ebenfalls eine Ausschlußfrist von drei Monaten nach dem Ende der Schlechtwetterzeit. Die Stundenaufzeichnungen müssen prüffähig sein und zwei Jahre verwahrt werden.

IKZ, MKZ, WG als produktive Winterbauförderung einerseits und SWG andererseits schließen einander in der Regel aus. Bei Inanspruchnahme von SWG ist für diese Baustelle keine produktive Winterbauförderung mehr möglich. Zum anderen wird für produktiv geförderte Baustellen nur dann SWG gewährt, wenn die Außentemperaturen -10°C unterschreiten. Durch diese Regelung soll sichergestellt werden, daß die ArbG bei Inanspruchnahme der produktiven Winterbauförderung so weitreichende Witterungsschutzvorkehrungen treffen, daß in aller Regel keinerlei saisonale Arbeitsunterbrechungen auftreten können.

Kurzarbeitergeld (AFG §§ 63-73)

Kurzarbeitergeld wird dem ArbN in Betrieben gewährt, wenn infolge von Auftrags- oder Arbeitsmangel die regelmäßige betriebliche wöchentliche Arbeitszeit gemindert wird. Das Kug ist dazu bestimmt,

- den Betrieben den eingearbeiteten ArbN - Stamm und
- den ArbN die Arbeitsplätze zu erhalten sowie
- den ArbN einen Teil des Lohnausfalls zu ersetzen.

Die Arbeitszeitverkürzung muß eine der folgenden Ursachen haben:

a) wirtschaftliche Ursachen (Mangel an Rohstoffen oder Vorprodukten, Absatzmangel oder Auftragsmangel),
b) betriebliche Strukturveränderungen,
c) unabwendbare Ereignisse.

Der Arbeitsausfall ist nur als unvermeidbar anzusehen, wenn der Betrieb vergeblich versucht hat, ihn abzuwenden oder einzuschränken, z.B. durch Umsetzungen, Aufräumungs- und Instandsetzungsarbeiten oder durch die Gewährung von Resturlaub, ggf. auch durch Entlassungen. Kug kann nur bei vorübergehendem Arbeitsausfall gewährt werden. Außerdem muß mindestens ein Drittel der im Betrieb oder einer Betriebsabteilung tatsächlich beschäftigten ArbN von mehr als 10% Arbeitsausfall in einem zusammenhängenden 4-Wochen-Zeitraum betroffen sein. Der Betrieb kann den Arbeitsausfall beliebig organisieren, er muß jedoch die Verteilung der ausfallenden Arbeitszeit dem Arbeitsamt vorher schriftlich bekanntgeben.

Der Antrag auf Kug ist drei Wochen vor dem geplanten Beginn der Kurzarbeit schriftlich bei dem für den Sitz des Betriebes zuständigen Arbeitsamt einzureichen, die Stellungnahme des Betriebsrates ist beizufügen; die Bereitstellung des Kug ist erst nach Eingang des schriftlichen Bewilligungsbescheides gesichert. Das Kug wird vom ArbG ausgezahlt und vom Arbeitsamt erstattet. Die Bezugsfrist für Kug beträgt maximal sechs Monate. Nach einer Pause von drei Monaten kann eine neue Kug-Periode von wiederum sechs Monaten Dauer beginnen. Die Kurzarbeiter erhalten 68% des ausfallenden Nettogehalts, d.h. ebenso viel wie Arbeitslosengeld und Schlechtwettergeld ausmachen. Kug unterliegt weder der Lohnsteuer noch Beiträgen zur Sozial- und Krankenversicherung. Damit stellt sich die Kug-Regelung für baugewerbliche ArbG kostengünstiger dar als die Schlechtwetter-Förderung.

Konkursausfallgeld (AFG § 141)

Wenn ein ArbN im Zeitpunkt eines Firmenkonkurses Lohn- oder Gehaltsansprüche aus den letzten drei Monaten vor der Konkurseröffnung hat, kann er vom Arbeitsamt Konkursausfallgeld als Ausgleich für das entgangene Arbeitsentgelt verlangen. Darüber hinausgehende Rückstände werden vorrangig aus der Konkursmasse befriedigt (§§59.1 und 61 KO).

Auch für diese Leistung des AFG ist ein bestimmtes Verfahren einzuhalten: Der ArbN stellt einen Antrag auf Konkursausfallgeld beim zuständigen Arbeitsamt, und zwar in Höhe des nicht ausbezahlten Nettoentgelts der letzten drei Monate des Arbeitsverhältnisses. Das Arbeitsamt zahlt dann einen Vorschuß auf das Konkursausfallgeld, sofern der ArbN dies auch beantragt hat. Auf Verlangen des Arbeitsamtes muß der Konkursverwalter später das Ausfallgeld berechnen und abzüglich eines etwa gewährten Vorschusses zu Lasten des Arbeitsamtes auszahlen.

9.1.4 Arbeitserlaubnisrecht

Ausländische ArbN, die nicht Staatsangehörige eines EG-Landes sind, benötigen zur Ausübung einer Beschäftigung in der BRD eine Aufenthaltserlaubnis und eine Arbeitserlaubnis. Die Rechtsgrundlage für die letztere ist § 19 AFG und die darin verankerte Arbeitserlaubnisverordnung (AEVO).

Dem ArbN kann eine "allgemeine Arbeitserlaubnis" nach § 1 AEVO erteilt werden. Sie wird entweder auf eine bestimmte berufliche Tätigkeit in einem bestimmten Betrieb beschränkt oder ohne diese Beschränkung gewährt. Sie wird i.d.R. auf ein Jahr befristet, längstens jedoch auf drei Jahre.

Wenn deutsche bzw. ihnen gleichgestellte ausländische ArbN auf einen freien Arbeitsplatz vermittelt werden können, darf wegen des Vorrangs dieser Personen sonstigen ausländischen ArbN grundsätzlich keine allgemeine Arbeitserlaubnis erteilt werden.

Im Gegensatz zur allgemeinen wird die "besondere Arbeitserlaubnis" unabhängig von der Lage und Entwicklung des Arbeitsmarktes an den dazu berechtigten Personenkreis erteilt (§ 2 AEVO), z.B. wenn der Antragsteller

- zuvor fünf Jahre im Bundesgebiet aufgrund einer rechtmäßigen Arbeitserlaubnis ununterbrochen beschäftigt war,
- mit einem Deutschen im Sinne von Art 116.1 GG verheiratet ist und hier seinen Aufenthalt hat,
- minderjährige Kinder zum Schulbesuch nachholt, oder wenn diese sich bereits fünf Jahre im Bundesgebiet aufgehalten haben u.a.m.

Die besondere Arbeitserlaubnis wird i.d.R. auf fünf Jahre befristet. Sie wird z.B. versagt, wenn das Arbeitsverhältnis durch eine unerlaubte Anwerbung zustande gekommen ist oder wenn der Antragsteller als Leiharbeitnehmer nach § 1 AOG tätig werden will. Der Widerruf der Arbeitserlaubnis ist sowohl bei Verstößen gegen das AFG (§§ 227, 228.1) als auch bei entsprechender Arbeitsmarktlage möglich.

Die Beschäftigung ausländischer ArbN ohne Arbeitserlaubnis ist als Ordnungswidrigkeit mit empfindlichen Strafen bedroht: für den ArbN mit Geldbußen bis 1.000,- DM, für den ArbG bis zu 50.000,- DM. Bei gewerbsmäßiger Ausbeutung ausländischer ArbN können sogar Freiheitsstrafen von sechs Monaten bis zu fünf Jahren gegen den ArbG verhängt werden.

9.1.5 Gesetz zur Bekämpfung der Schwarzarbeit vom 31. Mai 1975

Ziele dieses Gesetzes sind:

- finanzielle Schäden von Handwerk und Gewerbe abzuwenden,
- Steuern und Sozialbeiträge an die Staatskasse abzuführen,
- eine realistische Einschätzung der jeweiligen Beschäftigungslage durch die staatlichen Arbeitsämter zu ermöglichen.

Ordnungswidrig handelt, wer aus Gewinnsucht Dienst- oder Werkleistungen für andere in erheblichem Umfang erbringt, ohne eine Gewerbeberechtigung oder eine Reisegewerbekarte (§§ 14, 55 Gew0) zu besitzen. Ordnungswidrig handeln ferner Personen, die laufend Zahlungen nach dem AFG erhalten (Arbeitslosengeld, Arbeitslosenhilfe, Kurzarbeitergeld, Schlechtwettergeld o.ä.) und gleichzeitig Dienst- oder Werkleistungen gegen Entgelt erbringen, ohne diese nach § 148 AFG anzuzeigen. Gefälligkeiten oder Nachbarschaftshilfe fallen ebensowenig unter dieses Verbot wie Selbsthilfe (unentgeltlich oder auf Gegenseitigkeit).

Die genannten Ordnungswidrigkeiten können auf der Seite des Auftraggebers wie des Auftragnehmers mit Geldbußen bis zu 30.000,- DM belegt werden.

9.1.6 Arbeitnehmerüberlassungsgesetz (AüG) vom 12. Oktober 1972

Mit diesem Gesetz sollen Mißstände im Bereich des gewerblichen Arbeitskräfteverleihs beseitigt werden. Trotz ungesetzlichen Verhaltens mancher Arbeitskräfteverleiher (Hinterziehung von Steuern und Sozialversicherungsbeiträgen, Vorenthaltung von Lohn und Gehalt, Verletzung arbeitsrechtlicher Verpflichtungen, illegale Ausländerbeschäftigung usw.) soll dieser Erwerbszweig nicht generell verboten, sondern vielmehr in geregelte Bahnen gelenkt werden.

1. Die gewerbsmäßige Arbeitnehmerüberlassung ist seitens der Bundesanstalt für Arbeit in Nürnberg erlaubnispflichtig.
2. Der Verleiher hat das volle Arbeitgeberrisiko zu tragen, d.h. er muß die Entlohnung der ArbN bei Nichtbeschäftigung sicherstellen. Arbeitet ein ArbN länger als drei Monate im gleichen Betrieb, so wird er diesem Unternehmen eingegliedert.

Für Leiharbeitnehmer gelten die Unfallverhütungsvorschriften der Berufsgenossenschaft des Entleihers. Ferner werden für Ordnungswidrigkeiten, erhebliche Geldbussen festgelegt, z.B. für Arbeitskräfteverleih ohne Konzession bis zu 30.000,- DM, für ausländische Leiharbeitnehmer ohne Arbeitserlaubnis Geldstrafen ab 1.000,- DM aufwärts für den Verleiher und bis zu 10.000,- DM für den Entleiher.

9.1.7 Arbeitnehmererfindungen

Viele Erfindungen werden von ArbN im Zusammenhang mit der Ausübung ihrer beruflichen Tätigkeit im Rahmen des Dienstverhältnisses gemacht. Die Nutzungsrechte solcher Erfindungen können gegen eine angemessene Vergütung ganz oder teilweise vom ArbG in Anspruch genommen werden. Die Vorschriften hierzu finden sich im "Gesetz über Arbeitnehmererfindungen". Dort heißt es in § 4: "Erfindungen von ArbN im Sinne dieses Gesetzes können gebundene oder freie Erfindungen sein."

Gebundene Erfindungen (Diensterfindungen) sind während der Dauer des Arbeitsverhältnisses gemachte Erfindungen, die entweder

- aus der dem ArbN im Betrieb oder in der öffentlichen Verwaltung obliegenden Tätigkeit entstanden sind oder
- maßgeblich auf Erfahrungen oder Arbeiten des Betriebes oder der öffentlichen Verwaltung beruhen.

Sonstige Erfindungen von ArbN sind freie Erfindungen.

Das Gesetz bezieht sich auf Erfindungen, die patent- oder gebrauchsmusterfähig sind, sowie auf technische Verbesserungsvorschläge, die nicht patent- oder gebrauchsmusterfähig sind. Ein Betrieb, der Erfindungen oder Verbesserungsvorschläge seiner ArbN nutzt, muß sorgfältig abwägen, ob es vorteilhafter ist, diese vor der Konkurrenz geheimzuhalten oder als Patent bzw. als Gebrauchsmuster anzumelden. Einmal ist es ohnehin kaum möglich, Erfindungen auf Dauer geheimzuhalten. Zum anderen besteht die Gefahr, daß Dritte gleiche oder ähnliche Verfahren entwickeln, so daß kein Patent- oder Gebrauchsmusterschutz mehr gegeben werden kann.

Die Auswirkungen eines Patentes beschreibt § 6 PatG folgendermaßen:

> *„Das Patent hat die Wirkung, daß allein der Patentinhaber befugt ist, gewerbsmäßig den Gegenstand der Erfindung herzustellen, in Verkehr zu bringen, frei zu halten oder zu gebrauchen. Ist das Patent für ein Verfahren erteilt, so erstreckt sich die Wirkung auch auf die durch das Verfahren unmittelbar hergestellten Erzeugnisse.“*

Der Patentinhaber, das ist ggf. der Betrieb, der die Erfindung eines seiner ArbN nutzt, hat das Recht, innerhalb der Schutzfrist von 18 Jahren Lizenzverträge mit Dritten abzuschließen.

Die Wirkung eines Gebrauchsmusters entspricht der eines Patentes, jedoch nur für die Dauer von sechs Jahren. Patente werden i.d.R. für Erfindungen erteilt, Gebrauchsmuster für Verbesserungen. Entsprechend niedriger sind auch die Anforderungen an die Innovation und den Fortschritt.

Bei der Anmeldung von Patenten bzw. der Eintragung von Gebrauchsmustern sowie bei der Verfolgung verletzter Rechtsansprüche bedient man sich zweckmäßigerweise eines hierauf spezialisierten Patentanwaltes.

9.2 Tarifautonomie und Mitbestimmung

TVG §§

9.2.1 Tarifvertragsgesetz (TVG)

1 Der Tarifvertrag regelt die Rechte und Pflichten der Tarifpartner. Er enthält Vorschriften über Inhalt, Abschluß und Beendigung von Arbeitsverhältnissen sowie betriebliche und betriebsverfassungsrechtliche Normen.

2 Als Tarifvertragsparteien stehen sich die Gewerkschaften seitens der ArbN und einzelne ArbG oder Vereinigungen von ArbG gegenüber:

Die Gewerkschaften sind Vereinigungen der ArbN zur Wahrung und Förderung ihrer Arbeits- und Wirtschaftsbedingungen. Die Erwerbstätigen sind in der BRD etwa zu 40% organisiert. Dabei ist der Deutsche Gewerkschaftsbund (DGB) mit etwa 8,8 Mio. Mitgliedern und 14 Einzelgewerkschaften bei weitem die stärkste Organisation.

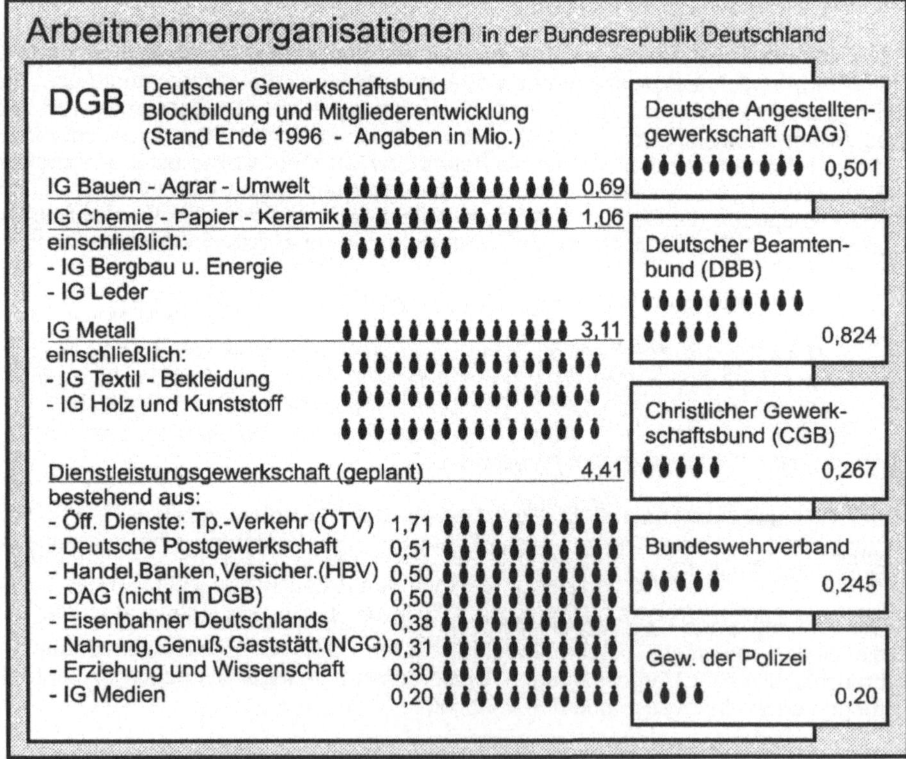

Bild 9.2 Arbeitnehmerorganisationen in der BRD und ihre Mitgliederzahlen

Dem steht die "Bundesvereinigung der Deutschen Arbeitgeberverbände" (BDA), in der die gewerbliche Wirtschaft zu etwa 90% organisiert ist, gegenüber. Die BDA erfaßt über ihre 46 Fach- und 12 Landesverbände alle Wirtschaftszweige und die Dachorganisation von rd. 800 Arbeitgeberzusammenschlüssen. Die Bundesvereinigung ist durch Satzung gehalten, sich nur um die gemeinschaftlichen sozialpolitischen Belange zu kümmern, die über die Landesgrenzen oder den Bereich eines Wirtschaftszweiges hinausgehen und von grundsätzlicher Bedeutung sind.

Die Spitzenorganisationen sind zwar berechtigt, Tarifverträge abzuschließen, i.d.R.
nehmen dies jedoch die Einzelgewerkschaften, Fach- und Landesverbände selbst in
die Hand. Auch der einzelne ArbG ist befugt, für seinen Bereich einen Firmen- oder *2;12*
Werkstarif abzuschließen.

Die Mitglieder der Tarifvertragsparteien sind an den Tarifvertrag gebunden und *3*
haften für die gegenseitige Erfüllung der Vereinbarungen bis zum Ablauf des Tarifvertrages. Darüber hinaus gelten seine Vereinbarungen weiter bis zu einem neuen *4.5*
Abschluß. Beim Bundesarbeitsminister wird ein Tarifregister geführt, in das Abschluß, Änderung oder Aufhebung eines Tarifvertrages sowie Beginn und Ende der *6*
Allgemeinverbindlichkeit eingetragen werden.

Das TVG gilt für alle Arten von Tarifverträgen, für den kurzfristigen Einzeltarifvertrag ebenso wie für den längerfristigen Rahmentarifvertrag.

9.2.2 Arbeitskampfrecht

Arbeitskämpfe mit Streik und Aussperrung sind Interessenkämpfe der ArbN- und ArbG-Seite mit dem Ziel, die Gegenseite durch wirtschaftliche Druckmittel hinsichtlich der gestellten Forderungen zum Nachgeben zu bewegen.

Das Arbeitskampfrecht ist in der BRD nicht durch ein eigenes Gesetz geregelt, sondern geht auf Bestimmungen des GG, des BetrVG u.a. zurück; die Rechtsprechung hat jedoch besondere Rechtsregeln geschaffen. Danach gilt als wichtigstes Prinzip, daß die Verhältnismäßigkeit der Mittel gewahrt sein muß: Es dürfen nur solche Arbeitskampfmaßnahmen beschlossen und durchgeführt werden, die zur Erreichung rechtmäßiger Kampfziele geeignet und zweckmäßig sind und den später erforderlichen Arbeitsfrieden nicht unmöglich machen. Arbeitskämpfe sind nur nach Ausschöpfung aller sonstigen Verständigungsmittel zulässig.

Rechtmäßig ist ein Streik nur, wenn er sich gegen den sozialen Partner richtet und von einer Gewerkschaft organisiert wird. Nach den Arbeitskampfrichtlinien des DGB müssen in der Urabstimmung wenigstens 75% der in der jeweiligen Gewerkschaft organisierten ArbN für den Streik votiert haben.

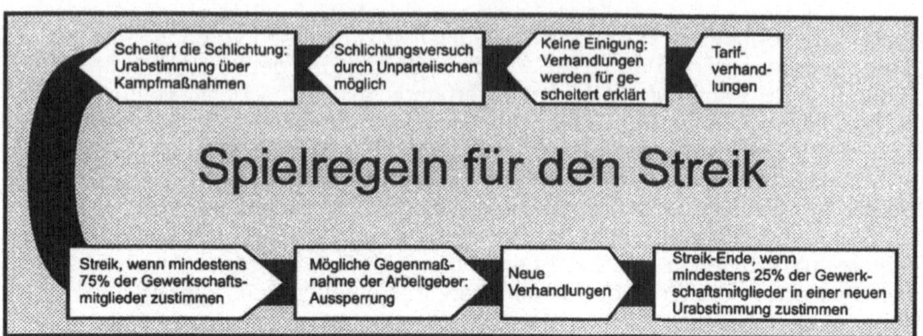

Bild 9.3 Die formelle Seite von Tarifauseinandersetzungen.

Rechtswidrig ist ein Streik dagegen

- als "wilder Streik" ohne Organisation durch eine Gewerkschaft,
- wenn er gegen die Friedenspflicht eines bestehenden Tarifvertrages verstößt,
- wenn er sich auf den Abschluß einer Betriebsvereinbarung anstelle eines tarifrechtlichen Kampfzieles bezieht,
- wenn er sich mit Streitfragen beschäftigt, für die ein Arbeitsgericht zuständig ist,
- wenn er gegen das Strafrecht verstößt (Aufruf zu Haus- oder Landfriedensbruch, Nötigung oder Gewaltanwendung),
- als politische Waffe.

Arbeitswillige ArbN haben trotz Streik Anspruch auf Weiterbeschäftigung und Lohn. Sie dürfen nicht durch Streikende oder Streikposten an der Arbeitsaufnahme gehindert werden. Die in jüngster Zeit praktizierten Schwerpunktstreiks wurden von den Gerichten für unzulässig erklärt.

Die Aussperrung ist die rechtlich zulässige Abwehrmaßnahme der ArbG gegen Streiks. Dabei ist nebensächlich, ob die Aussperrung von einem einzelnen ArbG, von einer Gruppe oder einem Verband beschlossen und durchgeführt wird. Das BAG Kassel hat 1980 in einem Grundsatzurteil festgestellt, daß Aussperrungen als Mittel zur Streikabwehr rechtmäßig sind, wenn sich auf beiden Seiten die eingesetzten Mittel entsprechen. Eine bundesweite Aussperrung ist demnach als Antwort auf einen regional begrenzten Streik als rechtswidrig anzusehen. Die Aussperrung muß sich ferner gegen alle, auch die arbeitswilligen ArbN richten.

9.2.3 Betriebsverfassungsgesetz (BetrVG)

Die Rechte der ArbG und die Forderungen der ArbN stehen sich im Betrieb bisweilen kontrovers gegenüber. Die staatlichen Regelungen der Mitbestimmung haben das Ziel, die beiden Produktionsfaktoren Kapital und Arbeit so optimal und kooperativ wie möglich zusammenzuführen. Durch die Mitbestimmung sollen Lösungen gefunden werden, die den Interessen beider Sozialpartner gerecht werden und bestehende Konflikte abbauen helfen. Unser heutiges Mitbestimmungsrecht wird erst im Zusammenhang seiner über 100-jährigen Entwicklung verständlich. Wichtige Etappen dieser Entwicklung waren:

1900 Gesetzliche Bildung von Arbeitsausschüssen in Bayern
1905 Gesetzliche Bildung von Arbeitsausschüssen in preußischen Bergwerken mit mehr als 100 Arbeitnehmern
1920 Betriebsrätegesetz
1946 Betriebsrätegesetz des Alliierten Kontrollrats
1951 Mitbestimmungsgesetz (MG) in der Montanindustrie
1952 Erstes Betriebsverfassungsgesetz (BVG) für die Betriebe außerhalb der Montanindustrie
1955 Erstes Personalvertretungsgesetz für den öffentlichen Dienst
1972 Zweites Betriebsverfassungsgesetz (BetrVG)
1974 Zweites Personalvertretungsgesetz
1976 Mitbestimmungsgesetz (MitbestG) für die Großbetriebe außerhalb der Montanindustrie

Das BetrVG von 1972 hat die Rechte des einzelnen ArbN erweitert, dem Betriebsrat größere Mitwirkungsbefugnisse eingeräumt und den gewerkschaftlichen Zugang zu den Betrieben gesetzlich geregelt. Es gilt heute als das "Grundgesetz des betrieblichen Alltags".

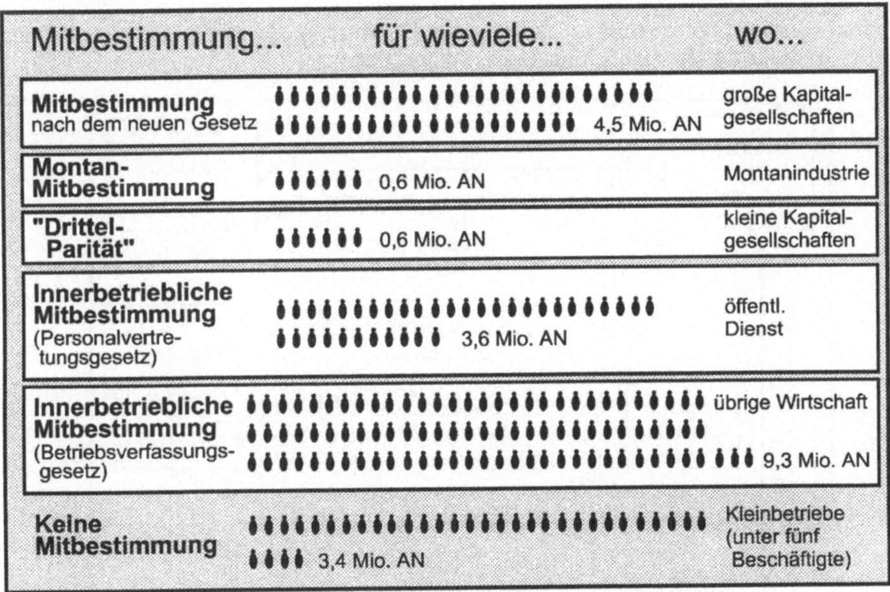

Bild 9.4 Regelungen der betrieblichen Mitbestimmung und ihre Geltungsbereiche.

Das BetrVG gilt für alle Betriebe und Unternehmen im Bereich der Bundesrepublik Deutschland und West-Berlin mit mehr als fünf wahlberechtigten Beschäftigten (§ 1 BetrVG), sofern es sich nicht um Einrichtungen des öffentlichen Rechts handelt. Im öffentlichen Dienst regelt das Personalvertretungsgesetz für die Bundes-, Landes- und Kommunalbediensteten die dort auftretenden Fragen der Mitbestimmung.

Ebenfalls keine Geltung hat das BetrVG für
- freie Mitarbeiter und Lehrkräfte aller Art,
- Vorstandsmitglieder,
- Gesellschafter, Komplementäre und sonstige Personen mit Inhaberfunktionen,
- Ehegatten und nähere Verwandte des Arbeitgebers,
- leitende Angestellte mit spezifischen unternehmerischen Teilaufgaben und besonderen Befugnissen.

Das BetrVG erstreckt sich auf alle Betriebsteile und Nebenbetriebe. Räumlich weit vom Hauptbetrieb entfernte Baustellen, organisatorisch eigenständige Arbeitsgemeinschaften oder Nebenbetriebe wählen eigene Betriebsräte, soweit sie fünf ArbN oder mehr beschäftigen.

Gewerkschaften, die im Betrieb vertreten sind, haben unter bestimmten Voraussetzungen bei der Bildung eines Betriebsrats ein Initiativrecht. Sie sind zur Teilnahme an Betriebsratssitzungen und Betriebsversammlungen berechtigt und besitzen gegenüber den Betriebsverfassungsorganen Kontrollbefugnisse. Schließlich ist ihnen ein Zugangsrecht zum Betrieb eingeräumt.

Im Vergleich zu den Gewerkschaften ist die Stellung der Arbeitgeberverbände in der Betriebsverfassung schwach. Sie besitzen keine eigenständigen Befugnisse. Der ArbG kann sie daher lediglich als Berater hinzuziehen.

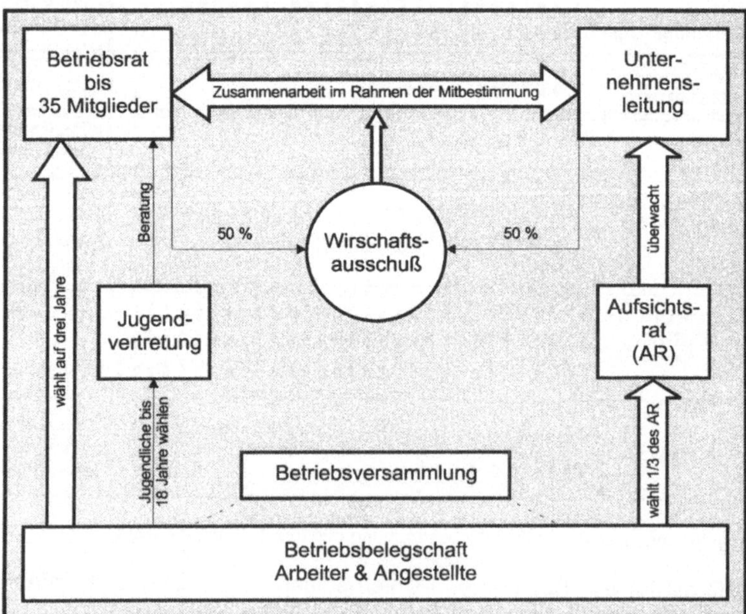

Bild 9.5 Organe der Betriebsverfassung.

Die Organe der Betriebsverfassung

Betriebsrat

Von den Organen der Arbeitnehmerschaft hat der Betriebsrat eine herausragende Stellung, da er die Arbeitnehmerschaft in allen Fragen der Zusammenarbeit und des Zusammenwirkens mit dem ArbG im Betrieb vertritt und eine Aufsichts- oder Ordnungsfunktion wahrnimmt. Die Zusammensetzung des Betriebsrats ist abhängig von der Zahl der Beschäftigten im Betrieb:

Zahl der wahlberechtigten Arbeitnehmer	Größe des Betriebsrats (§ 9 BetrVG)	Zahl der ständig freigestellten Betriebsratsmitglieder (§ 38 BetrVG)
5 -20	1 Betriebsobmann	
21 -50	3 Mitglieder	
51 -150	5	
151 -300	7	
301 -600	9	
601 - 1000	11	2
1001 - 2000	15	3
2001 - 3000	19	1
3001 - 4000	23	5
4001 - 5000	27	6
5001 - 7000	29	8
7001 - 9000	31	10

Danach je angefangene 3000 ArbN zwei weitere Mitglieder und je angefangene 2000 ArbN eine weitere Freistellung.

Tabelle 9.4 Zusammensetzung des Betriebsrates gemäß BetrVG

Zahl der wahlberechtigten Arbeitnehmer	Größe des Betriebsrats (§ 9 BetrVG)	Zahl der ständig freigestellten Betriebsratsmitglieder (§ 38 BetrVG)
5 - 20	1 Betriebsobmann	
21 - 50	3 Mitglieder	
51 - 150	5 "	
151 - 300	7 "	
301 - 600	9 "	1
601 - 1000	11 "	2
1001 - 2000	15 "	3
2001 - 3000	19 "	4
3001 - 4000	23 "	5
4001 - 5000	27 "	6
5001 - 7000	29 "	8
7001 - 9000	31 "	10
Danach je angefangene 3000 ArbN zwei weitere Mitglieder und je Angefangene 2000 ArbN eine weitere Freistellung.		

BetrVG §§ Wenn der Betriebsrat mehr als drei Mitglieder hat, müssen Arbeiter und Angestellte
darin entsprechend ihrem zahlenmäßigen Verhältnis vertreten sein. Die Minderheits-
10 gruppe hat einen Anspruch auf eine Mindestzahl von Vertretern im Betriebsrat.

7 Das Wahlrecht steht allen ArbN zu, die das 13. Lebensjahr vollendet haben. Wählbar
8 sind die AN, die selbst wahlberechtigt sind und eine Mindestbetriebszugehörigkeit
von sechs Monaten aufweisen.

Die Wahlordnung ist in der "Ersten Verordnung zur Durchführung des BetrVG Wahlordnung vom 16. Januar 1972" geregelt. Die Wahlen sind geheim und richten sich nach den Grundsätzen der Verhältniswahl. Arbeiter und Angestellte wählen ihre Betriebsvertreter jeweils in getrennten Wahlgängen. Der Betriebsrat bzw. falls noch nicht vorhanden die Betriebsversammlung, bestellen den aus drei Wahlberechtigten bestehenden Wahlvorstand, der mit der Vorbereitung und Durchführung der Wahl beauftragt wird. Die Kosten der Wahl (u.a. Lohnfortzahlung) trägt der ArbG. Die Be-
21 triebsratswahlen finden seit 1972 regelmäßig alle drei Jahre in der Zeit vom 1. März
bis 31. Mai statt.

Der Betriebsrat wählt aus seiner Mitte den Vorsitzenden und dessen Stellvertreter.
26 Ferner wird ein Betriebsausschuß mit neun und mehr Mitgliedern gebildet, dem der
Betriebsratsvorsitzende und sein Stellvertreter angehören. Der Betriebsausschuß
27 führt die laufenden Geschäfte des Betriebsrates, darf aber selbst keine Betriebsver-
28 einbarungen abschließen. Neben dem Betriebsausschuß können weitere Ausschüs-
se gebildet werden.

Die Betriebsratssitzungen sind nicht öffentlich und finden normalerweise während
30 der Arbeitszeit statt, wobei auf betriebliche Notwendigkeiten Rücksicht zu nehmen
ist. Der Betriebsrat faßt seine Beschlüsse mit der Mehrheit der Stimmen der Mitglieder. Jede Verhandlung und Beschlußfassung ist schriftlich niederzulegen. Er kann während der Arbeitszeit Sprechstunden einrichten, muß aber Zeit und Ort der
30.1 Sprechstunden mit dem ArbG vereinbaren.

Die Betriebsratstätigkeit ist ein unentgeltliches Ehrenamt. Die Mitglieder werden bei der Wahrnehmung ihrer Aufgaben von der beruflichen Tätigkeit bei Lohnfortzahlung freigestellt. In Betrieben mit mehr als 300 Beschäftigten ist je nach Größe mindestens
38 ein Betriebsratsmitglied ständig freizustellen. Über die Freistellung beschließt der
Betriebsrat nach Beratung mit dem ArbG. Die einzelnen Gruppen sind dabei angemessen zu berücksichtigen.

Betriebsratsmitglieder haben Anspruch auf Teilnahme an Schulungs- und Bildungsveranstaltungen. Nach § 15.1 KSchG genießen sie einen besonderen Kündigungsschutz und unterliegen einer besonderen Geheimhaltungspflicht. Mit Ausnahme der
37.7 Kosten für allgemeine Schulungs- und Bildungsmaßnahmen muß der ArbG alle Ko-
40 sten für den Betriebsrat und dessen Tätigkeit übernehmen.

Bestehen in einem Unternehmen mehrere Betriebsräte, so ist aus zwei Mitgliedern
47-53 jedes Betriebsrates ein Gesamtbetriebsrat zu errichten. In Unternehmen mit mehre-
54-59 ren Gesamtbetriebsräten kann ein Konzernbetriebsrat gebildet werden.

Die Betriebsratsmitglieder unterliegen der absoluten Friedenspflicht, d.h. sie haben Betätigungen zu unterlassen, durch die der Arbeitsablauf oder der Frieden des Betriebes beeinträchtigt wird. Arbeitskampfmaßnahmen zwischen ArbG und Betriebsrat sind untersagt, nicht jedoch Arbeitskämpfe der Tarifparteien. Ferner sind parteipoli- 74.2
tische Betätigungen des Betriebsrates verboten.

Außer allgemeinen Aufgaben (§ 80 BetrVG) hat der Betriebsrat besondere Mitwirkungsrechte in folgenden Bereichen:

Soziale Angelegenheiten (§§ 87-89 BetrVG):
Hier geht es um die Ausgestaltung der Arbeitsbedingungen, sofern sie nicht gesetzlich oder tarifvertraglich geregelt sind. Dabei sind erzwingbare Mitbestimmungsrechte und freiwillige Betriebsvereinbarungen zu unterscheiden.

Im ersten Fall können ohne Mitwirkung des Betriebsrates seitens des ArbG keine wirksamen Maßnahmen getroffen werden. Zu diesen Angelegenheiten zählen im einzelnen:

- Ordnung innerhalb des Betriebes, z.B. Rauchverbot, Arbeitszeitkontrollen, Alkoholverbot, Betriebsbußen usw.,
- Festlegung der täglichen Arbeitszeit, auch Überstunden und Kurzarbeit sowie vorübergehende Änderung der Arbeitszeit,
- Zeit, Ort und Art der Auszahlung der Arbeitsentgelte,
- Urlaubsplangestaltung,
- Verhaltens- und Leistungskontrollen (z.B. über Abhöreinrichtungen),
- Arbeitsschutz,
- Sozialeinrichtungen, insbesondere Mitbestimmung über Form, Ausgestaltung und Verwaltung,
- Werkswohnungen: Mitbestimmung zu Kündigungen, Zuweisungen und Benutzungsbedingungen,
- Betriebliche Lohngestaltung: Form der Lohnberechtigung, Vergütungsregelung, Festsetzung der Akkord- und Prämiensätze.

Im Wege freiwilliger Betriebsvereinbarungen können dem Betriebsrat weitere Kompetenzen eingeräumt werden, z.B. in Fragen der Vermögensbildung, der Arbeitsplatzgestaltung, bei Baumaßnahmen, bei der Auswahl von technischen Anlagen, Arbeitsverfahren und -abläufen.

Personelle Angelegenheiten (§ 92-105 BetrVG):
Hierzu zählen die Personalplanung und -führung, Ausschreibung von Arbeitsplätzen, die Abfassung von Personalfragebögen und Formulararbeitsverträgen, die Aufstellung von allgemeinen Beurteilungsgrundsätzen und Auswahlrichtlinien für Einstellungen, Versetzungen und Kündigungen.

Bei der Förderung der beruflichen Bildung knüpft das BetrVG an die Bestimmungen des BBiG und des AFG an. Unter Berufsbildung im Sinne des BetrVG sind die berufliche Ausbildung, Fortbildung und Umschulung zu verstehen. Der Betriebsrat kann dazu Vorschläge unterbreiten und hat bezüglich der Errichtung und Ausstattung betrieblicher Einrichtungen zur Berufsbildung ein Beratungsrecht.

Bei personellen Einzelmaßnahmen erstrecken sich die Mitwirkungs- und Widerspruchsrechte des Betriebsrates auf Einstellungen, Ein- und Umgruppierungen, Versetzungen sowie Kündigungen.

Wirtschaftliche Angelegenheiten (§§ 106-113 BetrVG):
Von besonderer Bedeutung ist die Mitwirkung des Betriebsrates bei Betriebsänderungen. Dabei hat er mit dem Unternehmer ggf. einen Interessenausgleich und einen Sozialplan zu vereinbaren. Derartige Betriebsänderungen können sein:

- Betriebsstillegungen oder Betriebseinschränkungen, auch wenn nur Teile eines Gesamtbetriebes betroffen sind,
- Betriebsverlegungen,
- Zusammenschlüsse mit anderen Betrieben,
- Rationalisierungsmaßnahmen sowie
- grundlegende Änderungen der Betriebsorganisation oder des Betriebszwecks.

Betriebsvereinbarungen (§ 77 BetrVG):
Über alle diejenigen Angelegenheiten zwischen der Belegschaft und dem ArbG, die nicht durch einen Tarifvertrag geregelt sind, können zwischen dem Betriebsrat und dem ArbG schriftliche Betriebsvereinbarungen getroffen werden.

BetrVG §§ Die vertrauensvolle Zusammenarbeit zwischen dem Betriebsrat und dem Betrieb
2.1 bzw. ArbG zum Wohle der ArbN ist ein Gebot des BetrVG. Wenn dennoch zwischen dem ArbG und dem Betriebsrat Meinungsverschiedenheiten auftreten, wird im Regelfall eine Einigungsstelle gebildet. Möglich und in Großbetrieben empfehlenswert ist die Einrichtung einer ständigen Einigungsstelle. Die Zusammensetzung besteht aus einer geraden Zahl von Beisitzern, die je zur Hälfte vom ArbG und vom Betriebsrat bestellt werden, und einem unparteiischen Vorsitzenden, auf dessen Person sich beide Seiten einigen müssen. Notfalls bestimmt das Arbeitsgericht den Vorsitzenden. Die Einigungsstelle wird auf Antrag einer Partei tätig und ist für alle Streitfälle aus dem BetrVG zuständig. Sie faßt ihre Beschlüsse mit Stimmenmehrheit ohne die des Vorsitzenden. Erst bei Stimmenparität nimmt der Vorsitzende nach erneuter Beratung an der Beschlußfassung teil. Die Kosten der Einigungsstelle trägt der Arbeitgeber.

BetrVG §§ *Betriebsversammlung*
42 Die Betriebsversammlung wird vierteljährlich vom Betriebsrat einberufen und besteht
aus allen ArbN des Betriebes. Sie wird vom Vorsitzenden des Betriebsrates geleitet.
43 Der Betriebsrat hat einen Tätigkeitsbericht zu geben, der ArbG einen Lagebericht
des Unternehmens. Sonderformen der Betriebsversammlung sind Teil- und Abtei-
lungsversammlungen. Eine Einberufung können auch der ArbG oder eine im Betrieb
vertretene Gewerkschaft verlangen. Teilnahmeberechtigt sind alle ArbN, der ArbG
46 und Beauftragte der im Betrieb vertretenen Gewerkschaften.
Betriebsversammlungen finden grundsätzlich während der Arbeitszeit statt. Es können Angelegenheiten tarifpolitischer und wirtschaftlicher Art behandelt werden, die den Betrieb oder seine ArbN unmittelbar betreffen.

60-73 *Jugendvertretung*
In Betrieben mit mindestens fünf jugendlichen ArbN unter 25 Jahren wird nach ähnlichen Grundsätzen wie bei der Betriebsratswahl eine Jugendvertretung gebildet. Die

Zahl der Vertreter ist festgelegt, ihre Amtszeit beträgt zwei Jahre. Die wesentlichen 62.1
Aufgaben der Jugendvertretung sind:

- Maßnahmen, die den jugendlichen ArbN dienen, z.B. in Fragen der beruflichen Bildung, beim Betriebsrat zu beantragen,
- zu überwachen, daß die zugunsten der jugendlichen ArbN geltenden Bestimmungen durchgeführt werden,
- Anregungen von jugendlichen ArbN beim Betriebsrat vorzubringen.

Die Jugendvertretung kann verlangen, daß ein Beschluß des Betriebsrates, der wichtige Interessen der jugendlichen ArbN erheblich beeinträchtigt, für eine Woche ausgesetzt wird. In dieser Frist soll eine Verständigung gesucht werden. Wie alle Mitglieder von anderen Betriebsausschüssen unterliegen auch die Jugendvertreter einer Geheimhaltungspflicht über wesentliche Betriebs- und Geschäftsgeheimnisse.

Wirtschaftsausschuß 106-108
Für alle Betriebe mit mehr als 100 ständig beschäftigten ArbN ist ein Wirtschaftsausschuß zwingend vorgeschrieben. Seine Aufgabe besteht darin, wirtschaftliche Angelegenheiten mit dem ArbG zu beraten. Dazu zählen u.a. die wirtschaftliche und
finanzielle Lage des Unternehmens, die Produktions- und Absatzlage sowie Ratio- 106.1
nalisierungsvorhaben. Über diese Beratungen hat er dem Betriebsrat Auskunft zu erteilen. Um seinen Aufgaben gerecht werden zu können, hat der Ausschuß die Befugnis, in die Unterlagen des Betriebes Einsicht zu nehmen.

Der Wirtschaftsausschuß, dessen Mitglieder vom Betriebsrat oder vom Gesamtbetriebsrat bestimmt werden, bestehen aus mindestens drei und höchstens sieben 107
Mitgliedern, die dem Unternehmen angehören müssen. Mindestens ein Betriebsratsmitglied muß, leitende Angestellte können im Ausschuß vertreten sein. Die Mitglieder unterliegen keinem besonderen Kündigungsschutz.

Der Wirtschaftsausschuß soll monatlich einmal zusammentreten. An seinen Sitzungen muß der Unternehmer oder sein Vertreter teilnehmen. Es ist Pflicht des Aus- 108
schusses, den Betriebsrat über jede Sitzung unverzüglich und vollständig zu informieren.

Mitbestimmung nach dem Betriebsverfassungsgesetz

Die im Kapitel 9.2.3 behandelten Rechte und Pflichten der Belegschaft können als Mitgestaltung des Betriebsalltages oder als Selbstverwaltung der Betriebsangehörigen in wichtigen eigenen Angelegenheiten angesehen werden. Dies ist nicht gleichzusetzen mit "Mitbestimmung" innerhalb der Unternehmensleitung, vor allem bei existenziellen Entscheidungen. Zwar hat der Betriebsrat wichtige Befugnisse und ist bei Einhaltung des BetrVG über alle Schritte der Unternehmensleitung informiert, aber er entscheidet selbst nicht mit.

Das alte BetrVG von 1952 sieht daher für größere Unternehmen weitergehende Mitbestimmungsrechte vor; so ist der Aufsichtsrat bei der AG, der KGAA sowie der GmbH zu einem Drittel aus Vertretern der Belegschaft zu bilden, sofern diese Gesellschaften mehr als 500 ArbN haben. Die Bestimmungen des BetrVG tragen Sorge, daß die Vertreter überwiegend dem Betrieb angehören und die tatsächliche Zusammensetzung der Belegschaft widerspiegeln: Hat der Aufsichtsrat sechs oder weniger Mitglieder, so müssen die ArbN-Vertreter aus der Belegschaft kommen; bei neun und mehr Aufsichtsratssitzen können auch betriebsfremde Personen gewählt werden. Bei zwei und mehr Vertretern muß ein Angestellter darunter sein, bei über 50% beschäftigten Frauen soll auch eine Frau gewählt werden. Die ArbN-Vertreter im Aufsichtsrat sind den übrigen AR-Mitgliedern der Anteilseigner gleichgestellt.

Diese Form der Mitbestimmung erstreckt sich auf etwa 3,6 Mio. ArbN (vgl. Bild 9.4). Sie ist auf eine etwas umständliche Rechtskonstruktion abgestützt: § 129 im neuen BetrVG von 1972 schreibt vor, daß die §§ 76-77a, 81, 85 und 87 im alten BetrVG von 1952 in Kraft bleiben. Dort sind die erwähnten Regelungen originär verankert.

9.2.4 Weitergehende Mitbestimmungsregelungen

Die älteste und bisher weitestgehende Mitbestimmungsregelung findet sich in der "Montan-Mitbestimmung" für den Bergbau sowie die Eisen- und Stahlindustrie. Da dort ArbN und Anteilseigner gleich viele Sitze im AR innehaben, wird die Montan-Mitbestimmung auch als "paritätische Mitbestimmung" bezeichnet.

Rund 4,5 Mio. ArbN in Großunternehmen haben durch das "Gesetz über die Mitbestimmung der Arbeitnehmer" (MitbestG vom 4. Mai 1976), das am 1. Juli 1976 in Kraft getreten ist, Mitbestimmungsrechte erhalten, die nahezu paritätisch sind, aber doch in einigen Punkten deutlich von der Regelung in der Montanindustrie abweichen.

a) *Geltungsbereich des MitbestG*
Die Mitbestimmungsregelung gilt für Unternehmen mit mehr als 2000 Beschäftigten in jeglicher Rechtsform, auch für Konzerne mit mehr als 2000 Beschäftigten insgesamt. Ausgenommen sind jedoch sog. "Tendenzbetriebe" nach § 118 BetrVG. Dazu zählen jedoch die Bauunternehmungen nicht. Ferner bleiben die Mitbestimmung in der Montanindustrie sowie die Drittelparität gemäß BetrVG (vgl. Kap. 9.2.3.2) vom MitbestG unberührt.

b) *Zusammensetzung der Aufsichtsräte*
Der AR eines mitbestimmten Unternehmens wird mit der gleichen Zahl von AR-Mitgliedern der Anteilseigner und der ArbN besetzt, und zwar:

– bis 10.000 Beschäftigte im Verhältnis	6	: 6
– 10.000 bis 20.000 Beschäftigte im Verhältnis	8	: 8
– über 20.000 Beschäftigte im Verhältnis	10	: 10

Die im Unternehmen vertretenen Gewerkschaften haben Sitz und Stimme im AR (vgl. Bild 9.6).Die restlichen vier, sechs bzw. sieben Sitze müssen mit Betriebsangehörigen besetzt werden, wobei Arbeiter, Angestellte und leitende Angestelle im Sinne von § 5.3 BetrVG anteilig, mindestens aber mit jeweils einem Sitz, vertreten sein sollen.

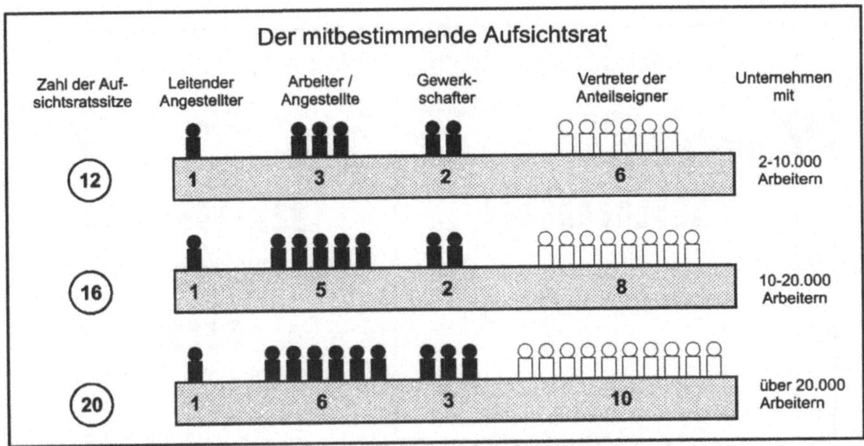

Bild 9.6 Zusammensetzung des Aufsichtsrates nach dem MitbestG von 1976.

c) *Wahl der Arbeitnehmervertreter in den AR*
Alle AR-Mitglieder der ArbN, Unternehmensangehörige, wie Gewerkschaftsmitglieder, werden entweder in direkter Wahl (Urwahl) oder durch Wahlmänner gewählt. In Betrieben bis zu 8000 ArbN soll die Urwahl die Regel sein, bei mehr Beschäftigten die Wahl durch Wahlmänner. Wenn mindestens 1/20 der wahlberechtigten ArbN eine Änderung beantragt, kann auch die jeweils andere Lösung beschlossen werden.

In Anlehnung an das BetrVG wählen die Arbeiter und Angestellten ihre AR-Vertreter getrennt. Die leitenden Angestellten wählen innerhalb der Angestelltengruppe. Die Arbeiter und die Angestellten können in getrennten Abstimmungen beschließen, daß eine gemeinsame Wahl stattfinden soll. Die Gewerkschaftsvertreter werden stets in einem besonderen Wahlgang gemeinsam gewählt, entweder von der Belegschaft oder von den Wahlmännern.

Es sollen jeweils doppelt so viele Wahlvorschläge wie Kandidaten vorliegen. Der Wahlvorschlag für einen Betriebsangehörigen benötigt die Unterschriften von jeweils 100 Arbeitern und Angestellten, während die leitenden Angestellten mit Mehrheit zwei Kandidaten aus ihrer Mitte für den AR vorschlagen. Im Falle einer Wahlmännerwahl ist für je 60 ArbN ein Vertreter unter Berücksichtigung des Gruppenprozeß und des Minderheitsschutzes in getrennten Wahlgängen zu bestimmen.

d) *Vorsitzender des AR und Stellvertreter*
Der Vorsitzende und sein Stellvertreter werden vom AR mit 2/3-Mehrheit gewählt, ggf. auch ArbN-Vertreter. Wird die 2/3-Mehrheit für einen der beiden nicht erreicht, so wählen die Vertreter der Anteilseigner den AR-Vorsitzenden und die Vertreter der ArbN den Stellvertreter.

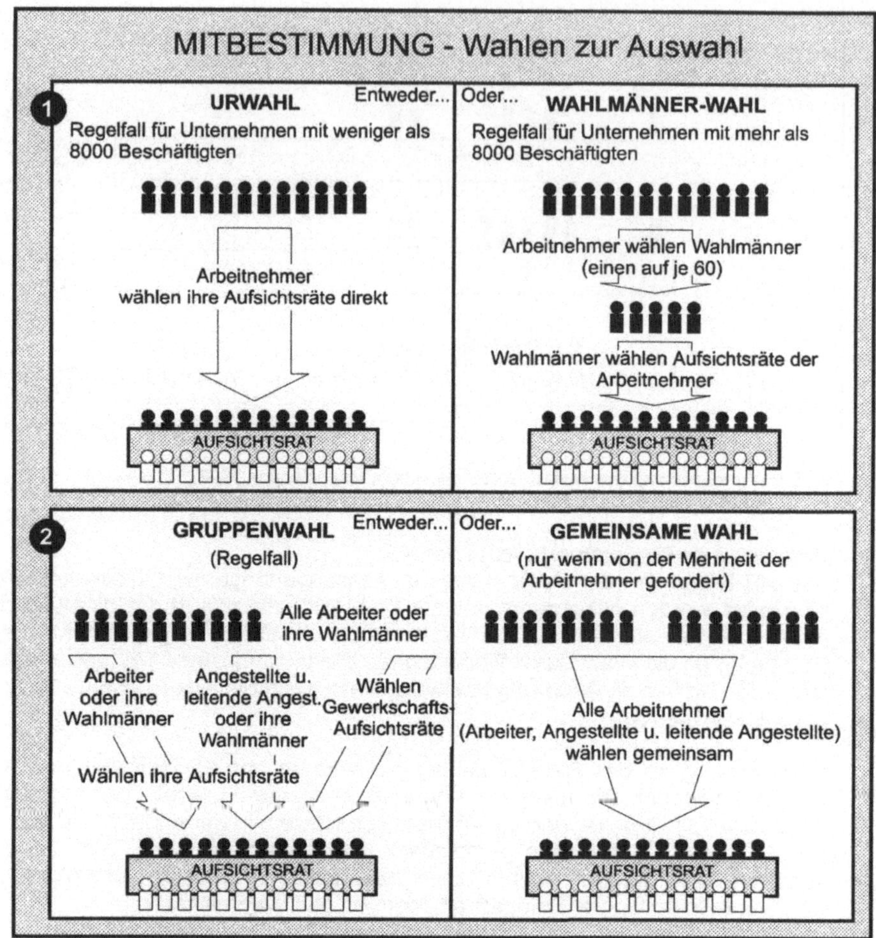

Bild 9.7 Wahl der Aufsichtsräte nach dem MitbestG.

Der AR-Vorsitzende erhält für den Fall, daß im AR eine Abstimmung wegen Stimmengleichheit wiederholt werden muß und sich dabei erneut eine Stimmengleichheit ergibt, eine zweite Stimme. Diese ist an die Person des AR-Vorsitzenden gebunden und nicht auf dessen Stellvertreter übertragbar.

Der Vorstand wird vom AR mit 2/3-Mehrheit bestellt. Falls diese Mehrheit nicht erreicht wird, ist vom AR ein Vermittlungsausschuß zu bilden, der aus vier Mitgliedern besteht (AR-Vorsitzender, Stellvertreter und ein weiteres Mitglied von jeder Seite). Dieser hat dem AR einen Vorschlag zu unterbreiten, über den der AR dann mit einfacher Mehrheit entscheidet.

Zwingend vorgeschrieben ist die Bestellung eines Arbeitsdirektors, dem alle Bereiche unterstellt werden sollen, die mit dem Faktor Arbeit zu tun haben (Personalplanung, -entwicklung, -verwaltung und -steuerung, Gehalts- und Lohngestaltung, EDV im Personalwesen, Aus-, Fort- und Weiterbildung, Ergonomie, Sozialabteilungen, Arbeitssicherheit, Betriebskrankenkasse, Wohnungswesen usw.). Wegen der Bedeutung dieser Position kommt als Arbeitsdirektor nur eine Persönlichkeit in Frage, die das Vertrauen der ArbN- und der ArbG-Seite findet. Nur dann kann sich diese Institution zum Vorteil des Unternehmens entwickeln.

Als wichtigste Unterschiede zwischen dem MitbestG und der Montan-Mitbestimmung sind zu nennen:

- Unterscheidung der Belegschaft nach Struktur und Gruppen sowie Garantie einer Mitbestimmung,
- Beinahe-Parität der ArbN, die bei Patt-Abstimmungen zugunsten der Anteilseigner geregelt ist,
- Einschränkung der Gewerkschaftsbeteiligung an den Aufsichtsräten, sowohl hinsichtlich der Zahl der Sitze als auch hinsichtlich der Wahlvorschriften (Wahl durch die Belegschaft oder ihre Wahlmänner).

Insbesondere wegen des zuletzt genannten Punktes waren die Gewerkschaften mit dem für die Verabschiedung des Gesetzes gefundenen Kompromiß nicht zufrieden und streben auch heute noch einen stärkeren Einfluß in den Aufsichtsräten der Großindustrie an.

Die Arbeitgeberverbände und Aktionärsvereinigungen ihrerseits legten Verfassungsbeschwerde beim BVG ein, weil sie die wirtschaftliche Handlungsfreiheit und das im GG verankerte Recht auf Eigentum verletzt sahen. Diese Verfassungsklage wurde am 1. März 1979 vom BVG als unbegründet zurückgewiesen. Trotz solcher Anfangsschwierigkeiten ist festzustellen, daß das MitbestG, das die fortschrittlichste Mitbestimmungsregelung aller Industrieländer darstellt, sich bisher bewährt hat und im Stande ist, gegensätzliche Interessen in Wirtschaft und Gesellschaft auszugleichen.

9.3 Arbeitnehmerschutz und Arbeitssicherheit

Der Gesetzgeber eines sozialen Industriestaates hat die Verpflichtung, durch entsprechende Gesetze und Bestimmungen die ArbG anzuhalten, Vorkehrungen für die langfristige Gesunderhaltung der arbeitenden Bevölkerung zu treffen, damit möglichst wenige Arbeitnehmer vorzeitig aus dem Arbeitsleben ausscheiden und die Sozialkassen belasten. Alle derartigen Regelungen dienen dem Arbeitnehmerschutz und der Arbeitssicherheit.

9.3.1 Schutzgesetze für Gruppen von ArbN

Die älteste Tradition der Schutzbestimmungen weisen der Jugendarbeitsschutz und der Mutterschutz auf, die bis in die Anfänge der Industrialisierung zurückreichen.

Naturgemäß waren auch sie Wandlungen unterworfen, die insbesondere auf dem Fortschritt der medizinischen Erkenntnisse beruhen. In jüngerer Zeit kam der Schutz der Schwerbehinderten hinzu.

Im weiteren Sinne dienen auch die Regelungen über Arbeitszeit sowie zur Berufsbildung zur Erhaltung der beruflichen Arbeitskraft, obwohl sie schon nahe an der Grenze der Sozialgesetzgebung liegen.

Im einzelnen sind folgende Gesetze von Bedeutung:

- Jugendarbeitsschutzgesetz (JArbSchG vom 9.8.1960)
- Mutterschutzgesetz (MuSchG vom 18.4.1963)
- Schwerbehindertengesetz (SchwbG vom 29.4.1974)
- Arbeitszeitordnung (AZO vom 30.4.1938)
- Gesetz über Ladenschluß (LadSchlG vom 28.11.1956)
- Heimarbeitsgesetz (HAG vom 14.3.1951)
- Berufsbildungsgesetz (BBIG vom 14.3.1969)
- Arbeitnehmerüberlassungsgesetz (AOG vom 7.8.1972)
- Bundesurlaubsgesetz (BurlG vom 3.1.1963)

Die beiden zuletzt genannten Gesetze können mit gleicher Berechtigung auch dem Arbeitsvertragsrecht zugeordnet werden, wenn die arbeitsrechtlichen Auswirkungen im Vordergrund der Betrachtung stehen. Auch enthalten viele übergreifende Gesetze wie z.B.

- Gewerbeordnung,
- Handwerksordnung,
- Reichsversicherungsordnung u.a.m.

Bestimmungen zum Schutz der ArbN oder einzelner Gruppen von diesen. Auch das BImSchG kann u.U. dem Schutz der ArbN am Arbeitsplatz dienen, z.B. durch Bestellung geeigneter Betriebsbeauftragter für Immisionsschutz (§§ 1(2) und 4 der 6.BImSchV), jedoch ist dies nicht der Schwerpunkt des BImSchG.

Von den aufgezählten Spezialgesetzen haben für den Baubetrieb nur einzelne Bedeutung, auf die hier kurz eingegangen werden soll:

Im *Jugendarbeitsschutzsgesetz (JArbSchG)* sind die Bestimmungen zum Schutz der jugendlichen ArbN gesammelt. Kinderarbeit (unter 14 Jahren) ist grundsätzlich verboten (§10). Jugendliche zwischen 14 und 18 Jahren genießen einen besonderen Arbeitszeitschutz (§16) sowie auch besonderen Gefahrenschutz (§17). Der Jahresurlaub beträgt mindestens 24 Werktage (18). Ferner enthält das Gesetz Vorschriften über ärztliche Untersuchungen, Antritt der Beschäftigung und den Ablauf des ersten Beschäftigungsjahres.

Zweck des *Mutterschutzgesetzes (MuSchG)* ist die Festlegung eines besonderen arbeitsrechtlichen Schutzes für Frauen sechs Wochen vor und acht Wochen nach der Entbindung. Neben dem Gesundheitsschutz durch Vermeidung übermäßiger körperlicher Anstrengungen und der Gewährleistung von Stillzeiten ist ein umfassender Kündigungsschutz vorgeschrieben, der nicht nur die ordentliche, sondern auch die außerordentliche Kündigung aus wichtigem Grund verbietet. Weiterhin sind die Fragen des Entgeltes durch den ArbG und des Mutterschaftsgeldes durch die Krankenkasse geregelt.

Das *Schwerbehindertengesetz* (SchwbG) hat die weitaus größte Bedeutung für die Bauunternehmungen. Als Schwerbehinderte gelten alle Personen, deren Erwerbsfähigkeit infolge körperlicher, geistiger oder seelischer Behinderungen dauernd um mehr als 50% gemindert ist. Dabei kommt es nicht auf die Ursache, sondern nur auf die Tatsache der Behinderung an.

Die ArbG haben innerhalb ihrer Belegschaft 6% Schwerbehinderte so zu beschäftigen, daß diese ihre Kenntnisse und Fähigkeiten voll verwerten und weiterentwickeln können, d.h. jeder 16. Arbeitsplatz ist für einen Schwerbehinderten vorzusehen. Diese Einstellungspflicht ist aber lediglich eine öffentlich-rechtliche Pflicht und gibt dem einzelnen Schwerbehinderten keinen Anspruch auf Beschäftigung bei einem bestimmten ArbG. Solange die vorgeschriebene Anzahl schwerbehinderter ArbN nicht erreicht ist, hat der ArbG für jeden unbesetzten Pflichtplatz eine monatliche Ausgleichsabgabe zu entrichten.

Schwerbehinderte genießen einen besonderen Kündigungsschutz, der u.a. in der vorherigen Zustimmung der Hauptfürsorgestelle besteht. Ferner sind Schwerbehinderte auf ihr Verlangen von Mehrarbeit freizustellen und haben gegenüber unversehrten ArbN Anspruch auf sechs Werktage mehr Urlaub pro Jahr. In Betrieben und Dienststellen mit mehr als fünf Schwerbehinderten werden ein Vertrauensmann und ein Stellvertreter gewählt, denen die gleiche persönliche Rechtsstellung wie Betriebs- oder Personalratsmitgliedern zukommt.

Durch das *Berufsbildungsgesetz (BBiG)* wurde das Recht der Berufsausbildung vereinheitlicht. Das Gesetz enthält vor allem Bestimmungen über Begründung, Inhalt sowie Beendigung der Berufsausbildung, d.h. es regelt insbesondere das Arbeitsverhältnis mit auszubildenden ArbN (Azubis). Das BBiG befaßt sich weiterhin mit der Ordnung der Berufsbildung, mit Bestimmungen über die berufliche Fortbildung, die berufliche Umschulung und die berufliche Bildung Behinderter.

9.3.2 Organisation des Arbeitsschutzes in der BRD

Arbeitsschutz und Unfallverhütung sind

- eine *moralische Verpflichtung* zur Erhaltung von Leben und Gesundheit des arbeitenden Menschen,
- eine *gesetzliche Verpflichtung*, verankert im GG, in der GewO, RVO usw.,
- eine *wirtschaftliche Notwendigkeit* zur Erhaltung der Arbeitskraft, der Produktivität und des Lebensstandards eines Volkes.

Aufgrund der Schutzverpflichtung des Staates gegenüber dem arbeitenden Menschen wurden bereits 1853 im preußischen Staatsgebiet die ersten staatlichen Gewerbeinspektoren eingesetzt. 1969 wurde die GewO erlassen (vgl. Kap. 8.2), die bis heute gültig ist und die rechtliche Grundlage für die staatliche Gewerbeaufsicht darstellt. Deren Aufgaben wurden durch zahlreiche Einzelgesetze laufend erweitert, so z.B. durch das "Gesetz über technische Arbeitsmittel" (Maschinenschutzgesetz vom 28.6.1968), das die Hersteller und Importeure von Maschinen verpflichtet, sicherheitstechnisch einwandfreie Arbeitsmittel herzustellen bzw. zu liefern. Die Gewerbeaufsicht hat also nicht nur Aufsichts- sondern auch Vorsorgeaufgaben zu erfüllen.

Der Gesetzgeber ist aber noch einen Schritt weiter gegangen: Er hat mit dem Reichshaftpflichtgesetz bereits 1871 dem unfallgeschädigten ArbN Schadenersatzansprüche zugebilligt, wenn ein Beauftragter des ArbG (Betriebsleiter, Aufsichtsperson o.ä.) den Unfall verschuldet hatte. Den Nachweis des Verschuldens mußte jedoch der ArbN selbst erbringen. Deshalb blieb die Mehrzahl der Arbeitsunfälle ohne Entschädigung.

Erst das Unfallversicherungsgesetz vom 6. Juni 1884 brachte die entscheidende Wende: Hiernach trat an die Stelle der privaten Haftpflicht das ArbG die öffentlichrechtlich geregelte Unfallversicherung. Dies führte dazu, daß sich der Leistungsanspruch des ArbN nach einem Unfall nicht mehr gegen den eigenen ArbG richtete, sondern gegen die zu einer Berufsgenossenschaft zusammengeschlossene Gemeinschaft von Unternehmern derselben oder verwandter Gewerbezweige.

Die Bedeutung dieser Regelung für den Arbeitsfrieden, der im anderen Falle durch Streitigkeiten und Prozesse belastet wäre, ist nicht hoch genug einzuschätzen. Eine weitere Neuerung zugunsten der ArbN war, daß die gesetzlich vorgesehenen Leistungen ohne Rücksicht auf die Schuldfrage gewährt wurden, sofern der Unfall nicht vorsätzlich herbeigeführt worden ist.

Das Jahr 1884 ist folglich als Geburtsjahr der Berufs- bzw. auch der Bau-Berufsgenossenschaften anzusehen. In den darauffolgenden Jahrzehnten wurden die Unfallversicherungsregelungen noch weiter verbessert und ausgedehnt, bis schließlich im Jahre 1911 alle Versicherungsgesetze in der Reichsversicherungsordnung (RVO) zusammengefaßt wurden.

Die Berufsgenossenschaften beschäftigen sich nicht nur mit der Entschädigung von Arbeitsunfällen, sondern auch mit der vorsorgenden Unfallverhütung in den Betrieben. In der Bundesrepublik Deutschland gibt es eine Tiefbau-Berufsgenossenschaft und eine Reihe von regional zuständigen Bau-Berufsgenossenschaften. Jedes Bauunternehmen ist verpflichtet, einer von ihnen beizutreten und auch die Kosten dafür zu übernehmen; öffentliche Auftraggeber verlangen i.d.R. vor jeder endgültigen Auftragserteilung den Nachweis der berufsgenossenschaftlichen Zugehörigkeit.

Die Bau-Berufsgenossenschaften (Bau-BG) führen die ihnen übertragenen Aufgaben als Körperschaft des öffentlichen Rechts unter staatlicher Aufsicht in eigener Verantwortung durch. Grundlage dafür ist eine paritätische Selbstverwaltung, die zur Hälfte von den Mitgliedern, d.h. den ArbG, und zur anderen Hälfte von den Versicherten, also den ArbN beschickt wird.

Die Vertreterversammlung (Legislative) stellt die Satzung auf, bewilligt den Haushaltsplan, prüft die Jahresrechnung, wählt den Vorstand und beschließt die Unfallverhütungsvorschriften (UVV). Der Vorstand (Exekutive) regelt die entscheidenden Fragen der Bau-BG und vertritt sie nach außen. Der Hauptgeschäftsführer leitet die

Verwaltung, die nach den gesetzlichen Vorschriften, den Vorgaben der Satzung und den Beschlüssen der Selbstverwaltungsorgane arbeitet. Die Grundlage der Unfallverhütungsarbeit sind die gemäß RVO erlassenen UVV, die in Fachausschüssen erarbeitet und dem Fortschritt der Technologie angepaßt werden. Neben den Technischen Aufsichtsbeamten der Bau-BG sind daran Vertreter der staatlichen Gewerbeaufsicht, der Technischen Überwachungsvereine, der Hersteller und Benutzer von Maschinen und Geräten sowie der ArbG- und ArbN-Organisationen beteiligt.

Es ist denkbar, daß die Schutzgesetze des Staates mit einer UVV konkurrieren. Die Frage, welche Bestimmung im Falle von Differenzen und Abweichungen maßgebend ist, läßt sich nicht ohne weiteres beantworten, da Art. 74 Ziffer 12 GG ausdrücklich konkurrierende Gesetzgebung zuläßt. Im allgemeinen enthalten aber die staatlichen Arbeitsschutzverordnungen, die auf §§ 120e und 139h GewO basieren, nur Mindestforderungen, die noch durch UVV ergänzt oder durch weitergehende Anforderungen präzisiert werden müssen. Aus Erklärungen der Bau-BG ist bekannt, daß man bereits erlassene staatliche Arbeitsschutzvorschriften stets berücksichtigt, um Doppelregelungen oder abweichende Regelungen für das gleiche Sachgebiet im Interesse der Rechtssicherheit zu vermeiden.

Die Bau-BG haben für die Einhaltung der UVV zu sorgen und lassen dies von ihren Technischen Aufsichtsbeamten überwachen. Alle Unfälle müssen auf vorgeschriebenen Formularen gemeldet werden. Bei Verstößen gegen die UVV oder gegen die Meldepflicht der ArbG kann der Vorstand der Bau-BG ein Bußgeld bis zu 20.000,- DM verhängen.

Auf die UVV kann hier inhaltlich nicht näher eingegangen werden, da dies sehr spezielle Regelungen sind. Die Bau-BG und die Tiefbauf-BG sind aber aufgrund ihres Auftrages, die Unternehmer und die interessierte Öffentlichkeit aufklärend und vorbeugend zu beraten und zu informieren, sehr dublizitätsfreudig und stellen gern geeignete Unterlagen bereit.

9.3.3 Sicherheitsfachkräfte nach dem ASiG

ASiG §§

Bereits 1924 verlangte die RVO in ihrem § 719.2 die Ernennung von Sicherheitsbeauftragten:

Die Sicherheitsbeauftragten haben den Unternehmer bei der Durchführung des Unfallschutzes zu unterstützen, insbesondere sich von dem Vorhandensein und der ordnungsgemäßen Benutzung der vorgeschriebenen Schutzvorrichtungen fortlaufend zu überzeugen.

Das Gesetz über Betriebsärzte, Sicherheitsingenieure und andere Fachkräfte für Arbeitssicherheit (ASiG) stellt im Sinne des Arbeitsschutzes weitergehende Forderungen. Es sieht Fachkräfte für Arbeitssicherheit vor, das sind Sicherheitsingenieure, -techniker und -meister mit einem umfangreichen Aufgabengebiet: Sie unterstützen den ArbG beim Arbeitsschutz und bei der Unfallverhütung in allen Fragen der Arbeitssicherheit einschließlich der menschengerechten Gestaltung der Arbeit, d.h. sie
werden bereits planend und vorausschauend tätig. Das ASiG nennt das Aufgaben- *5*
spektrum im einzelnen. *6*

Daraus ergeben sich auch erhöhte Anforderungen an die Ausbildung der Sicherheits-
fachkräfte: Sie haben einen mehrwöchigen Grundlehrgang zu absolvieren (während
7 sich bei Sicherheitsbeauftragten eine zweieinhalbtägige Schulung als ausreichend
erwiesen hat). Der ArbG muß dafür sorgen, daß die von ihm bestellten Sicherheits-
fachkräfte ihre Aufgaben erfüllen. Dies umfaßt auch deren Freistellung für die Fortbildung, die von den Bauberufsgenossenschaften, vom VDI und anderen Institutionen getragen wird.

In Betrieben mit Sicherheitsfachkräften oder Betriebsärzten hat der ArbG unter Be-
11 teiligung des Betriebsrates einen Arbeitsschutzausschuß zu bilden, der alle Anliegen
des Arbeitsschutzes und der Unfallverhütung im Betrieb behandelt.

Bauunternehmen ab 20 ArbN müssen schriftlich eine Sicherheitsfachkraft bestellen.
Soweit dies nicht erfolgt ist, haben die Berufsgenossenschaften zum Vollzug des § 6
20 ASiG aufzufordern. Die vorsätzliche oder fahrlässige Zuwiderhandlung ist eine Ordnungswidrigkeit, die mit einer Geldbuße bis 20.000,- DM geahndet werden kann.

9.3.4 Betriebsärzte nach dem ASiG

ASiG §§

2 Das ASiG schreibt je nach Betriebsart und den Gesundheitsgefahren sowie der Zahl
der ArbN die Bestellung eines Betriebsarztes vor, der die erste Hilfe im Betrieb or-
3 ganisieren sowie darüber hinaus bei den ArbN Voruntersuchungen durchfahren und
vorbeugend tätig werden soll. Der ArbG darf nur Ärzte bestellen, die über die erfor-
4 derliche arbeitsmedizinische Fachkunde verfügen: neben einem breitgefächerten
medizinischen und physiologischen Wissen verlangen die komplexen Aufgaben ein
hohes Maß an technischem und ergonomischem Verständnis sowie betriebswirt-
schaftliches und logistisches Denken.

Die Berufsgenossenschaften gehen von einer mittleren Einsatzzeit des Betriebsarztes von 0,4 Std. je Beschäftigtem und Jahr aus, so daß erst in einem Betrieb mit rd. 4500 ArbN ein hauptamtlicher Arbeitsmediziner gerechtfertigt ist. Für die vielen kleineren Betriebe liegt ein Dienstvertrag mit einem freiberuflichen Betriebsarzt nahe, der entweder eine freie Arztpraxis betreibt oder institutionell gebunden ist, z.B. als Krankenhausarzt. Als Alternative dazu können die überbetrieblichen arbeitsmedizinischen Dienste der Berufsgenossenschaft usw. in Anspruch genommen werden.

Das Institut der deutschen Wirtschaft schätzt die Kosten für die medizinische Betreuung auf 70,- DM pro Kopf und Jahr. Da etwa 11 Mio. ArbN von den Vorschriften über Betriebsärzte durch das ASiG erfaßt werden, belastet dieses die Betriebe mit jährlichen Kosten von wenigstens 770 Mio. DM.

9.3.5 Arbeitsstättenverordnung und Arbeitsstättenrichtlinien

In § 90 BetrVG heißt es: "... ArbG und Betriebsrat sollen die gesicherten arbeitswissenschaftlichen Erkenntnisse über die menschengerechte Gestaltung der Arbeit berücksichtigen." Die Arbeitsstättenverordnung und die darauf fußenden Arbeitsstättenrichtlinien konkretisieren diese Forderungen. Damit wird angestrebt, daß die Aufwendungen für arbeitsbedingte Berufskrankheiten, Unfälle und vorzeitige Pensionierungen verringert werden. Die Forderungen des Gesundheitsschutzes und der Humanisierung der Arbeitswelt stimmen hierbei mit den ökonomischen Zielvorstellungen weitgehend überein.

Arbeitsstättenverordnung (ArbStättV)

Die mit Zustimmung des Bundesrates am 20. März 1975 vom Bundesminister für Arbeit und Soziales erlassene ArbStättV enthält nicht nur grundlegende Bestimmungen, vielmehr regelt sie trotz der Vielfalt der Arbeitsplätze in den einzelnen Wirtschaftszweigen und der darin begründeten unterschiedlichen Arbeitsbedingungen eine Fülle von Einzelheiten. Ihre Gliederung drückt dies bereits aus.

1. Kapitel: Allgemeine Vorschriften (§§ 1-4)
2. Kapitel: Räume, Verkehrswege und Einrichtungen in Gebäuden (§§ 5-40)
3. Kapitel: Arbeitsplätze auf dem Betriebsgelände im Freien (§§ 41-42)
4. Kapitel: Baustellen (§§ 43-49)
5. Kapitel: Verkaufsstände im Freien (§ 50)
6. Kapitel: Wasserfahrzeuge und schwimmende Anlagen auf Binnengewässern (§51)
7. Kapitel: Betrieb der Arbeitsstätten (§§ 52-55)
8. Kapitel: Schlußvorschriften (§§ 56-58)

Es ist die Pflicht des ArbG,

- die Arbeitsstätte nach dieser Verordnung, den sonst geltenden Arbeitsschutz- und Unfallverhütungsvorschriften und nach den allgemein anerkannten sicherheitstechnischen, arbeitsmedizinischen und hygienischen Regeln sowie den sonstigen gesicherten arbeitswissenschaftlichen Erkenntnissen einzurichten und zu betreiben (§ 3.1) sowie
- den an der Arbeitsstätte beschäftigten ArbN die Räume und Einrichtungen zur Verfügung zu stellen, die in dieser Verordnung vorgeschrieben sind.

Von besonderer Bedeutung für den Baubetrieb sind neben den allgemeinen Regelungen im Kapitel 2 (z.B. über Lüftung, Temperatur, Beleuchtung, Schutz gegen Brand, Staub, Lärm) das Kapitel 3 und vor allem Kapitel 4 über "Arbeitsplätze auf Baustellen:

In § 45 werden die Anforderungen an Tagesunterkünfte für die ArbN beschrieben, deren Größe (0,72 m^2 netto je Dauerbeschäftigtem) und Ausstattung. Dazu zählen der Schutz gegen Zugluft und Feuchtigkeit, Heizeinrichtung, Möblierung und die Trinkwasserversorgung. Die bautechnische Realisierung dieser Forderungen in Form von Baracken, Bauwagen, Containern o.ä. ist offengelassen.

Als weitere Einrichtungen werden nach § 46 verlangt:

- Vorrichtungen zum Wärmen von Speisen,
- abschließbare Schränke mit Lüftungsöffnungen,
- Waschgelegenheiten mit einer Zapfstelle für je fünf ArbN,
- Einrichtungen zum Trocknen der Arbeitskleidung.

Besondere Waschräume sind ab 10 ArbN, Duschen ab 20 ArbN vorgeschrieben (§ 47). Diese Wasch- und Duschräume müssen zu belüften, zu beleuchten und zu beheizen sein sowie geschützte Verbindungswege zu den Umkleideräumen haben.

Auch der Umfang der bereitzustellenden Toiletteneinrichtungen hängt von der personellen Besetzung und der Laufzeit der Baustelle ab (§ 49). Grundsätzlich muß aber mindestens eine abschließbare Toilette auf jeder Baustelle zur Verfügung stehen, ab 15 ArbN entsprechend mehr.

Ein Sanitätsraum sowie Erste-Hilfe-Einrichtungen werden ab 50 Mann Baustellenbelegschaft gefordert (§ 49).

Arbeitsstätten-Richtlinien (ASR)

Um den Vollzug der ArbStättV sicherzustellen, ist im § 3.2 f. vorgesehen, daß der Bundesminister für Arbeit und Sozialordnung Arbeitsstätten-Richtlinien (ASR) aufstellt. Dies ist seit 1976 in erheblichem Umfang geschehen. Die Bezeichnung der ASR orientiert sich an den Ordnungsziffern der ArbStättV. In Anlehnung an die hier gesetzten Schwerpunkte sind folgende Arbeitsstätten-Richtlinien für den Baubetrieb von besonderem Interesse:

- ASR 45/1-6: Tagesunterkünfte auf Baustellen.
- ASR 471-3,5: Waschräume auf Baustellen.
- ASR 48/1,2: Toiletten und Toilettenräume auf Baustellen.
- ASR 38/2: Sanitätsräume

Diese ASR beschäftigen sich mit technischen Details wie Maßangaben, Raumaufteilungen, Einrichtungen u.a.m. Wegen der Einzelheiten muß daher auf die Originaltexte verwiesen werden.

10 Literaturhinweise

Die Literaturangaben stammen sowohl aus Büchern wie auch aus Baufachzeitschriften. Auf Gesetze, Verordnungen, Erlasse usw. wird nicht besonders hingewiesen, da diese zumeist in verschiedenen Textausgaben existieren. Die aufgeführten Kommentare sowie die sonstige Sekundärliteratur stellt nur eine Auswahl dar. Die meisten Werke enthalten selbst wiederum zahlreiche Literaturhinweise, so daß der interessierte Leser sich damit die Spezialgebiete weiter erschließen kann. Die Zuordnung zu den einzelnen Themenbereichen entspricht z.T. nur einer groben Einteilung und ordnet den Inhalt nicht immer erschöpfend zu.

10.1 Allgemeines

[1.1] Zeitschr. für deutsches und internationales Baurecht.(ZfBR).Bauverlag, Wiesbaden.

[1.2] Görlitz, A. (Hrsg.): Handlexikon zur Rechtswissenschaft. Ehrenwirth 1972.

[1.3] Wussow, H.: Rechtslexikon für das Bauwesen. Rud. Müller-Verlag (2. Aufl. 1975).

[1.4] Locher, H.: Das private Baurecht. C.H. Beck, (2. Aufl. 1978).

[1.5] Schopf, A.: Der Jurist in der Bauwirtschaft. PORR-Nachrichten Nr. 85/86 1981, S. 2-9. (Firmenzeitschrift der PORR AG, Wien).

[1.6] Pohl/Keil/Schumann: Rechts- und Versicherungsfragen im Baubetrieb. Werner-Verlag (Ing.-Texte Bd. 9).

[1.7] Werner/Pastor/Müller: Baurecht von A bis Z. München (6.Aufl. 1995). C.H.Beck.

10.2 Bürgerliches Recht

[2.1] Palandt: Bürgerliches Gesetzbuch (Kommentar). C.H. Beck (56. Aufl. 1997).

[2.2] Brox, H.: Allgemeines Schuldrecht. München 1969.

[2.3] Brox, H.: Besonderes Schuldrecht. München 1970.

[2.4] Wiefels, J.: Bürgerliches Recht-Sachrecht. Bd. 3 von Schaeffers Grundriß des Rechts und der Wirtschaft, Düsseldorf-Stuttgart 1968.

[2.5] Kellner/Schreiber: Rechtsgeschäfte des täglichen Lebens. 2. Aufl., München 1970.

10.3 Wirtschaftsrecht / Sicherungshypothek / Mahnverfahren

[3.1] Heinen, E.: Industriebetriebslehre. Gabler-Verlag (2. Aufl. 1972).

[3.2] Eisenhardt, U.: Gesellschaftsrecht. München (7.Aufl. 1996). Beck-Verlag.

[3.3] Holl, Th.: Fachbegriffe der Wirtschaft - kleines Wirtschaftslexikon. Stuttgart (7. Aufl. 1976).

[3.4] Holl, Th.: Fachbegriffe der Geldwirtschaft - Kleines Wirtschaftslexikon. Stuttgart (8. Aufl. 1976).

[3.5] Hahn, J.: GmbH - Ratgeber für die Praxis. DIHT 1980.

[3.6] Heiermann, W.: Die Sicherung der Vergütung des Bauunternehmers. Bauwirtschaft 21/1974, S. 945-948.

[3.7] Bügler/Jung/Dietrich: Bestandsaufnahme und Perspektiven über Sicherung von Bauforderungen. Bd. 6 aus der Schriftenreihe der Dt. Ges. f. Baurecht e.V. (Eine Streitschrift).

[3.8] NN.: Geändertes Mahnverfahren - Mahnbescheid statt Zahlungsbefehl. Baugewerbe 5/1977, S. 20.

[3.9] NN.: Neue amtliche Vordrucke für das Mahnverfahren. Baugewerbe 15/1977, S. 13.

[3.10] Hoffmann/Koppmann: Die neue Bauhandwerkersicherung. Verlag Ernst Vögel, Stamsried 1993.

[3.11] Konkursordnung und Insolvenzordnung. Beck'sche Textausgabe 1997.

[3.12] Insolvenzordnung. Paragraphen-Synopse InsO/KO mit Einführung von R. Bock. dtv Bd. 5583 (2. Aufl.).

10.4 Bauvertragsrecht / AGB-Gesetz

[4.1] Ingenstau/Korbion/Hochstein: VOB-Teile A und B. Kommentar. Werner-Verlag (13. Aufl. 1996).

[4.2] Daub/Piel/Soergel/Steffani: Kommentar zur VOB. (Bd. 1 zu Teil A 1980; Bd. 2 zu Teil B 1976).

[4.3] Heiermann/Riedel/Rusam: Hand-Kommentar zur VOB. Bauverlag (7. Aufl. 1994).

[4.4] Winkler, W.: VOB 1979 (Gesamtkommentar). Vieweg & Sohn 1980.

[4.5] Bernet, 0.: Bauvertragsrecht im: Hütte-Bautechnik I, S.345-416. Wilh. Ernst & Sohn.

[4.6] Döbereiner/Liegert: Baurecht für Praktiker. Bauverlag 1975.

[4.7] Glatzel, L.: Der Bauvertrag - ein Leitfaden für Praktiker. München (13. Aufl. 1992) Verlag Ernst Vögel.

[4.8] Kapellmann/Langen: Einführung in die VOB/B. Werner-Verlag, (5. Aufl. 1996).

[4.9] Siemsen, H.: Abrechnungsfragen nach der VOB. Rud. Müller-Verlag, Köln (2. Aufl. 1980).

[4.10] Schelle/Erkelenz: VOB/A - Alltagsfragen und Problemfälle zu Ausschreibung und Vergabe von Bauleistungen. Bauverlag 1982.

[4.11] Damerau/Tauterat: VOB im Bild-Regeln für Abrechnung von Bauleistungen (9. Aufl. 1982).

[4.12] Finnern/Mahnken: Bauvertragsrecht in der Praxis. Werner-Verlag Teil 1: 1972 und Teil 2: 1973 (Ingenieur-Texte Bd. 32 und 33).

[4.13] Crome/Müller: VOB-Fälle (Bd. 1). Werner-Verlag 1973.

[4.14] Crome/Müller: VOB-Fälle (Bd. 2). Werner-Verlag 1977.

[4.15] Löhr/Bast/Sucrow: VOB-gerechte Ausschreibung und Vergabe. Rud. Müller-Verlag 1979.

[4.16] Weckesser, K.: Einführung in das Bauvertragsrecht anhand von Fällen. Bauverlag/Rud. Müller-Verlag 1978.

[4.17] Pott, W.: Bauvertragsrecht für Bauunternehmer und Bauhandwerker. Rud. Müller-Verlag 1980.

[4.18] Strauß, H.: Bauabwicklung ohne.Risiko. (Musterbriefe etc.) Rud. Müller-Verlag (4. Aufl. 1981).

[4.19] Heiermann/Stüve: VOB-Praxis. Bauverlag (Bd. 1: 1971 / Bd. 2: 1974 / Bd. 3:1977).

[4.20] Fikentscher, W.: Die Geschäftsgrundlage ab Frage Vertragsrisikos, unter besonderer Berücksichtigung des Bauvertrages. C.H. Beck 1971.

[4.21] Schmidt,- H.W.: Die Vergütung für Bauleistungen. Luchterhand 1969.

[4.22] Kapellmann/Schiffers: Vergütung, Nachträge und Behinderungsfolgen beim Bauvertrag. Bd.1: Einheitspreisvertrag. Bd.2: Pauschalvertrag. Düsseldorf 1993/4: Werner-Verlag.

[4.23] Vygen, K.: Grundwissen Bauvertragsrecht. Wiesbaden/Berlin 1997: Bauverlag.

[4.24] Vygen, K.: Bauvertragsrecht nach VOB und BGB. Handbuch des privaten Baurechts (3. Aufl. 1997) Bauverlag.

[4.51] Dittmann/Stahl: Allgemeine Geschäftsbedingungen: AGB; Kommentar für den Geschäftsverkehr. Bauverlag 1977.

[4.52] Heiermann/Linke: AGB im Bauwesen: Erläuterung zur Verwendung von Allgemeinen Geschäftsbedingungen. Bauverlag 1978.

[4.53] Glatzel/Hofmann/Frikell: Unwirksame Bauvertragsklauseln nach dem AGB-Gesetz. Stamsried (6. Aufl. 1992). Ernst Vögel-Verlag.

[4.54] Molinari, K.: Das neue AGB-Gesetz. Das Baugewerbe 5/1977, S. 16-18.

[4.55] Berg, Ch.: AGB-Gesetz und zusätzliche Vertragsbedingungen. Bauwirtschaft 40/1980, S. 1732-1734.

[4.56] Heiermann,W.: Die Bedeutung des AGB-Gesetzes für Bauvertragsbestimmungen. Bauwirtschaft 3/1980, S. 57-.59.

[4.57] Zentralverband des Deutschen Baugewerbes: AGB-Merkblatt I (Juni 1977) und AGB-Merkblatt II (Jan. 1978).

[4.58] Seeling, R.: Die Auswirkungen des AGB-Gesetzes auf Bauverträge. Baumarkt 19/1981, S. 1121-1123.

10.5 Arbeitsgemeinschaftsvertrag / Nachunternehmervertrag / Ingenieurvertrag

[5.1] Fahrenschon/Brodbeck/Burchardt u.a.: ARGE-Kommentar. Jurist. u. betriebswirtschaftl. Erläuterungen. Bauverlag (2. Aufl. 1982).

[5.2] Kainzbauer, H.: ARGE-Vertrag, Fassung 1979. Bauwirtschaft 42/1979, S. 1861-64.

[5.3] Molinari, K.: Der europäische Arbeitsgemeinschaftsvertrag. Baugewerbe 4/1978, S. 13-15.

[5.4] Bauer/Büsgen/Misch/Salem/Janssen: Nachunternehmereinsatz im Baubetrieb.
Bauwirtschaft 42/1981, S. 1521-1525.

[5.5] Heiermann, W.: Der Vertrag im Auslandsbau. Bauwirtschaft 4/1979, S. 110-113.

[5.6] Hesse/Korbion/Mantscheff: Kommentar zur HOAI. C.H.Beck 1978.

[5.7] Locher/Koeble/Frik: Kommentar zur HOAI. Düsseldorf 1978: Werner-Verlag.

[5.8] Winkler,W.: Kommentar zu den Ingenieurleistungen der HOAI. Braunschweig 1977: Vieweg.

[5.9] Höbel, P.: HOAI-Praxis. Wiesbaden 1979: Bauverlag. (2. Aufl.).

[5.10] Miller, R.: HOAI-Handhabung in der Praxis. Stuttgart 1978: Forum-Verlag.

10.6 Baupreisrecht

[6.1] Daub, W.: Baupreisrecht der Bundesrepublik Deutschland. Düsseldorf 1978: Werner-Verlag.

[6.2] Hereth/Crome: Baupreisrecht (Kommentar). C.H. Beck. (3.Aufl. 1973).

[6.3] Sachse/Senf: Bauen und Gleitklauseln. Rud. Müller-Verlag 1974.

[6.4] Ebisch/Gottschalk: Preise und Preisprüfungen bei öff. Aufträgen (Kommentar). Vahlen-Verlag (3. Aufl. 1973].

[6.5] Altmann, C.H.: Die Baupreisverordnung, - Hand- u. Arbeitsbuch mit Erläuterungen zur VO PR Nr. 1/72. Rud. Müller-Verlag (3. Aufl. 1974).

[6.6] Altmann, C.H.: Die Baupreisverordnung - eine Höchstpreisverordnung. Baugewerbe 3/1981, S. 14-17; 4/1981, S. 29-30 und 6/1981, S. 14-15.

[6.7] Müller, G.W.: Planwirtschaftliches Relikt- Baupreisprüfung. Sonderdienst der Wirtschaftsvereinigung Bauindustrie e.V.. Düsseldorf 3/1980, S. 2-10.

[6.8] Döser/Krämer: Preisgleitklauseln in Bauverträgen. Bauverlag 1974 (Schriftenreihe d. Hauptverbandes d. Dt. Bauind. Heft 19).

[6.9] NN.: Preisvorbehalte und Preisgleitklauseln. Der Änderungssatz mit der "Pfennig-Klausel". Merkblatt Zentralverband d. Dt. Baugewerbes.

[6.10] Hesse, M.: Gleitklauseln und Vorbehalte in Werkverträgen. Dipl.arb.304. RWTH Aachen 1995.

[6.11] Häring, H.: Das Wettbewerbs- und Kartellrecht in der Bauwirtschaft. Luchterhand 1973.

[6.12] Benisch, W.: Kooperationsfibel des BMW. Heider-Verl. 1964 (Drucks.Nr. 68).

[6.13] Bieger/Holzinger/Kainzbauer: Kooperationsfibel zur zwischenbetrieblichen Zusammenarbeit im Bauhauptgewerbe. Hauptverband d.Dt. Bauind. 1968.

10.7 Haftung / Zivilprozeß / Strafprozeß

[7.1] Jebe/Vygen: Der Bauingenieur in seiner rechtlichen Verantwortung. Werner-Verlag. Düsseldorf 1981.

[7.2] Kaiser, G.: Das Mängelhaftungsrecht der VOB/B. C.F. Müller-Verlag, Heidelberg (3. Aufl. 1981).

[7.3] Wussow, H.: Haftung und Versicherung bei der Bauausführung. Heymanns Verlag/Rud. Müller-Verlag Z3- Aufl. 1971).

[7.4] Wellmann, C.: Der Sachverständige in der Praxis. Werner-Verlag (3. Aufl. 1974).

[7.5] Döbereiner/v. Keyserlingk: Sachverständigen-Haftung. Bauverlag 1979.

[7.6] Jessnitzer,K.: Der gerichtliche Sachverständige. Heymanns-Verlag (5. Aufl. 1975).

[7.7] Klocke, W.: Der Sachverständige und seine Auftraggeber. Bauverlag 1981.

[7.8] Grave, H.: Baustellensicherung. Werner-Verlag 1976.

[7.9] Beisel, W.: Rechtsprobleme bei Streitigkeiten wegen Bauschäden. Expert-Verlag 1981 (Bd. 76 Kontakt & Studium).

[7.10] Bindhardt, W.: Die Haftung des Architekten und seine strafrechtliche Verantwortung. Werner-Verlag (7. Aufl. 1974).

[7.11] Herding/Schmalzl: Vertragsgestaltung und Haftung im Bauwesen. C.H. Beck 1964.

[7.12] Heiermann, W.: Das Schiedsgerichtsverfahren. Bauwirtschaft 51/1975, S. 2092-2094 und 1/1976, S. 25-28.

[7.13] Dt. Betonverein/Dt. Ges. f. Baurecht (Hrsg.): Schiedsgerichtsordnung für das Bauwesen. (Fassung Sept. 1974).

[7.14] Heiermann/Kroppen: Kommentar zur Schiedsgerichtsordnung für das Bauwesen. Bauverlag 1975.

[7.15] Wussow, H.: Das gerichtliche Beweissicherungsverfahren in Bausachen. Rud. Müller-Verlag (2. Aufl. 1981).

[7.16] Kroppen/Heyers/Schmitz: Beweissicherung im Bauwesen. Bauverlag 1982.

[7.17] Kopatsch,H.: Haftung und Beweissicherung bei Bauschäden. Bauverlag (3. Aufl. 1979).

[7.18] Werner/Pastor: Der Bauprozeß. Düsseldorf (7. Aufl. 1993). Werner-Verlag.

10.8 Umweltschutz

[8.1] BWI-Bau (Hrsg.): Umweltschutz im Baubetrieb. Loseblattsammlung. Wibau-Verlag Düsseldorf.

[8.2] Walker/Spreitzenbarth: Organisation des Umweltschutzes im Baubetrieb. Eschborn 1995: RG-Bau im RKW.

[8.3] Hassbach / Refisch u.a.: Umweltorientierte Bauunternehmensführung. Wibau-Verlag Düsseldorf 1993.

[8.4] Textsammlung Umweltrecht: Beck-Texte im dtv (9. Auflage 1995).

[8.5] Textsammlung Abfallrecht: Beck-Texte im dtv (3. Auflage 1996).

[8.6] Freise, H.: Baurelevante Regelungen des KrW-/Abf.G. Baumarkt 2/97, S. 52 - 58.

[8.7] Himmelmann, St. u.a.: Handbuch des Umweltrechts. C.H. Beck, München 1994

[8.8] Uppenkamp, K.H.: Rechtliche Fragen zum Genehmigungsverfahren nach dem BImSchG. Betonwerk u. Fertigteiltechnik 5/1977, S.245-248.

[8.9] Schon, H.: Durchführung des immissionsschutzrechtlichen Genehmigungsverfahrens ... Das stationäre Mischwerk 2/1977, S. 114-117.

[8.10] VDI-Richtlinie 2058: Beurteilung von Arbeitslärm in der Nachbarschaft.

[8.11] Klaus, J.: Schutzmaßnahmen beim Umgang mit Asbestzementprodukten. TBG 1/1991 (103. Jg.), S. 26 - 29.

[8.12] Rosenbusch, K.: Abfallrechtliche Regelungen zur Entsorgung asbesthaltiger Abfälle. Entsorgungspraxis 1991 (9. Jg.), S. 372 - 78.

10.9 Arbeitsrecht

[9.1] Arbeitsgesetze. Beck-Texte (dtv-Band 5006). Einführung R. Richardi.

[9.2] Wlotzke/Schwedes/Lorenz: Das neue Arbeitsgerichtsgesetz 1979. Handelsblatt GmbH/Verlag f. Wirtschaftsinformation 1979.

[9.3] Müller/Schön: Modelle zu zweckmäßigen und rechtlich abgesicherten Arbeitsverträgen und Arbeitszeugnissen. WEKA-Verlag (3. Aufl. 1979).

[9.4] NN: Keine Lohnfortzahlung bei schuldhafter Arbeitslosigkeit. Handelsblatt Nr. 52 v. 16. 3.82, S. 6 u.7.

[9.5] Hackstein, R.: Arbeitswissenschaft im Umriß. Bd. 1: Gegenstand und Rechtsverhältnisse. Essen 1977.

[9.6] Holland, R.: Arbeitsrecht. Bd. 21. Gieseking-Verlag, Bielefeld - Köln 1975.

[9.21] Reiferscheid/Bochel/Beuseler: Lexikon des Rechts (Bd. 2). Neuwied-Berlin 1968.

[9.22] Halberstadt/Zander: Handbuch des Betriebsverfassungsrechts. Köln-Marienburg 1972 (2. Aufl.).

[9.23] Etzel, G.: Die Rechtsprechung zum BetrVG 1972. Eine systematische Darstellung der arbeitsrechtlichen Rechtsprechung. Luchterhand 1974.

[9.24] Mayer, Udo: Paritätische Mitbestimmung und Arbeitsverhältnis. Köln-Frankfurt 1976.

[9.25] Gnade/Kehrmann/Schneider: Betriebsverfassungsgesetz. Kommentar für die Praxis. Bund-Verlag, Köln 1973.

[9.31] Kliesch/Nöthlichs/Wagner: Arbeitsicherheitsgesetz-Kommentar. Erich Schmidt-Verlag.

[9.32] Spinnarke/Schork: Arbeitssicherheitsrecht; Kommentar zum ASiG. C.F. Müller-Verlag, Heidelberg 1981 (Loseblattwerk).

[9.33] Opfermann/Streit: Arbeitsstätten. Loseblattsammlung. Dt. Fachschriften-Verlag, Wiesbaden.

[9.34] Heinen/Tentrop/Wienicke/Zerlett: Arbeitsstättenverordnung und Arbeitsstättenrichtlinien. Text und Kommentar. Stuttgart, Berlin, Köln, Mainz 1975.

[9.35] Krämmer, J.:Verordnung über Arbeitsstätten. (Textausg. mit Einführung und Erläuterungen).

[9.36] Lauterbach: Unfallversicherung. Kohlhammer-Verlag (9. Auflage).

[9.37] Hromadka, W.: Arbeitsrecht-Handbuch für die betriebliche Praxis (2. Aufl. 94). Schäffer-Poeschel.

[9.38] Müller/Delkers: Ratgeber Arbeitsrecht für Handwerker. Bauverlag 1994.

[9.39] Olderog, H.H.: Einstellung und Entlassung im Baugewerbe. Rud. Müller-Verlag 1981.

[9.40] Halbach/Paland/Schwedes/Wlotzke: Übersicht über das Arbeitsrecht (6. Aufl. 1997). Bundesarbeitsministerium Bonn.

11 Verzeichnis der Abkürzungen

AbfG	Abfallgesetz
AbfKoBiV	Verordnung über Abfallwirtschaftskonzepte und Abfallbilanzen
Abs.	Absatz
AbwAG	Abwasserabgabengesetz
AGB	Allgemeine Geschäftsbedingungen
AGBG	Gesetz der allgemeinen Geschäftsbedingungen
AEVO	Arbeitserlaubnisverordnung
a.F.	alte Fassung
AfA	Absetzung für Abnutzung
AFG	Arbeitsförderungsgesetz
AG	Aktiengesellschaft
AG	Auftraggeber
AktG	Aktiengesetz
AN	Auftragnehmer
AngKSchG	Angestelltenkündigungsschutzgesetz
AR	Aufsichtsrat
ArbG	Arbeitgeber
ArbGG	Arbeitsgerichtsgesetz
ArbnErfG	Arbeitnehmererfindungsgesetz
ArbN	Arbeitnehmer
ArbStättV0	Arbeitsstättenverordnung
ARGE	Arbeitsgemeinschaft
Art.	Artikel
ASIG	Arbeitssicherheitsgesetz
ASR	Arbeitsstätten-Richtlinien
ATV	Allgemeine Technische Vorschriften für Bauleistungen
AOG	Arbeitnehmerüberlassungsgesetz
AufhtG	Aufenthaltsgesetz
AusbFördG	Ausbildungsförderungsgesetz
AuslG	Ausländergesetz
AVwV	Allgemeine Verwaltungsvorschrift
AZO	Arbeitszeitordnung
Azubi	auszubildender Arbeitnehmer
BAG	Bundesarbeitsgesetz
Bau-BG	Bauberufsgenossenschaft
Bauo NW	Bauordnung des Landes Nordrhein-Westfalen
BBauG	Bundesbaugesetz
BBiG	Bundesbildungsgesetz
BDA	Bundesvereinigung der deutschen Arbeitgeberverbände
BetrVG	Betriebsverfassungsgesetz
BfA	Bundesanstalt für Arbeit
BG	Berufsgenossenschaft
BGB	Bürgerliches Gesetzbuch
BGH	Bundesgerichtshof
BGHZ	Entscheidungssammlung des BGH in Zivilsachen
BimSchG	Bundesimmissionsschutzgesetz
BimSchV	Bundesimmissionschutzverordnung
BimSchVwV	Bundesimmissionsschutzverwaltungsvorschrift
BPersVG	Bundespersonalvertretungsgesetz
BPVO	Baupreisverordnung
BRTV	Bundesrahmentarifvertrag
Bsp.	Beispiel
BUrlG	Bundesurlaubsgesetz
BVG	Bundesverfassungsgericht
bzw.	beziehungsweise
dB(A)	Dezibel A
DGB	Deutscher Gewerkschaftsbund
d.h.	daß heißt
DVA	Deutscher Verdingungsausschuß für Bauleistungen
DVO	Durchführungsverordnung
EAKV	Europäische Abfallkatalogverordnung
eGmbH	eingetragene Genossenschaft mit beschrankter Haftung
EP	Einheitspreis
ESTG	Einkonnensteuergesetz
etc.	et cetera
ff	ferner folgende
FGO	Finanzgerichtsordnung
FLB	funktionale Leistungsbeschreibung
GewO	Gewerbeordnung
GenG	Genossenschaftsgesetz
GG	Grundgesetz
ggf.	gegebenenfalls
GmbH	Gesellschaft mit beschränkter Haftung
GmbHG	GmbH-Gesetz
GOI	Gebührenordnung für Ingenieurleistungen
GVG	Gerichtsverfassungsgesetz
GWB	Gesetz gegen Wettbewerbsbeschränkungen
H	Hypothek
HAG	Heimarbeitsgesetz
HGB	Handelsgesetzbuch
HOAI	Honorarordnung für Architekten und Ingenieure
i.A.	im Allgemeinen
i.d.F.	in der Fassung

i.d.R. | in der Regel
IHK | Industrie- und Handelskammer
IKZ | Investitionskostenzuschuß
incl. | inclusiv

JArbSchG | Jugendarbeitsschutzgesetz

K | Kündigung
Kap. | Kapitel
KG | Kommanditgesellschaft
KGAA | Kommanditgesellschaft auf Aktien
KfH | Kammer für Handelssachen
Kfz | Kraftfahrzeug
KO | Konkursordnung
KrW-/AbfG | Kreislaufwirtschafts- und Abfallgesetz
KSchG | Kündigungsschutzgesetz
Kug | Kurzarbeitergeld
KWAG | → KrW-/AbfG

LadSchlG | Ladenschlußgesetz
LAG | Landesarbeitsgericht
LAGA | Länderarbeitsgemeinschaft Abfall
LB | Leistungsbeschreibung
LFG | Lohnfortzahlungsgesetz
LG | Landgericht
LSP-Bau | Leitsätze für die Ermittlung von Preisen für Bauleistungen aufgrund von Selbstkosten
lt. | laut
LV | Leistungsverzeichnis

MBauO | Musterbauordnung
MG | Mitbestimmungsgesetz in der Montanindustrie
MindArbBedG | Mindestarbeitsbedingungengesetz
MitbestG | Mitbestimmungsgesetz (außerhalb der Montanindustrie)
MKZ | Mehrkostenzuschuß
MuSchG | Mutterschaftsschutzgesetz

NJW | Neue Juristische Wochenschrift
NRW,NW | Nordrhein-Westfalen

OHG | offene Handelsgesellschaft
OLG | Oberlandesgericht
OWiG | Ordnungswidrigkeitengesetz

PatG | Patentgesetz
PV | positive Vertragsverletzung

R | Rücktritt
RVO | Reichsversicherungsord- nung

ScheckG | Scheckgesetz
SchwArbG | Schwarzarbeitsgesetz
SchwbG | Schwerbehindertengesetz
SGB | Sozialgesetzbuch
S.o. | siehe oben, siehe vorher
StGB | Strafgesetzbuch
StPO | Strafprozeßordnung
StVO | Straßenverkehrsordnung
StVZO | Straßenverkehrs-zulassungsordnung
SWG | Schlechtwettergeld

TA | Technische Anweisung
TRGS | Technische Regeln für Gefahrstoffe
TVG | Tarifvertragsgesetz

U | Unvermögen
u.a.m. | und anderes mehr
usw. | und so weiter
u.U. | unter Umständen
UVPG | Umweltverträglichkeitsprüfungsgesetz
UVV | Unfallverhütungsvorschrift
UWG | Gesetz gegen den unlauteren Wettbewerb

VerglO | Vergleichsordnung
VDI | Verein deutscher Ingenieure
vgl. | vergleiche
VOB | Verdingungsordnung für Bauleistungen
VOPR | Baupreisverordnung
VOL/A | Verdingungsordnung für Leistungen(Teil A)
VWGO | Verwaltungsgerichtsordnung

WG | Wintergeld
WG | Wechselgesetz
WHG | Wasserhaushaltsgesetz
WiStG | Wirtschaftsstrafgesetz
WoBauG | Wohnungsbaugesetz
WRMG | Wasch- und Reinigungsmittelgesetz

z.B. | zum Beispiel
ZPO | Zivilprozeßordnung
z.T. | zum Teil
ZVB | Zusätzliche Vertragsbedingungen

12 Stichwortverzeichnis